野战装备防护技术

宣兆龙　蔡军锋　段志强　编著

国防工业出版社

·北京·

内 容 简 介

本书针对野战环境构成、作战保障特点和装备防护需求,围绕有效提高我军装备的野战储存寿命和战场生存能力这一根本目标,初步构建了野战装备防护技术体系,系统梳理了国内外相关理论技术成果和我军装备防护的成功经验,全面阐述了野战装备防护的相关基础理论、功能材料、防护手段和工程方法。主要内容包括野战装备防潮控湿技术、防晒隔热技术、缓冲防护技术、电磁防护技术、伪装防护技术和防爆安全技术。

本书可供从事军事装备、包装工程、安全工程、防护技术教学、科研和管理人员参考,亦可作为军队院校相关专业培训教材。

图书在版编目(CIP)数据

野战装备防护技术 / 宣兆龙,蔡军锋,段志强编著.
—北京:国防工业出版社,2015.1
ISBN 978 - 7 - 118 - 09888 - 4

Ⅰ.①野… Ⅱ.①宣… ②蔡… ③段… Ⅲ.①野战 - 武器装备 Ⅳ.①E237

中国版本图书馆 CIP 数据核字(2015)第 000211 号

※

国防工业出版社出版发行
(北京市海淀区紫竹院南路 23 号 邮政编码 100048)
北京嘉恒彩色印刷有限责任公司
新华书店经售

*

开本 710 × 1000 1/16 印张 18½ 字数 580 千字
2015 年 1 月第 1 版第 1 次印刷 印数 1—2000 册 定价 88.00 元

(本书如有印装错误,我社负责调换)

国防书店:(010)88540777   发行邮购:(010)88540776
发行传真:(010)88540755   发行业务:(010)88540717

编委会名单

主　编　宣兆龙

副主编　蔡军锋　段志强

编　者　(按姓氏笔画排序)

祁立雷　李天鹏　李德鹏

何益艳　段志强　宣兆龙

姚　恺　蔡军锋　戴祥军

前　言

　　武器装备是部队战备和作战训练的重要物质基础。野战条件下的装备作战、保障将面临复杂多变的自然环境、电磁环境、力学环境以及高技术侦察打击，野战装备的质量受到诸多客观因素的影响和条件的制约，野战装备的安全受到来自多方面的威胁和挑战。野战装备如果缺乏相应的防护技术措施，平时将造成大量装备的频繁更换、维修和报废处理，战时将造成大量装备的非战斗损耗，这不仅增大了装备保障的压力和资源浪费，更重要的是影响战机和战备的落实。因此，野战装备防护是军队战备和作战部署中必须予以高度关注的重大现实问题。

　　野战装备，是指为保障部队战备和作战训练需要，进入野外阵地、坑道、战壕、野战仓库等场所储存和部队携行的装备。野战装备防护，是指为保障武器装备在野战环境下使用、储运、携行时的质量和安全，而采取的一系列的防护技术和管理措施。野战装备防护的实质是有效解决装备自身与环境之间基本矛盾，即解决装备可靠性、储存性、安全性等在野战环境下的适应性问题。野战装备防护是涉及到多学科领域的综合性工程技术问题，也是一项科技含量大、技术要求高、工作难度大的系统工程。基于此，本书从野战装备防护的需求出发，以战场环境构成、装备作战保障特点和防护技术要求为依据，以有效提高装备的野战储存寿命和战场生存能力为目标，着重围绕野战装备防潮、防热、防爆、防电磁、防冲击振动、防侦察打击六个方面的内容，按照"形成系统、突出重点、讲求实效"的原则，梳理近年来从事野战装备防护的基础理论、功能材料、工程技术和管理法规，吸取国内外相关领域的理论技术研究成果，初步构建了野战装备防护的理论技术框架体系。

　　全书内容共分为 7 章。第一章野战装备防护概论，阐述了野战环境的概念、构成及特征，介绍了野战装备防护的内涵和技术要求，构建了野战装备防护的研究内容体系。第二章野战装备防潮控湿技术，分析了湿度效应和作用机理，分别介绍了涂覆防护技术、包装防护技术和封套封存技术，重点阐述了防潮封套材料研发及封套封存环境控湿技术。第三章野战装备防晒隔热技术，分析了太阳辐射特性及对装备作用效应，介绍了常用防热技术，以野战封存弹药为例阐述了野战装备封存防热技术。第四章野战装备缓冲防护技术,分析了振动、冲击等力学环境及对装备作用效应,介绍了常见缓冲包装防护技术,重点阐述了典型的缓冲结构装置与缓冲包装材料。第五章野战装备电磁防护技术,分析了静电、雷电、电磁脉冲等电磁环境特征及对装备作用效应,阐述了电磁屏蔽理论与电磁屏蔽材料,介绍了野战装备电磁防护封套设计、材料制备及工程应用。第六章野战装备伪装防护技术,介绍了现代侦察技术、精确打击技术及战场防护手段,介绍了野战条件下的可见光、红外、雷达等遮蔽伪装技术,探讨了假目标伪装的关键技术、实战运用及设置要求。第七章野战弹药防爆安全技术,针对弹药这一特殊武器装备,阐述了野战弹药勤务防爆安全技术,研究了弹药防爆安全距离的计算方法,介绍了野战弹药隔爆防护技术方法。

全书由宣兆龙统稿。其中,第一、二、四章由宣兆龙执笔;第三章由段志强执笔;第五、六章由蔡军锋执笔;第七章由蔡军锋、段志强执笔。李天鹏、祁立雷、何益艳、李德鹏、姚恺、戴祥军等参与了本书的编写,作者所在学科研究生的研究成果提供了有益借鉴,在此一并表示衷心的感谢!

值此本书出版之际,作者深感野战装备防护能力建设任重道远,而相关学科理论与技术的发展则为更加科学有效地解决野战装备防护问题提供了许多机遇。在此道路上,还有许多问题有待于进一步探索、认知和实践,本书愿做引玉之作。成书仓促,水平有限,疏误之处在所难免,恳请广大读者批评指正。

作 者
2014 年 12 月

目　　录

第一章 野战装备防护概论

野战装备防护问题是基于严酷的野战环境对装备质量和生存所构成的威胁，从而严重影响部队作战和战备完成的客观实际而提出的。野战装备防护技术是针对装备的技术特点、野战环境条件和作战保障要求，为有效提高战时装备的作用可靠水平、战场生存能力和快速保障能力而采取的一系列防护技术手段的总称。野战装备防护技术是涉及多学科领域的综合性工程应用技术，其本质是有效解决装备在野战环境下质量和生存保障中的基本矛盾。

第一节 野 战 环 境

本书所称野战环境，是指为保障部队战备和作战训练需要，装备在野外储存、运输、使用、维修等一系列物流过程中所处的环境。野战环境是一种特殊的装备运用环境，具有构成复杂、发展多变及与装备作战紧密相关等特点。由于装备出厂时的质量状态及包装防护水平是一定的，环境便成为影响装备质量、安全和战场生存的重要因素，这也是研究野战环境的根本出发点。

由于装备的军兵种和所要承担作战任务的不同，其所遭遇的环境亦有很大区别和不同，但就不同的地点、不同的条件或不同的功能而言，环境只与一组特定的因素相关联。因此，根据环境影响因素及战时重要程度，本节对野战环境中的大气环境、力学环境、电磁环境和战场对抗环境等展开研究。

一、大气环境

大气环境属于自然环境。大气主要由氧、二氧化碳、氮等多种气体混合组成，此外还包含一些悬浮着的固体杂质及液体微粒。大气中不断进行着各种物理过程，如大气的增温冷却、水的蒸发、水汽的凝结等，同时表现出各种物理现象，如风、雨、云、电等。大气环境因子则包括温度、湿度、气压、风向、风速等，其中温度、湿度是影响装备质量变化的主要环境因子。

气温是一项重要的气象要素，是表示大气冷热程度的物理量，其高低反映了空气分子运动的平均动能大小。气温具有日变化和年变化的特征和规律。

一天当中有一个最高值和一个最低值,其差值称为日温差,反映了气温变化的幅度。气温的日温差大小与纬度、季节、地表面性质和天气情况有密切关系。一般来说,低纬度地区比高纬度地区日温差大,夏季比冬季的日温差大,热容量和导热率较小的地表日温差大,晴天比阴天日温差大。一年中月平均气温的最高值与最低值之差,称为年温差。气温年温差的大小与纬度、海陆分布等因素有关。以上所述的气温的日变化和年变化都是周期性的,由于气温还受一些非周期性因素的影响,有时某个地方的气温变化可能不完全符合上述规律。例如,受西伯利亚冷气流影响时,气温会大幅度下降;受南方热气流影响时,气温会陡增。

空气湿度也是一项重要的气象因素,是描述空气潮湿程度的物理量,其大小反映了空气中水蒸气含量的多少。根据实际需要,空气湿度可用绝对湿度、相对湿度等物理量来表示。绝对湿度是指单位体积空气中所含的水汽质量,即空气中水汽的密度。相对湿度是指空气中的水汽压与同温度下的饱和水汽压的百分比,其大小直接反映了空气距离饱和的程度。相对湿度接近100%时,表明当时空气接近于饱和;但它的大小不仅随大气中水汽含量而变化,同时也随着气温而变化。当水汽压不变时,气温升高,饱和水汽压增大,相对湿度会减少;反之,气温降低,相对湿度会增大。众所周知,金属是装备的主要组成材料,它的大气腐蚀是在薄液膜下进行的电化学腐蚀,空气相对湿度直接影响水蒸气在金属表面凝聚和薄液膜的厚度及润湿时间,从而表现出不同的腐蚀效应。因此,在装备的储运过程中,不仅要测量环境的温度,而且要测控环境的湿度。

大气环境往往是多个环境因素共同组成的。有许多因素在某些地区可能完全不存在,在另一些地区可能只是季节性存在。因此,对于野战环境,一般更多用气候来描述大气环境。所谓气候,是多年时期内的大气的统计状态,可以概括地分成干热型、湿热型、冷型和中等型,并可依据不同地区典型的温度和湿度范围进一步分类。

二、力学环境

从物理学的角度讲,力学环境是指引起物体运动加速或变形的外力环境。尽管装备具有承受一般外力作用的能力,但在各种外力的作用下,装备的质量和安全还是会受到不同程度危害,从而影响到装备的正常使用,甚至发生各种事故。振动、冲击和加速度效应是影响装备质量和安全的主要力学环境作用形式,存在于装备使用及保障的各个环节。

振动是指质点相对平衡位置所作的往复运动。振动可由外界激振力作用在机械系统上而产生,如运输过程中出现的振动;也可由物体本身的运动产生,如发动机工作过程中出现的振动。振动惯性力数值虽然较小,但往往方向反复不定,且连续作用若干时间,因此它的影响仍不可忽视。装备在运输、装卸和操作过程中所承受的振动环境往往会对其可靠性和执行任务的能力产生不利影响。装备的零部件之间采用的收口、滚压、焊接、铆接、粘合等多种方式连接,弹药的装药具有的可移动间隙,引信中采用的弹簧、支耳等惯性保险机构,这些在装卸运输过程中连续振动或发生共振,就可能造成薄弱零部件连接松动、装药破碎、保险机构解除保险甚至火工品提前作用等严重后果。

冲击是振动环境中的一种特例,是指物体在很短的时间内发生很大的速度变化或进行突然的能量转换。冲击的瞬态性特征明显,峰值破坏是冲击对装备的主要破坏形式。装备受到冲击时,虽然产品及包装的速度变化有限,但是由于冲击作用的时间短,产生的加速度大,冲击力也就很大。例如,运输过程中车辆的启动、变速、转向、制动、颠簸,装备搬运中发生的跌落、碰撞等,都会使装备受到很大的惯性力作用,从而导致破坏变形等问题。

加速度与冲击和振动有许多相似之处,但又有其自身特点。振动是一种准连续的振荡运动和振荡力,冲击是一种力或运动在短时间内的撞击,而加速度则主要用于描述由速度变化而产生的作用力。加速度常常会增大作用在装备及其附属设施设备上的力,从而引发机构破坏、机械故障、部件位移等。

三、电磁环境

随着信息技术的迅猛发展及其在军事领域的广泛应用,武器装备的作战效能大大提高。同时,随着雷达、通信、导航、高功率微波武器、电磁干扰弹、核电磁脉冲弹等在现代战争的广泛运用,电磁辐射源的数量成倍增加,辐射体的辐射功率越来越大,频带越来越宽,各种干扰方式越来越多,这使战场空间变成了复杂多变的电磁环境,严重影响着侦察探测、指挥控制、精确打击等各类电子装备效能的发挥。换言之,电子技术的应用使高技术武器装备一方面依靠电磁信号工作,离不开电磁环境;另一方面,由于具有高度的电磁敏感性,因而也容易受到电磁环境的干扰。

现代战场条件下的复杂电磁环境呈现出空域上纵横交错、时域上动态变化、频域上密集交叠、能域上强弱起伏等特点。复杂电磁环境对装备保障的主要影响则表现为各个方面,例如:突出对指控系统、通信系统和主战装备的保障,装备保障的时效性要求提高;各级情报信息的上传下达问题凸显,装备保障指挥控制难度加大;装备毁伤机理更趋复杂,毁伤的程度提高;装备保障涉及的电磁防护、电磁兼容等技术规范和要求增多,装备保障任务加重;装备保障更多采用机动灵活的模块化方式,从而更好地适应战争态势的突变性和快节奏。

电磁环境对装备的作用称为电磁环境效应(Electromagnetic Environmental Effects,E^3),简称 E^3 问题。对于电磁环境效应问题的研究可以追溯到 20 世纪 30 年代。在第一次世界大战前,美军将无线电装置首次安装在军用车辆上时就产生了射频干扰的问题。在电磁环境效应研究初期主要解决的也就是通信干扰问题。随着武器装备的现代化,电磁环境作为现代战场最为复杂的环境要素,现已跃升为战场空间的主导元素,并影响装备作战使用及保障的各个层面。例如,美军强调集成化后勤保障工作应十分重视武器装备的电磁环境效应,并明确指出在现代战场和后勤保障中应考虑的电磁环境效应有 14 种,包括静电放电(ESD)、电磁兼容性(EMC)、电磁敏感性(EMS)、电磁辐射危害、雷电(Lightning)效应、电子对抗(ECM)、干扰/阻断、电磁干扰(EMI)、电磁易损性(EMV)、电磁脉冲(EMP)、射频能的威胁、电子战(EW)、高能微波(HPM)和元件间的干扰。1997 年 3 月,美军颁布了 MIL - STD - 464《系统电磁环境效应的要求》,首次将电磁环境效应涉及的内容正式纳入到一个标准,成为电磁环境效应研究史上的一个里程碑标志。1997 年颁布的 MIL - STD - 464,2002 年颁布的 MIL - STD - 464A,以及 2008 年颁布的《国防部军用术语词典》,均将电磁环境效应定义为:电磁环境对于军队、设备、系统和平台作战能力所产生的影响。它涵盖了所有电磁学科,包括电磁兼容性、电磁干扰、电磁易损性、电磁脉冲、电子防护,电磁辐射对于人员、军械和挥发性材料的危害,以及闪电和沉积静电等自然现象效应。

四、战场对抗环境

现代战争是立体化战争。现代科学技术特别是高技术的发展,使军事侦察与监视的能力和水平已经发生并正在不断发生着突破性的变化,无论侦察的时域、空域还是频域,都得到了大大扩展。不仅能在地面上进行侦察,而且能从空中、海上、水下、天上实施侦察;不仅能在白天侦察,而且能在夜间及恶劣气候中进行侦察;不仅能用目视和光学手段进行侦察,而且能在声频、微波、红外各个波段进行侦察。利用各种高性能的现代侦察探测系统可进行全时域、大空域甚至覆盖全球的侦察与监视,从而在战时和平时都可迅速、准确、全面地掌握敌方的情况,为实时地采取相应的对策提供依据。各种先进的侦察、监视手段的广泛运用,使现代战场具有立体透明、快速机动、大空间、大纵深的特点。而各种命中精度高、作战效能高的精确制导武器的出现,则为精确打击提供了强有力的手段。

雷达侦察、通信侦察、卫星侦察和光电侦察等多种侦察手段都有相似的硬件组成结构,利用软件无线电技术和一体化设计方法,实现硬件资源复用,可建立综合一体化多手段信息侦察系统。在现代化复杂战场环境下,这种一体化逐渐发展成为侦察、对抗和打击一体化武器系统。俄军认为,建立侦察、对抗和打击一体化武器系统是军队适应高技术战争的重要标志。

侦察、对抗和打击一体化武器系统是运用以计算机为核心的自动化指挥与控制系统,实现先进的侦察子系统、对抗子系统以及高精度、大威力毁伤兵器系统的综合,即通过多传感器观测信息的融合,取得打击兵器所需要的正确的火力决策和实时、准确打击目标的信息,能独立完成战略、战役、战术及其他复杂作战任务的武器装备综合体。按分布和作战使用特点,可把侦察和打击一体化武器系统分为空地侦察打击一体化武器系统、地面侦察打击一体化武器系统和机载侦察打击一体化武器系统,最终目标是实现三军侦察打击一体化武器系统。侦察、对抗和打击一体化武器系统不仅能保证系统功能的完整性,而且可加强系统中的各种功能使对抗和打击能力更为突出,从而提高系统的作战效能。美军在联合作战框架中强调:全维作战优势的取得依赖于信息优势,且各种不同的传感系统与武器系统通过信息网络有机连接在一起后,产生的总效能将远远大于各个独立武器系统的军事效能之和。

因此,在未来信息化条件的战争中,野战装备等军事目标不可避免地成为敌方攻击的首选目标,它们将面临各种高技术侦察与精确打击,甚至来自于侦察、对抗和打击一体化武器系统的严酷威胁,其战场生存环境十分恶劣。

第二节　野战装备防护

野战装备防护技术,是指为保证装备在野战环境下储运、使用及携行时的质量和安全,而采取的一系列的防护技术和管理措施。作为一个涉及多学科领域的综合性工程技术问题,野战装备防护技术实质是有效解决野战条件下装备自身与运用环境之间基本矛盾。

一、野战装备防护内涵

如前所述,装备所处的野战环境,主要包括大气环境、力学环境、电磁环境、战场对抗环境四个方面。因此,野战装备防护技术主要针对各种环境因素对装备质量、安全和战场生存的影响而展开。其中:大气环境对装备的影响主要体现在不同温湿度环境条件下的金属材料锈蚀、非金属材料变质、光学仪器生霉及电子元器件失效等,某些地区还要考虑到盐分的影响;力学环境对装备的影响主要体现在振动、冲击及加速度引发的装备功能失效或结构损坏；电磁环境对装备的影响主要体现在静电、雷电、电磁辐射等带来的作用效应；战场对抗环境则主要指面临敌方高技术侦察与精确制导武器打击两个方面。

（一）大气环境防护

大气环境防护是野战装备防护中的一个老大难问题。当装备从后方仓库进入野外阵地、坑道、战壕、猫耳洞、野战弹药库（所）储存和部队携行环境后，如果自身及包装防护能力不足，就会由于高温、潮湿引发金属锈蚀、装药分解变质和元件或系统失效。以弹药为例，高温、潮湿会加速弹药的锈蚀、分解和失效，从而大大增加弹药迟发火、早发火、瞎火、不爆等故障的概率，甚至发生炮口炸、膛炸等严重事故。为解决大气环境条件下的装备防护问题采用的技术、管理措施即大气环境防护技术，大气环境防护技术一般包括防潮控湿技术和防晒隔热技术。

（二）力学环境防护

战时装备运用及保障是一个高频率、快节奏、多环节的物流过程，在装备接收、发出、储存、运输、携行等各物流环节中，如果装备受到冲击、振动、加速度等力学作用效应，其结构和性能变化将对其质量和安全产生影响，因此必须采取相应的防护技术和防护管理措施。力学环境防护技术一般指为防止装备在使用或物流过程中因力学作用发生损坏所采用的各种缓冲防护结构及材料。

（三）电磁环境防护

随着电子技术的发展及各种微电子器件在装备中的广泛运用，复杂的电磁环境（如雷电、静电、射频等）对装备的影响越来越大，电磁防护问题也日益突出。根据不同的电磁环境，针对不同的弹药品种，采取相应的电磁防护技术措施是十分必要的。电磁屏蔽、滤波器、保护电路、优化布线及线路设计是目前几种常用的电磁防护技术，它们在一定程度上起到了抗电磁环境危害的作用。其中，电磁屏蔽以其能有效地将电磁波能量转变成热能或使电磁波相干扰消失等消除电磁污染的特点，成为电磁防护领域研究的热点。

（四）战场环境防护

信息化条件下战争的重要特征是对各种信息的提取、生成及运用，其中现代侦察和精确打击即是信息技术运用的重要形式。侦察技术使得现代战场高度透明化，传统意义上的后方已不复存在；精确武器的打击使得战场目标生存的难度和风险度越来越大。针对高技术侦察和高精度制导武器打击，采取相应的伪装和防爆措施，减少野战装备的毁伤概率，是战场环境中野战装备防护的一个急需解决的突出问题。应该指出的是，战场环境应是包括大气、力学、电磁等各种环境因素的综合平台环境,但本书所称战场环境特指影响装备战时生存的侦察与打击环境,即战场对抗环境。

二、野战装备防护要求

针对装备作战保障需求和野战环境状况复杂多变的特点,围绕提高野战条件下装备的储运质量、安全水平和战场生存能力这一总体目标,提出野战装备防护要求。

1. 基于多防护模式的全过程防护

装备从国防仓库或工厂发送到部队储存、携行和使用,需要经过一定的时间间隔和空间位移,该物流过程是多环节组合的串联过程,装备在此过程中要受到各种环境因素的作用。因此,野战弹药防护必须是多种防护模式的串联组合,无论是坑道、库房等静态储存条件下的防护,还是运输、野外储存、部队携行、阵地使用等动态过程中的防护,都需要构建与之相适应的防护模式,实施全过程联动防护。如果过程防护不连续或不联动,就会出现薄弱环节乃至脱节,严重影响野战装备防护整体效果。

2. 基于多防护手段的全系统防护

由于战时环境的复杂多变,野战装备防护内容广泛。既包括防潮、防热等气候环境防护,又包括静电、雷电、射频等电磁防护,以及可见光、红外、雷达等不同波谱的伪装防护等,这些均应作为重要的防护内容,并提供有效的防护手段。另外,野战装备由于所处环境和物流环节不同,以及装备自身特性、结构状态和运用方式的不同,其防护技术要求和防护手段亦不相同,靠单一技术往往难以解决实际问题。因此,野战装备防护必须因"装"而异、因地制宜,多种防护技术并用,实施全系统优化防护,以适应野战装备在复杂战场环境条件下综合防护的要求,实现系统防护效益最大化。

3. 基于多设施设备的全地域防护

野战装备防护模式及技术手段的实现必须依托特定的平台,这种平台很大程度上依赖于相应的防护装备器材。除了坑道、库房等固定设施外,高机动性野战库、部队装备携行防护器材等对于野战装备防护更为重要。例如,目前的野外弹药堆垛仍沿用"枕木加盖布"的简陋方式,除遮风挡雨外,几乎没有其他防护功能;部队携行弹药、特别是加大携行的弹药,缺乏携行背具和组合包装,采取单体外包装携行,不仅携行不便,而且包装自重和体积要耗费大量的携行运力;对于解除包装状态的启封、值班弹药和跨越水际携行弹药而言,也缺乏相应的防护装备器材。因此,为实现装备的战场全域保障,必须完善提高防护设施器材性能。

4. 基于多管理规范的全方位防护

野战弹药防护是技术和管理相结合的有机整体。没有技术的管理,很难落实管理的要求;没有管理的技术,则很难充分发挥技术的优势。例如,野战装备的储存、运输、装卸和携行要有一系列的防护技术、设备器材和管理规范。又如,野战库的开设要有相应的战术技术依据和设施器材,而野战库的管理又需要适用的管理方法。尽管平时装备的使用管理均有相关技术规范,但野战条件下的装备质量与安全保障需要更加有针对性的措施手段,以实现战时装备的有效防护和科学管理。

总之,野战装备的防护内容不全、防护措施单一、防护装备缺乏和管理依据不足,都会在不同程度上制约野战装备的防护水平和保障能力,平时将造成大量装备的频繁更换、维修和报废处理,影响战备的落实;战时将造成装备的非战斗损耗,影响部队作战任务的完成。因此,开展野战装备防护技术研究是一项蕴藏着巨大军事、经济和社会效益的军事装备保障工程,对改变野战装备防护能力薄弱的状况,完善我军野战装备防护体系,提高野战装备防护技术水平,具有重要的现实意义。

三、野战装备防护研究体系

野战环境的客观存在和野战装备防护的客观要求说明,野战装备防护是一项科技含量大、技术要求高、工作难度大的系统工程。开展野战装备防护研究的基本指导思想是以系统工程理论为指导,充分吸取国内外相关理论和技术成果,总结我军装备防护的成功经验,加强基础理论与技术研究,以新技术、新材料、新工艺研发为突破口,形成适用于野战装备防护的实用技术和装备器材,为我军野战装备防护提供新的技术手段。同时也要加强基于信息系统体系作战的战法、保障法研究,为野战装备防护技术的有效运用提供宏观层面的指导依据。

野战装备防护是我军野战条件下装备保障能力建设的重要组成部分,野战装备防护技术是涉及到多学科领域的综合性技术。总体上讲,野战装备防护研究体系应是包括理论、技术、装备、管理等不同层面的系统研究。根据野战装备作战运用及保障需求,本书主要针对大气环境、力学环境、电磁环境和战场对抗环境四种典型野战环境开展研究,主要包括针对野战环境的基本理论研究、适用不同环境条件防护的基本技术研究、防护技术的工程应用研究、不同状态下的装备防护管理规范研究等四个方面,如图 1-1 所示。

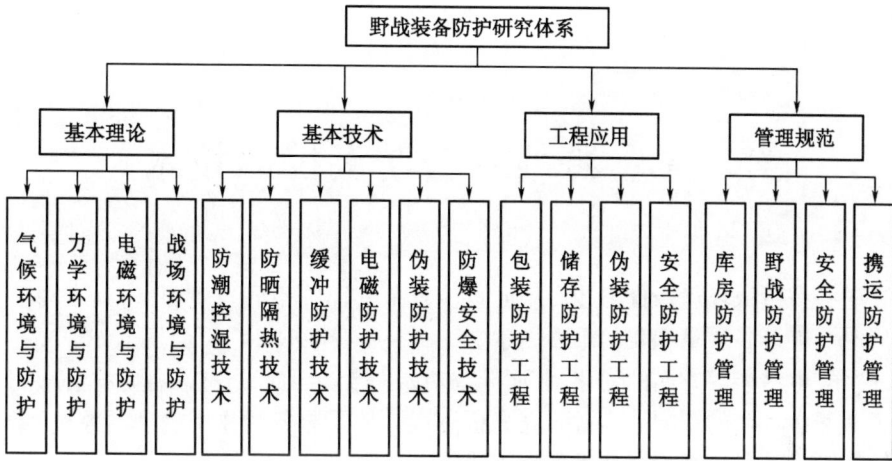

图 1-1 野战装备防护研究体系

第二章　野战装备防潮控湿技术

装备在野战环境条件下经历不同物流环节并面临不同环境因素,其中潮湿无疑是影响装备质量变化的重要因素之一。装备在潮湿环境下会发生外观或物理、化学、电性能等方面的变化,从而导致功能失效。因此,野战装备防护必须充分考虑潮湿环境的影响。本章研究分析潮湿环境对装备的作用机理与效应,重点针对野战装备防潮控湿技术进行阐述。

第一节　湿　度　效　应

湿度作为一种环境因素普遍存在于装备运用环境中,对野战装备影响很大,几乎所有装备发生质量变化都与湿度有着密切的关系。湿度环境效应可表现为金属制品发生腐蚀,火炸药制品性能下降,纺织和皮毛制品发生霉烂,光学仪器生霉、生雾或开胶,电子元气件失效,高分子制品老化等。

一、湿度

湿度是指空气的潮湿程度,它的大小反映了空气中水蒸气含量的多少。绝对湿度、相对湿度是表征湿度环境的两个常用特征量。

(一)绝对湿度

绝对湿度是指单位体积空气中所含的水蒸气质量,其数学表达式为

$$a = \frac{m_v}{V} \qquad\qquad (2-1)$$

式中: a 为绝对湿度(g/m^3); m_v 为被测空气中水蒸气的质量(g); V 为被测空气体积(m^3)。

从绝对湿度的定义可以看出,绝对湿度其实就是空气中的水汽密度。它从空气中水汽的绝对含量这一角度描述了空气的湿度大小。

绝对湿度具有日变化特征和规律。在水源充足地区,如沿海及岛屿上,与气温的日变化规律相同,一天当中有一个最高值和一个最低值,最高值出现在 14 时左右,最低值出现在日出前后。这是由于蒸发水源充足,绝对湿度直接受气温

的影响。在内陆干旱地区乱流不强季节(如冬季),也属这种变化规律。在内陆干旱地区乱流比较强的季节(如暖季),由于乱流的影响,使绝对湿度的日变化有两个峰值和谷值,峰值分别出现在9～10时和20时前后,谷值分别出现在14时左右和日出前后。

绝对湿度的年变化与气温的年变化相同,有一个月平均最高值和一个月平均最低值,最高值出现在水分蒸发强的7～8月,最低值出现在水分蒸发弱的1～2月。

（二）相对湿度

相对湿度是指空气中的水汽压与同温度下的饱和水汽压的百分比,用 U 表示,即

$$U = \frac{e}{E} \times 100\% \qquad (2-2)$$

式中: e 为实际水蒸气压力值(Pa); E 为同温度条件下的饱和水蒸气压力值(Pa)。

相对湿度的大小反映了空气的饱和程度和潮湿程度。相对湿度大,表明空气潮湿,接近饱和;相对湿度小,表明空气干燥,远离饱和。我国绝大部分地区属季风地区,由于夏季刮东南风,从海面上带来大量水汽。而冬季刮西北风,非常干燥,所以夏季相对湿度大,冬季相对湿度小。对于内陆干旱地区,由于水源缺乏,全年绝对湿度变化量不大,所以冬季相对湿度大,夏季相对湿度小。在一天中相对湿度有一个最大值和一个最小值,最大值出现在日出前后,最小值出现在14时前后。

相对湿度的大小不仅随大气中水汽含量而变化,同时也随着气温而变化。当水汽压不变时,气温升高,饱和水汽压增大,相对湿度会减少;反之,气温降低,相对湿度会增大。我国各地区尤其是长江以南的湿热区和亚湿热区,最高绝对湿度是 $29g/m^3$,相对湿度大于95%时最高气温为29℃。在自然环境中,除个别地区外,在空气流通条件下,不会长期出现温度大于30℃、湿度大于95%的情况。

二、潮湿环境效应

野战条件下环境对装备作用最为普遍而广泛的一种形式就是潮湿环境效应。潮湿环境往往使装备表现为表面受潮或内部受潮。装备表面裸露时,由于水蒸气吸附和凝露现象会造成装备表面受潮,受潮装备往往与空气中的杂质发生化学腐蚀作用。具有封闭外壳或空腔的装备,由于水蒸气扩散、吸收或者温度的交替变化,水蒸气会通过间隙进入空腔内,形成装备内部受潮,内部受潮的装备往往容易发生活动件卡滞、内部结冰或内部腐蚀等现象。

11

装备受潮后主要表现为金属腐蚀、塑料老化、电子器件失效、装药失效、其他非金属材料变质等。需要指出的是,潮湿往往与高温、氧气共同作用于大气环境下的装备,因此本节也将高温、氧化等相关环境效应纳入阐述。

（一）金属腐蚀

金属(钢铁、铜、铝及其合金等)是构成装备的重要材料,潮湿对装备金属零件的影响主要是促使其腐蚀。金属腐蚀是指金属材料和它所处的环境介质之间发生化学或电化学作用而引起的变质和破坏,其中也包括上述因素与机械因素或生物因素共同作用。

装备在研制过程中会考虑防腐设计,在生产与使用过程中也会采取大量维护、保养措施以防止装备腐蚀。但武器装备仍然不同程度地受到环境的腐蚀破坏,尤其是海军的舰艇、沿海空军飞机、第二炮兵部队的发射井架、两栖作战装甲车辆以及沿海部队的通用装备等受腐蚀的问题更为突出。例如,由于受到海水及海面盐雾的侵蚀,海军舰艇的甲板及舰体腐蚀严重,每年需涂几次涂料进行防护。南海地区舰艇每次小修更换腐蚀的钢板达1/3,中修换板率超过1/2,新舰艇尚未服役即出现腐蚀等问题。腐蚀既造成海军舰艇维修工作量大,出航率低,又造成巨大的经济损失。又如,沿海、沿岛部队军械弹药由于受潮、腐蚀,弹药成批报废,某型炮弹在1年内就有近1000t报废,经济损失巨大。此外,随着高新装备不断配备部队,又出现了许多新的腐蚀问题,如导弹导航系统的电子元器件的腐蚀、信息系统的腐蚀等。金属零件的腐蚀,轻则使金属表面失去光泽,重则可能引起活动部件锈死和零件锈断,不仅影响装备的正常使用,还可能在使用时引起严重事故。例如,某型弹药在恶劣温湿度条件下储存一定时间后,由于温湿度应力的作用,引信零件、药型罩和导电管严重锈蚀,造成引信电路断路,引信中活动部件运动阻力增大,使引信在发射时不能可靠解脱保险。因此,野战装备在储运过程中应采取可靠措施,减轻或防止腐蚀的危害。

1. 腐蚀机理

金属腐蚀机理可以分为化学腐蚀、电化学腐蚀和物理腐蚀。化学腐蚀是指金属表面与非金属直接发生纯化学作用而引起的破坏。电化学腐蚀是指金属表面与离子导电的介质(电解质溶液)因发生电化学作用而产生的破坏。物理腐蚀是指金属由于单纯的物理溶解作用所引起的破坏。由于野战环境普遍比较潮湿,所以按照作用机理,电化学腐蚀是野战装备最常见的一种腐蚀方式。这里重点介绍金属电化学腐蚀的条件、过程、作用机理与效应。

1) 腐蚀条件

（1）金属表面存在不同电位的电极。

由于金属构件成分、结构的不同,其表面和内部自然存在着各种不同形式、不同电位的电极。主要表现为：不同金属相接触形成的阴、阳极；金属成分不同形成的阴、阳极，如钢铁材料中的 Fe_2C 和 Fe；金属组织的不均匀形成的阴、阳极，如黄铜材料中体心立方晶格结构的 β 固溶体与面心晶格结构的 α 固溶体，α 固溶体为阴极，β 固溶体为阳极；金属表面物理状态不均匀形成阴、阳极，如金属元部件受到磕碰产生变形造成金属应力状态的不均匀，变形大处应力大而成为阳极，变形小处应力小而形成阴极；金属表面的保护膜（如钝化膜、电镀处理过的金属表面膜）如果有破孔，便可形成锈蚀的阴极和阳极，一般情况下，膜孔中央金属基体为阳极，膜孔边缘部位为阴极。

（2）阴极与阳极形成导电通路。

由于金属本身为导电体，其表面和内部的电极对或处于同一金属基体，或与不同金属相接触，自然构成导电通路。

（3）金属表面存在电解液。

金属表面的电解液是水膜与电解质混合形成的。水膜的形成原因除个别情况是水浸、雨淋、结露外，主要原因有两个：毛细凝聚和化学凝聚。金属表面的毛细微孔、缝隙等对水汽有吸附凝聚作用，使这些部位易形成水膜；金属表面的吸湿性化学物质如 $NaCl$、$ZnCl_2$ 等，在一定的相对湿度下就会吸收空气中的水，产生化学凝聚现象。电解质的来源主要有：大气中的某些气体溶入金属表面的水膜形成具有导电离子的电解液膜，如 CO_2、SO_2、H_2S 等；大气中的盐分固体颗粒附着在金属表面，如沿海或内陆的高含盐地区，大气中 $NaCl$、$MgCl_2$ 盐分较多；各种技术处理后的残留物或污染物。在一定的湿度条件下，电解质溶入水膜中就在金属表面形成电解液膜。

（4）氧气的存在。

金属大气锈蚀为电化学腐蚀，氧气主要起去极化作用。

2）电化学腐蚀过程

金属电化学锈蚀的过程实际上就是金属失去电子被氧化的过程。以钢铁为例，其电极反应为：

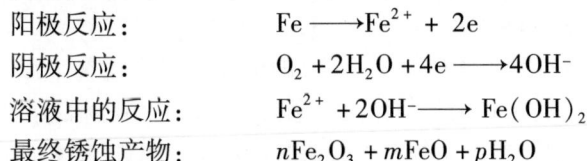

阳极反应：$\qquad\qquad Fe \longrightarrow Fe^{2+} + 2e$

阴极反应：$\qquad\qquad O_2 + 2H_2O + 4e \longrightarrow 4OH^-$

溶液中的反应：$\qquad Fe^{2+} + 2OH^- \longrightarrow Fe(OH)_2$

最终锈蚀产物：$\qquad nFe_2O_3 + mFeO + pH_2O$

3）湿度对金属腐蚀作用机理

由金属腐蚀的条件与过程可以看出，电解液的存在是金属电化学腐蚀必不可少的条件。环境相对湿度对金属表面产生电解液和腐蚀起着决定性的作用。

当相对湿度较低时，金属表面吸附水分较少，形成的水膜较薄，约 10nm 左

13

右,无法克服金属表面粗糙度的影响而形成连续水膜和导电通路,电化学腐蚀几乎无法发生,金属腐蚀以化学腐蚀为主,腐蚀速度缓慢,金属制品是比较稳定的。

随着空气湿度的增大,金属表面吸附水分增多,水膜厚度增厚,电化学腐蚀速度剧增。当相对湿度逐渐增大到一定程度时,水膜厚度达到 $1\mu m$ 左右,金属制品的腐蚀速度会突然上升,此时的相对湿度数值,称为临界相对湿度。超过临界相对湿度后,相对湿度越高,金属制品的腐蚀速度越快。

临界相对湿度数值的大小是由金属的种类、组织结构、表面状况以及电解液成分、浓度等多种因素决定,其中金属种类是最主要的因素。钢铁的临界相对湿度为 65% ~ 70%,铜为 60% ~ 80%,铝为 65% ~ 70%,锌为 70% 左右。临界湿度是金属从化学腐蚀向电化学腐蚀过渡的转折。经实验测定,在临界相对湿度以上钢铁腐蚀速度与空气湿度的关系可表示为

$$V_k = V_0 e^{-(U_0 - U)} \qquad\qquad (2 - 3)$$

式中: V_k 为在该湿度下的腐蚀速度; V_0 为在饱和湿度下的腐蚀速度; U 为在该温度下的实际相对湿度; U_0 为在该温度下的饱和湿度。

2. 腐蚀分类

军事装备的腐蚀按腐蚀环境可以分为大气腐蚀、海水腐蚀和在极端环境下的联合腐蚀等。

1) 大气腐蚀

金属暴露在大气自然环境条件下,由于大气中的水蒸气和氧等的化学或电化学作用而引起的腐蚀称为大气腐蚀。大气腐蚀是一种常见的腐蚀现象。全世界在大气中使用的钢材一般超过其生产总量的 60%,例如钢梁、桥梁飞钢轨、各种机械设备、车辆、武器装备等都是在大气环境下使用的。据估计,由于大气腐蚀而损失的金属约占总的腐蚀量的 50% 以上。

金属表面的潮湿程度通常是决定大气腐蚀速度的主要因素,可将大气腐蚀分为干大气腐蚀、潮大气腐蚀和湿大气腐蚀三类。干大气腐蚀是指在非常干燥的空气中,金属表面上完全没有水分膜层的大气腐蚀。在洁净的大气中,所有普通金属在室温下都可生成不可见的氧化物保护膜。在有微量气体污染物(如硫化物)存在的情况下,钢、铁和某些其他非铁金属,即使在常温下也会生成一层可见的膜,使金属失去光泽,通常称为失泽作用。潮大气腐蚀是指当相对湿度足够高时,在金属表面存在着肉眼看不见的薄水膜层时所产生的腐蚀,例如铁在没有被雨雪淋到时的生锈。湿大气腐蚀是指在金属表面存在着肉眼可见的凝结水膜时的腐蚀。当空气中的相对湿度接近 100% 或当雨、雪、水沫直接落在金属表面上时,便发生这类腐蚀。

湿度是决定大气腐蚀类型和速度的一个重要因素。各种金属都有一个腐蚀

速度开始急剧增加的湿度范围,通常把金属大气腐蚀开始剧增时的大气相对湿度值称为临界相对湿度。例如钢的临界相对湿度约在 50% ～ 70% 之间。如图 2-1 所示,在相对湿度小于此值时,腐蚀速度极慢,可以认为几乎不被腐蚀。

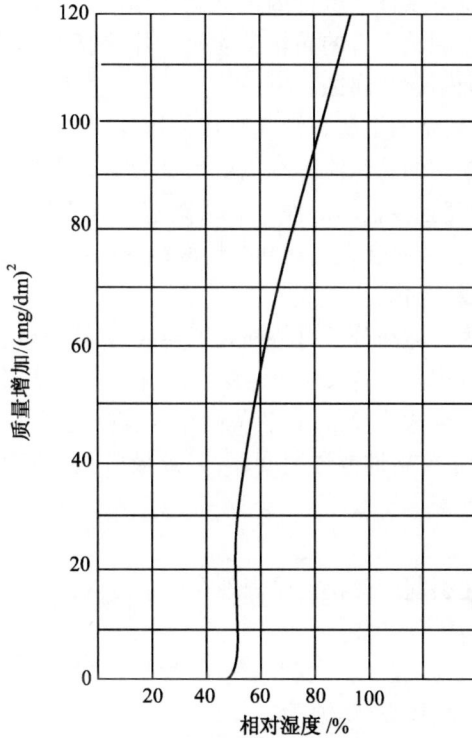

图 2-1　铁的腐蚀量和相对湿度的关系

在临界湿度附近能否结露和气温的变化有关,这意味着当湿度一定时,温度的高低具有很大的影响。统计结果表明,在其他条件相同时,平均气温高的地区,大气腐蚀速度较大。气温的剧烈变化也会影响大气腐蚀。例如,夜间气温下降,这时金属表面温度低于周围大气温度,大气中的水蒸气便凝结在金属表面上,从而加速了金属的腐蚀。

2) 海水腐蚀

海水是自然界数量最大且具有很强腐蚀性的天然电解质。金属在海水中会遭受严重的腐蚀。海水对金属材料腐蚀是典型的电化学腐蚀,海水中的氯离子对氧化钝化膜的穿透能力很强,装备在海水中很易被腐蚀。例如,海军舰艇舰体腐蚀形态以点蚀或局部空蚀为主,潜艇耐压固壳顶部及同舱底部的局部溃疡腐蚀比较严重。

3）在极端环境下的联合腐蚀

除战场环境外,军事装备在超高压、超高温、超低湿等恶劣服役环境下将会发生腐蚀破坏,还包括磨损严重的大风沙漠环境、腐蚀严重的盐雾海洋环境、高原缺氧的低气压环境等条件下多种因素共同作用产生的联合腐蚀。如,沿海和舰艇上的燃气轮机及舰载飞机的涡轮发动机叶片等高温部件上,容易沉积硫酸盐或低熔点氧化物而引起热腐蚀。

另外,湿度除对装备的金属腐蚀起直接作用外,与霉变还有着密切的关系。某些金属部件封存常用的防锈油等有机材料是微生物生长繁殖的营养源,温湿度条件适宜时,霉菌就会在金属部件上大量繁殖。霉菌在生长过程中产生出的水解霉、有机酸等有害物质会直接或间接地腐蚀这些金属部件。

（二）高分子材料老化

高分子材料分为天然高分子材料和人工合成高分子材料,前者有纤维素、淀粉、蛋白质、石棉、云母等,后者又可分为塑料和弹性体。塑料、橡胶、纤维等高分子材料广泛应用于各类武器装备,在装备储存、运输、使用过程中,由于受内外因素的综合作用,高分子材料性能逐渐变坏,以致最后丧失使用价值,这种现象称为"老化"。

1. 老化特征

高分子材料老化引起的变化主要表现在以下方面：

1）外观的变化

例如,材料发黏、变硬、变软、变脆、龟裂、变形、玷污、长霉;出现失光、变色、粉化、起泡、剥落、银纹、斑点、锈蚀等。

2）物理化学性能的变化

例如,材料密度、导热系数、玻璃化温度、熔点、折光率、透光率、溶解度、分子量、分子量的分布、羰基含量的变化;耐热、耐寒、透气、透光等性能的变化。

3）机械性能的变化

例如,材料拉伸强度、伸长率、冲击强度、弯曲强度、剪切强度、疲劳强度、硬度、弹性、附着力、耐磨强度等性能的变化。

4）电性能的变化

例如,材料绝缘电阻、介电常数、介电损耗、击穿电压等电性能的变化。

应当指出,高分子材料老化过程中,一般都不会也不可能同时出现上述所有的变化和现象。实际上,往往只是其中一些性能指标变化,并且常常在外观上出现一种或数种变化的特征。

2. 高分子材料结构特性

高分子材料是由具有共价键的分子聚合而成,这种分子是材料的结构单元

（或称为单体，Mer），单体重复连接而形成高分子材料（或称为聚合物，Polymer）。所谓共价键即原子接近时通过共有电子对的方式获得（ns + np）全填满的稳定结构。形成共价键时，一般要形成 sp 的杂化轨道，从而降低系统的内能，增加结合能。结合键有如下三个重要性质。

1）键长

键长是指组成键的两个原子核之间的距离，它随杂化状态而有所变化。产生这种变化的原因是由于从 sp^3 到 sp，杂化轨道中的 s 成分从 25% 增加到 50%，s 轨道离原子核较 p 轨道为近，故键长减短。

2）键能

键能是指将组成共价键的原子分开所需的能量。从表 2-1 的数据可以看出，由于 C—C 键能低于 C—H 键能，因而乙烷（CH_3—CH_3）高温裂解时，优先断裂的是 C—C 键。表 2-2 的数据还指出，某些键能也受分子中其他原子或原子团的影响。大气中的短波紫外线，如 $300m\mu m$ 的紫外线的光能量达到 396.9kJ/mol，这个能量能够切断许多高聚物的分子键或者引发其发生光氧化反应。

表 2-1 常见共价键的键能（kJ/mol）

键	键能	键	键能
C—C	347.3	H—Cl	431.6
C—O	292.9	H—Br	364.0
C—H	427/381	H—I	297.1
C—N	305.4	O—H	460.2
H—H	431.0	N—H	389.1
O—O	142.3	C＝C	610.9

表 2-2 某些键的离解能（kJ/mol）

键	键能	键	键能	键	键能
H_3C—H	435.1	CH_2＝$CHCH_2$—H	355.6	CH_3CH_2—CH_3	355.6
CH_3CH_2—H	410.0	$C_6H_5CH_2$—H	355.6	$(CH_3)_2CH$—CH_3	347.3
CH_2＝CH—H	435.1	CH_3—CH_3	368.2	$C_6H_5CH_2$—CH_3	292.9

3）极性键

各个元素吸引电子的能力（电负性）不同，因而电子云的分布是不均匀的。电子云较为向电负性高的元素集中，形成极性键。氟是电负性最大的原子，H、F、Cl、Br 及 I 的电负性分别是 2.1、4.0、3.0、2.8 及 2.5，这可以用于说明表 2-1 中键能差异的原因。

3. 高分子材料老化机理及过程

高分子材料老化后,其性能会变坏,以致完全丧失使用价值。这是由于高分子材料的基本原料发生了降解和交联两类不可逆的化学反应的结果。

1)降解反应

降解反应大体上有两类。第一类是主链断裂反应。主链断裂,可分两种情况:一种是产生含有若干个链节的小分子(如聚乙烯、聚丙烯等的氧化断链);另一种是产生单体(如聚甲醛、聚甲基丙烯酸甲酯的热解聚),这是聚合反应的逆反应,所以也称解聚反应。第二类是聚合度不变,链发生分解反应,例如聚氯乙烯分解脱氯化氢的反应。

2)交联反应

交联反应是指大分子与大分子相联,产生网状结构或体型结构。

这里以聚烯烃的氧化老化为例,简述老化机理。

纯粹的聚烯烃在隔绝氧气的条件下受热时是稳定的。例如,高压聚乙烯隔绝氧气受热到290℃仍未发生变化,但在有氧条件下,即使受热温度不高也很容易发生氧化作用。高聚物的氧化老化有热氧老化、光氧老化,在室外大气环境下主要是光氧老化。

高聚物的氧化的特点是自动催化氧化,属于游离基链式反应机理。氧化反应可用下面简单的反应式来表示:$RH + O_2 \longrightarrow ROOH$,式中 RH 表示高聚物。从动力学分析说明,其氧化速度不依赖氧的浓度,而依赖于游离基 $ROO\cdot$ 的浓度。其氧化反应按照类似于游离基链式反应的方式进行,包括链的引发、链的增长和链的终止三个阶段。

(1)链的引发。

高聚物受到热或氧的作用后,在分子结构的"弱点"处(如双键、支链)形成游离基。化学反应式为

$$RH \longrightarrow R\cdot + H\cdot \tag{2-4}$$

$$RH + O_2 \longrightarrow R\cdot + HOO\cdot \tag{2-5}$$

(2)链的增长。

当引发反应一旦发生,高聚物游离基 $R\cdot$ 迅速与氧结合形成过氧化游离基 $ROO\cdot$,随后 $ROO\cdot$ 与高聚物 RH 作用,形成另一个游离基。这样不断进行,一方面使高聚物继续氧化,另一方面生成越来越多的氢过氧化物。化学反应式为

$$R\cdot + O_2 + ROO\cdot \tag{2-6}$$

$$ROO\cdot + RH \longrightarrow ROOH + R\cdot \tag{2-7}$$

当 ROOH 越来越多时,它会分解生成新的游离基,并参与链式反应。化学

反应式为

$$ROOH \longrightarrow RO \cdot + HO \cdot \qquad\qquad (2-8)$$

$$2ROOH \longrightarrow RO \cdot + ROO \cdot + H_2O \qquad\qquad (2-9)$$

烷氧游离基 RO· 会进一步引发高聚物 RH 氧化,也会经歧化作用使化学键断链。化学反应式为

$$RO \cdot + RH \longrightarrow ROH + R \cdot \qquad\qquad (2-10)$$

$$HO \cdot + RH \longrightarrow H_2O + R \cdot \qquad\qquad (2-11)$$

(3)链的终止。

当上述各种反应形成的游离基达到一定浓度时,由于彼此相碰而导致链终止。由于 ROO· 超过其他游离基的浓度,所以它的自身复合是主要的反应,其次是 ROO· 与 R· 的终止反应。化学反应式为

$$ROO \cdot + ROO \cdot \longrightarrow ROOR \cdot + O_2 \qquad\qquad (2-12)$$

$$R \cdot + ROO \cdot \longrightarrow ROOR \qquad\qquad (2-13)$$

$$R \cdot + R \cdot \longrightarrow R—R \qquad\qquad (2-14)$$

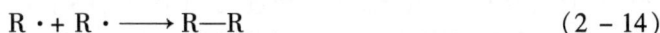

上面的机理中引发反应的活化能比较高,一经引发,就会产生活性中心,氢过氧化物在分解时也会产生活性中心,但后者比前者所需的能量要小得多,所以氧化过程具有自动催化的特点。

(三)电子元器件失效

电子产品在武器装备中的运用日趋广泛,其在使用、运输和储存中,温度、湿度、静电、氧气、尘埃、霉菌、电磁场、机械、电压和电流等环境因素都直接或间接地影响产品的性能和工作可靠性,使电子产品容易出现故障或损坏。如,第二次世界大战期间美军运到东南亚战场的电子产品 60% 在使用前就已损坏。

1. 失效特征

电子器件主要由电子元件组成,因而电子元器件的失效特征也就是电子元件的失效特征,它主要指电子元件的失效规律、失效形式。

1)元件失效规律

电子元件的失效规律,明显地表现为图 2-2 所示的曲线特征。这一曲线称为"浴盆曲线",分为三个部分:Ⅰ 为早期失效期;Ⅱ 为稳定工作期;Ⅲ 为衰老期。这种失效规律也适用于一般的装备。

早期失效期。发生在元件制造和电子器件刚安装运行的几个月内,一般为几百小时。元件早期失效的原因有:元件本身的缺陷,如龟裂、漏气、焊接不良;环境条件的变化,加速了元件、组件失效;工艺问题,如焊接不牢,绝缘层或保护

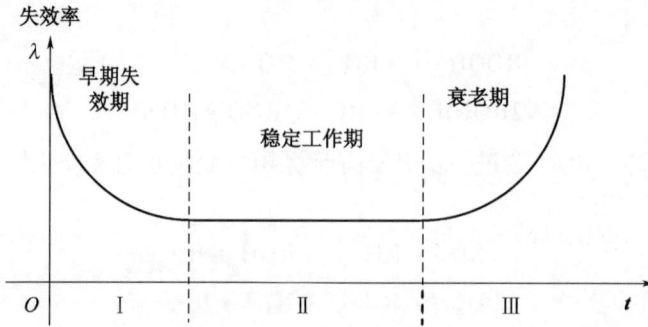

图 2-2　元件失效曲线

层里有杂质、空隙、裂缝和气孔,筛选不严等因素。早期故障主要是由人为差错的各种原因造成的,不易查出。

稳定工作期(又称正常寿命期)失效。元件在这一期间,突然失效较少,而暂时性故障较多。这时,应力引起失效是暂时性故障的主要原因。当元器件工作中瞬时应力(如电压过高或电流过大等)超过了元件的强度,便产生暂时性故障,使机器不能正常工作。稳定工作期的持续时间是从早期失效期的结束时间至衰老期的开始时间。

衰老期(又称耗损期)。元件到了这一时期,失效率大大增加,可靠性急剧下降,接近报废。形成这一阶段的主要原因是机械磨损、热和化学变化产生的物质损耗或疲劳特性退化而引起的失效性。随着时间的增长,失效率增加。例如,灯泡、电池、电动机的电刷等都属于这类例子。设备到了这个时期,就应进行大修,更换一批失效的元器件,使系统能继续使用,但当大多数元器件已达到衰老期时,应当停用。

2)元件失效形式

元件的失效可分为以下几种形式:突然失效、退化失效、局部失效和整体失效。

突然失效(又称灾难性失效)。这是元件参数急剧变化而造成的。这一失效形式通常表现为短路或开路状态。器件因压焊不牢造成开路,因尘埃使器件管脚短路,电容器因电解质击穿造成短路等,都是这种失效的例子。

退化失效(又称衰变失效)。这是元件参数逐渐变坏,使其性能变差而造成的。

局部失效和整体失效。一个退化失效会使一个系统性能变化,使局部功能失效,因此这种失效也称局部失效。而一个突然失效会使整个系统失效,这种失效称为整体失效。

20

2. 失效影响因素

电子元器件的失效直接受温度、湿度、静电、氧气、尘埃、霉菌、气氛、电磁场、机械、电压和电流等因素影响。

1）湿度

电子产品大多是由金属和有机物组成,潮湿是降低电子元器件可靠性的一种应力方式。湿度过高会使封装不良、气容性较差的元件遭受腐蚀,造成退化失效。潮湿不仅是金属最普遍的腐蚀剂,而且许多有机材料吸湿后会失去机械强度,或吸湿后膨胀而变形,同时还会降低某些有机材料的介电常数、点火电压、绝缘电压及增加能量损耗。水蒸气本身对电气设备性能还有其他不利因素,如:吸收电磁能量,使电气元件动作不稳定;降低两电极之间的击穿电压等。

潮湿产生的霉菌对电子元器件的影响也很大。当霉菌跨过绝缘表面时,会引起短路、绝缘下降和介质损耗增大;霉菌在代谢过程中产生的酶和各种有机酸,使非金属材料产生电解、老化、龟裂等损坏,加速金属及镀层的腐蚀;霉菌生长形成的扩展性堆积物使保护层破坏、松动、裂缝和起泡;霉菌细胞内含水量为84%～90%,这种高湿状态会使金属接插件引脚间通路、高频电路的阻抗特性改变、元器件的劣变和失效等,从而使设备的可靠性降低;对某些电气元件,如开关、继电器、变压器、电缆,因霉菌繁殖分解的有机酸等和潮湿一起构成漏电途径,降低介电强度和绝缘值,甚至引起电解或造成短路。

湿度过低、空气太干燥,容易产生静电,引起半导体元件的损坏,导致机器故障,因而一般要求电子元器件的封存环境保持相对湿度在45%～75%。

长期以来的电子产品自然环境试验结果表明,提高电子产品的防潮性能是提高可靠性的关键。

2）温度

出于知识系统性考虑,温度对电子元器件的影响在这里也一并介绍。

热对电子产品的破坏作用,起初是缓慢的,最后结果可以表观为突然失效。每个产品到失效的时间都是应力水平的一个统计函数关系。对温度应力而言,它是材料的化学结构与温度随时间变化的一个复杂的相互作用过程。一般来说,产品失效率随温度上升而增大。失效率随温度上升而增加的原因,是产品所用材料(包括工艺材料)的化学、物理活性增大的结果。例如,在均匀受热的情况下,会引起老化(变色)、绝缘损坏、氧化、气体膨胀、润滑剂的黏度下降、结构上的物理性断裂、电解质干枯等,都会导致产品性能退化,致使最后发生退化失效。热循环能造成温度梯度,扩大收缩,致使产品结构发生变化和损伤,如微电路的芯片与基体分离。热冲击会产生高温和大的温度梯度,使产品受到破坏、断裂。电阻器在制造过程中的不规则和不均匀性将更容易产生有害的过热点,美国军用标准 MIL – HDBK –217C 给出了 14 个大类的电子元器件的失效率曲线，其中有 8 个大类的变化受温度影响，如表 2 – 3 所列。

表 2 – 3　MIL – HDBK –217C 中主要元器件类型

＊微电子器件	＊电容器	＊连接器
＊半导体分立器件	＊电感器	印制电路板
真空器件	＊旋转器件	连接（接点）
激光器件	＊继电器	其他
＊电阻器	开关	
注：＊表示失效率公式中依赖温度的类型		

3）氧气

空气或水中的氧气是导致金属腐蚀的重要介质，它亦加速非金属材料的老化、变质，这些在前几节已详述，在此不再重复。另外，电子设备中的开关、继电器、接插件及铁、锌、银、铜等金属和镀层若在储存中长时间与氧气及其他介质接触，会产生氧化和锈蚀，引起接触电阻增大，甚至开路、可焊性降低、卡滞，使设备失效，这对于要求长期封存后能立即可靠工作的电子设备是十分不利的。因而，氧气也是影响电子设备长期封存质量的重要环境因素。

4）尘埃

计算机系统中磁盘、磁带、磁鼓等存储器被广泛应用，在信息读出和写入时，磁头与磁存储器表面之间的间隙是很小的，一般只有几微米，并且不允许较大的间隙存在。但在实际使用中，经常会出现较大的间隙，使读出或写入的信息不正常。产生间隙的原因很多，主要是外来的灰尘和微粒散落在磁头和磁存储器表面之间造成的。这些尘埃不仅会使读写信号幅度衰减、波形畸变，而且还会划伤磁表面，玷污磁头，使其失效。

5）气氛

气氛腐蚀产生于多种非金属材料。为了防止气氛腐蚀对电子设备封存的影响，必须避免选用挥发腐蚀气氛强的有机材料，更不能用未固化好的有机材料和新鲜木材作包装材料，此外还要避免塑料制品直接与金属接触，控制环境相对湿度等。

（四）装药失效

装药失效主要是针对弹药装备而言，所谓装药是指弹药各部（元）件的药剂的总称。弹药装药按其用途来分，通常分为猛炸药、发射药、起爆药、烟火剂四类，这些装药很多对大气温湿度反应都比较敏感，在恶劣环境作用下容易引起失效变质。

1. 猛炸药变质

常用的猛炸药有梯恩梯、黑索金、太安、特屈儿、奥克托金、硝化甘油等单体炸药和各种混合炸药,例如:以梯恩梯为主的梯萘炸药,以黑索金为主要成分的黑铝炸药,以硝酸铵为主要成分的铵梯炸药等。常用猛炸药的化学安定性稳定,在常温条件下不易分解,其吸湿性很小或不吸湿。但猛炸药中梯恩梯和装有硝酸铵的混合装药易发生物理性变化,从而使装药性能发生变化。

1)梯恩梯流油

梯恩梯或含梯恩梯的混合炸药在储存过程中,有时会渗出黏稠的油状物,即梯恩梯油。梯恩梯油是比较钝感的,当其流到装药表面时,会使装药引爆困难,可能产生半爆或不爆。当流到引信与弹口螺纹之间,射击时可能发生危险。装药出现流油,会降低装药的爆速和爆炸作用。当装药流油严重时,有可能使装药松动和出现空隙,使装药强度降低,在射击过程中引起装药破碎,装药之间或与弹壳间产生剧烈摩擦、撞击,可能会产生早炸现象。

梯恩梯流油失效的机理是:梯恩梯即 2,4,6 – 三硝基甲苯中含有其同分异构物以及二硝基甲苯、硝基甲苯等杂质,这些杂质之间以及杂质与梯恩梯之间产生低溶点的物质。这些低熔点物质的熔点都在常温范围内,当周围环境温度稍高,就会熔化并逐渐渗出装药表面,形成梯恩梯流油。

2)硝铵炸药的吸湿结块

硝铵炸药是以硝酸铵为主要成分与其他炸药或可燃物混合组成的炸药。硝铵炸药的主要失效形式是吸湿结块。硝铵炸药吸湿结块后,感度降低,起爆困难,容易产生半爆或不爆。硝铵炸药的吸湿主要是由硝酸铵潮解引起的。其根本原因是硝酸铵的吸湿点较低,常温状态下(25℃),其吸湿点为 63%(相对湿度),并且随着温度的升高呈下降趋势。

硝酸铵的结块失效有两种不同的机理。一是温度变化,引起硝酸铵晶型和体积的变化而使硝酸铵结块。硝酸铵在不同的温度下具有不同的晶型。例如:当温度在 – 16 ~ 32℃之间为斜方晶体;当温度超过 32℃时变为单斜晶体,体积扩大 3%,相互挤压而结块;在 – 16℃以下,体积减小,由外向内产生压力也容易结块。二是硝酸铵吸湿后干燥,重新结晶引起结块。硝酸铵吸湿后,首先在表层生成硝酸铵饱和溶液;当外界湿度环境变化,相对湿度低于当时的硝酸铵吸湿点时,表层饱和溶液中的硝酸铵又会从溶液中析出紧密细小的结晶,将药粒紧紧连结在一起,形成结块。

2. 发射药变质

发射药主要用来发射弹丸。按照发射药中能量成分的多少,可将发射药分为单基药、双基药、三基药及多基药。发射药容易受温湿度影响,质量下降,使射击精度降低,严重时可能造成事故。

1) 物理失效

发射药的物理失效主要由吸湿或组分挥发引起。具体包括:水分含量的变化,这与发射药的吸湿性和空气的相对湿度有关;组分的挥发,如单基药中残余醇醚溶剂的挥发,装药的密闭性越差,保管时间越长,保管温度越高和环境相对湿度越大时,剩余溶剂的挥发就越多,再如双基药中的硝化甘油或硝化二乙二醇在常温下是较难挥发的,但温度高于50℃时,挥发性会急剧增加;单基药本身结构的陈化,使硝化棉和溶剂之间的连结削弱,从而使单基药中的挥发分含量发生变化;渗出与晶析,如双基药中硝化甘油从药粒内部渗到药粒表面,导致摩擦、冲击感度及燃速增大,渗出过程将少量的二硝基甲苯或中定剂等带出,并逐渐在发射药表面呈结晶状态析出。

2) 发射药的化学失效

发射药的化学失效过程如下:首先是火药中所含硝酸酯炸药的热分解,产生 NO 和 NO_2,然后进一步氧化、水解和自动催化,这些反应是同时进行的,热分解产生了氧化氮,才有自动催化作用;氧化氮与水作用生成酸才能加速水解作用,而自动催化和水解作用又是放热反应,使发射药本身温度升高,加快热分解。发射药化学失效影响因素较多,如发射药成分、结构及燃烧层厚度、制造质量等。此外,环境条件也是影响化学失效的主要因素。温度高,发射药热解快;湿度大,会加速其水解作用。

3. 黑药吸湿

黑药的主要成分是硝酸钾、木炭和硫磺。黑药在储存保管过程中的主要失效形式是吸湿受潮变质,这主要是由硝酸钾和木炭引起的。木炭的吸湿主要由表面吸附和毛细管作用形成;制造黑药用的硝酸钾由于含有少量诸如氯化物、硝酸钠、钙盐等吸湿点较低的杂质,对黑药的吸湿有一定影响。

黑药的吸湿与储存环境有很大关系。储存环境的相对湿度越大,就越易吸湿;在潮湿环境中储存时间越长,吸收的水量也越多。例如,含水量0.7%的黑药在25℃、80%相对湿度条件下储存12h、24h、48h、72h,则其含水量分别增加到0.94%、1.00%、1.03%、1.35%。如果受潮严重,其成分的均匀性受到破坏,影响使用效果。黑药的规定含水量在0.7%和1.0%之间,平衡相对湿度为65%,当空气相对湿度过大,则吸湿受潮。吸湿量超过2%时,黑药点火困难,燃速下降。吸湿量超过15%时,会因不能点燃而失去燃烧爆炸性能。

4. 其他装药变质

弹药装药还包括起爆药、击发药、烟火剂等其他装药。

温湿环境对起爆药影响很小,但雷管和火帽中的刺发药和击发药在湿度较大时会吸湿受潮,降低作用可靠性。据国外资料介绍,雷汞在50℃以下的干燥大气中储存6个月后,其分解失重为3.06%,在同样温度的潮湿大气中,其分解失重达7.6%,而雷汞含量是火帽敏感度的主要决定因素。

烟火剂失效的主要形式是吸湿受潮。受潮后,机械强度下降,烟火效应变差。烟火剂在储存过程中吸湿除与空气相对湿度的大小有关外,主要取决于烟火剂中氧化剂的吸湿性。装有黄磷的发烟弹、燃烧弹,如果温度超过44℃,黄磷会从弹口熔化渗出而发生燃烧事故。温度过低时黄磷凝固,会使黄磷弹出现质量偏心,影响射击精度。

(五)其他非金属材料变质

装备中除金属、塑料、装药等材料外,还有一些木质、纸质、布质等材料的制件,它们受湿度的影响也会变质,影响装备的使用和储存。木质、纸质、布质件在相对湿度较大时会吸湿而使含水率增大,引起膨胀变形及强度下降。这些制件含水率增大后会促使靠近它们的金属生锈,装药受潮变质;长期潮湿和温度适宜时,还会发生霉变。当湿度过小而温度较高时,它们又会蒸发所含水分,产生收缩变形或干裂,强度和密封性变差。

霉变就是霉菌的破坏作用。霉菌适宜在温度25~35℃、相对湿度80%以上的环境中生长。温度低于12℃或高于40℃、相对湿度低于60%时霉菌将停止生长。弹药中的非金属材料含有霉菌生长所需的营养源,如皮革的表面修饰剂的主要成分乳酪素、纤维织物上浆用的淀粉浆料等,这些营养成分溶解在水中,能够被霉菌所吸收。由于霉菌具有分布广泛、繁殖迅速、代谢旺盛、易于迁变和适应等特点,因此只要环境条件适宜,它就会在各种材料上繁殖,产生出水解酶、有机酸、氨基酸和一些有害的毒素,使各种非金属材料发霉腐烂,丧失使用价值。如:皮革出现霉斑、龟裂甚至腐烂;纤维的色泽、拉力、强度受到影响;化纤织物黏度增高,并有结块现象等。

潮湿和霉菌共同作用,会加大对装备中各种材料的影响,如表2-4所列。

表2-4　潮湿和霉菌对装备中各种材料的影响

部件或材料	潮湿或霉菌的影响
纤维制品:垫圈、支架等	潮湿引起膨胀,膨胀又使支架失调,造成支撑部件黏合。被霉菌毁坏。寒冷使垫圈发脆
纤维制品:接线柱和绝缘子	形成漏电路径,引起跳火、串话,丧失绝缘性能
层压塑:接线板、交换机面板、线圈架以及连接器	丧失绝缘性能。漏电引起跳火和串话。起层。表面及边沿有霉菌生长
模压塑料:接线板、交换机面板、连接器和线圈架	经过机械加工、锯或切削的边沿或表面均能供养霉菌,引起短路和跳火。霉菌使装在塑料上的零件之间的电阻下降,甚至失效

（续）

部件或材料	潮湿或霉菌的影响
棉、亚麻、纸等纤维制品：绝缘材料、罩、条带、迭层、介电质等	绝缘性能下降或丧失，造成严重击穿、跳火或串话，全部霉烂而毁坏
木材：盒、套、箱、垫料、杆等	潮湿和霉菌造成干朽、膨胀、起层
皮革：带、盒、垫圈等	霉菌破坏鞣革和保护材料，潮湿细菌造成霉烂
玻璃：透镜、窗等	霉菌在有机灰尘、昆虫径迹、昆虫粪便、死昆虫上面生长。玻璃上的死虫和霉菌使透明度变差，并腐蚀附近的金属部件
蜡：浸渍用	抑制霉菌的蜡不干净，将滋生霉菌，破坏绝缘和防护质量，并使潮气进入，破坏部件和电路平衡
金属	高温和湿气引起迅速腐蚀，霉菌和细菌生长产生酸和其他产物，从而加速了表面的侵蚀和氧化，妨碍活动部件、螺钉的功用，在接线柱、电容器之间产生灰尘，引起噪声、灵敏度损失和电弧放电
金属：两种或两种以上	铆接处或螺栓接头、轴承、滑槽和螺纹等地方具有不同电位的金属，在潮湿时电解，一种金属镀在另一种金属上面，形成盐和严重的表面侵蚀
焊接接头	接线板上多余的焊剂吸潮，加快了腐蚀和霉菌的生长

第二节　涂覆防护技术

涂覆防护技术是目前应用最为广泛的一项防潮防护技术。所谓涂覆防护技术，是指将涂料、油脂、防锈油或可剥性塑料等阻隔材料直接涂覆于金属表面来隔绝水汽，以防止装备受潮生锈的方法。不同的涂覆材料由于自身技术特性不同，采用的工艺和方法各不相同，达到的效果也各不相同。

一、涂料防腐技术

将涂料直接涂覆于装备表面来隔绝外界环境作用的方法，是目前采用的最为广泛的一项防护技术。涂料除了具有美观、装饰、耐磨损、修补零件等作用外，还可以根据使用要求配制，成为具有各种防护功能的涂层。

（一）涂料组成

涂料主要是由漆基（基料）和颜料、溶剂所组成。漆基是漆料中的不挥发部分，它能形成涂膜，并能黏结颜料。溶剂是一种在通常干燥条件下可挥发的、并能完全溶解漆基的单一或混合的液体。必要时，还用一些添加剂（助剂）。涂料的组成如图 2 - 3 所示。

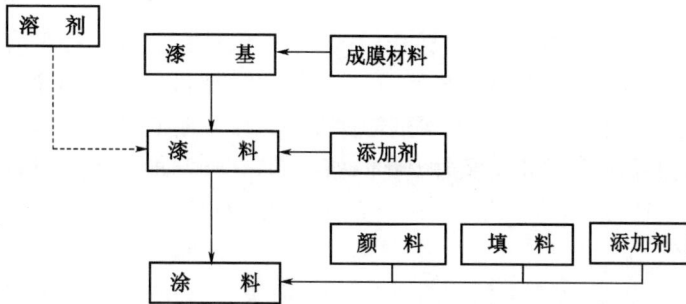

图 2 - 3　涂料的组成

1. 漆基

漆基中的成膜材料是涂料中的主要成膜物质,它是涂料的最重要组分,也是涂料的基础材料。漆基决定了涂料的主要性能,选择什么类型的漆基就可以制造什么类型的涂料。

根据漆基中成膜材料成膜机理的不同,漆基可划分成转化型和非转化型两大类。

转化型的漆基,如纤维素聚合物、氯化橡胶、丙烯酸酯类聚合物等,在干燥成膜之前是以低聚合或部分聚合状态的溶解在溶剂中构成的溶液,而当被施涂在底层上之后,通过交联固化的化学反应(聚合或氧化)而干燥,形成固态的不能再熔化的涂膜。

非转化型的漆基是由一些分子量较高的聚合物,溶解在溶剂中或分散在分散介质中而构成的溶液或胶态分散体。用这种漆基制成的涂料经施工涂装后,漆中溶剂或分散介质挥发到大气中,留下的不挥发物就在底材上形成一层连续均匀的涂膜。这种用非转化漆基制成的涂料称为挥发型涂料,如醇酸树脂、聚氨酯树脂、聚酯树脂、环氧树脂、热固性丙烯酸树脂、光固化与电子束固化树脂等。

2. 颜料

颜料是一种微细粉末的有色物质,它不溶于水或者油的介质中,而能均匀地分散在介质中,涂于物体表面形成色层,呈现出一定的颜色。颜料是色漆生产中不可缺少的成分之一。其作用不仅仅是色彩和装饰性,更重要的作用是改善涂料的物理化学性能,提高涂膜的机械强度、附着力、防腐性能、耐光性和耐候性等,而特种颜料还可以赋予涂膜以特殊性能。颜料的性能参数包括颜色、遮盖力、着色力、吸油量、耐光性、耐候性、水分、颗粒形状和粒度分布等。

3. 溶剂

溶剂是用来溶解或分散成膜物质,形成便于施工的溶液,并在涂膜形成过程中挥发掉的液体。尽管溶剂在色漆中不是一种永久性的组分,但是溶剂对成膜物质的溶解力决定了所形成的树脂溶液的均匀性、漆液的黏度和漆液的储存稳定性。在色漆涂膜干燥过程中,溶剂的挥发性又极大地影响了涂膜的干燥速度、涂膜的结构和涂膜外观的完美性;同时,溶剂的黏度、表面张力、化学性质及其对树脂溶液性质的影响都是色漆设计中应予以考虑的问题。

4. 助剂

涂料是由漆基、颜料和溶剂组成的,但有时单凭三者之间的相互调配达不到性能要求,必须使用助剂。不同种类的助剂分别在涂料生产、贮存、涂装和成膜等不同阶段发挥作用,对涂料和涂膜性能有极大的影响,已成为涂料不可缺少的组成部分。常见的助剂包括润湿分散剂、流平剂、防止浮色发花剂、催干剂、消光剂等。

(二) 防腐涂料

利用涂料涂装技术控制腐蚀有以下优点:施工方便,而且易于现场施工,尤其适用于大面积、造型复杂的装备及构件的保护;不需要贵重的施工设备,成本较低;可以通过添加各种填料和颜料,以制成各种具有特殊功能的涂层,如各种隐身涂层;可以与其他防护措施联合使用(如阴极保护、金属涂镀层等),从而获得更好的防护性能。由于防腐涂料涂装具有这些优点,使得其在武器装备及其基础设施的腐蚀控制中得到广泛的应用。

1. 环氧树脂涂料

环氧树脂是平均每个分子含有 2 个或 2 个以上环氧基的热固性树脂。环氧树脂以其易于加工成型、固化物性能优异等特点而被广泛应用,通过环氧结构改性、环氧合金化、填充无机填料、膨胀单体改性等高性能化后可以制成防腐涂料。环氧树脂涂料有优良的物理机械性能,最突出的是它对金属的附着力强;它的耐化学药品性和耐油性也很好,特别是耐碱性非常好。环氧树脂涂料的主要成分是环氧树脂及其固化剂,辅助成分有颜料、填料等。

2. 聚氨酯涂料

聚氨酯涂料是以聚氨酯树脂为基料,以颜料、填料等为辅助材料的涂料。聚氨酯涂料对各种施工环境和对象的适应性较强,可以在低温固化,可以在潮湿环境和潮湿的底材上施工,并且耐油性能突出。聚氨酯涂料的主要缺点是有较大的刺激性和毒性。聚氨酯涂料按装备的包装形式可分为单组分湿固化聚氨酯涂料和双组分聚氨酯涂料。前者是含异氰酸基的预聚物,涂布以后,涂膜与空气中的湿气反应而交联固化,主要优点是使用方便,缺点是色漆制造比较复杂,需要特殊的工艺方法,成品的储存期限一般也较短;后者包括多羟基组分与多异氰酸酯两组分,在使用前将两组分混合,由多羟基组分中的羟基与多异氰酸酯组分中的异氰根反应而交联成膜,所采用的多羟基化合物的种类很多,如聚酯、聚醚、环氧树脂和丙烯酸树脂等,涂层的耐热、耐水和耐油性良好,但耐碱性较差。

3. 不锈钢粉末涂料

不锈钢粉末涂料是最近几年发展起来的金属颜料,由于其具有不活泼性,特别是在高温强腐蚀环境中的防护性极好,所以既可用来作为主要颜料,也可作为复合颜料的一部分,与黏合剂组成防护性涂料。研究发现,通过极化方法可以实现不锈钢颜料与环氧树脂的最优化组合,生成的粉末环氧涂料可以弥补环氧树脂表面耐磨性差的缺点,从而可以直接用于露天环境。该涂料是双组分涂料,一部分是将70%的环氧树脂溶于甲基异丁酮、二甲苯等溶纤剂,另一部分则是由70%的聚酰胺溶于二甲苯而得,使用时将两者混合即可。通过力学、加速老化、电化学等方法测试可知,该涂料有良好的力学性能及在 NaCl 等溶液中长期保持金属形貌稳定的特性。

4. 鳞片树脂涂料

金属及某些无机化合物经用物理或化学的特殊方法处理后,使其呈大小一定、微厚的薄片,工程上称为鳞片。以鳞片为填料,合成树脂为成膜物质(黏合剂),再加以其他添加剂,可制成耐腐蚀材料。鳞片树脂涂料有下列共性:抗渗透性好、收缩性小、抗冲击性和耐磨性好。目前已有像玻璃鳞片、云母、耐蚀金属片、有机材料等鳞片树脂涂料。试验证明,其中对涂料影响最大的是鳞片的添加量及表面处理剂量。对施工性能影响较大的是悬浮触变剂、活性稀释剂及颜料。玻璃鳞片涂料是用微细片状玻璃粉填充的一种涂料,其涂层不但可厚涂,而且由于片状玻璃粉隔离作用很大,对水、水蒸气、电解质和氧的防渗透效果很好,是一种优异的重防腐涂料。

5. 无机富锌涂料

无机富锌涂料有水性和溶剂型两类。前者是以硅酸钠为基料,后者是以正硅酸乙酯为基料。正硅酸乙酯可溶于有机溶剂,涂刷后,在溶剂挥发的同时,正硅酸乙酯中的烷氧基吸收空气中的潮气并发生水解反应,交联固化成高分子硅氧烷聚合物。由正硅酸乙酯与锌粉(质量分数为70%~90%)制成的富锌涂料,锌粉具有阴极保护作用,所以该涂层有好的耐热性、耐磨性和耐溶剂性,同时有强的防锈性。其缺点是涂膜韧性差,往往需加一些有机树脂进行改性。

6. 高固体分涂料

普通防腐涂料中一般含有40%左右的可挥发成分,它们绝大多数为有机溶剂,在涂料施工后会挥发到大气中去,不仅造成涂层缺陷,难以满足防腐要求,而且也污染了环境。因此提高涂料的固含量,降低其可挥发组分,成为涂料开发的新方向。目前,国外已研制出固体含量很高(达到95%)的防腐涂料,该涂料性能优异,已在油气田及水电工程中得到应用,并取得很好的效果。有研究报道,采用改性环氧和聚氨酯预聚物制备的高性能、高固体分涂料的固体含量达97%,涂料一次涂覆厚度在150μm以上,同等条件下涂层出现针孔的数量比普通防腐涂料少2/3以上。另外它与普通防腐涂料相比有以下优异性质:可挥发成分极少,高压下抗渗透性强,固化时间短,涂层光滑致密,抗冲击强度好,良好的抗流挂性和施工工艺性。

7. 氟树脂防腐涂料

在分子结构中含有氟元素的树脂,统称为氟树脂,其结构中含有稳定的C—F键。氟树脂表现出一系列的优良特性,如优异的耐久性、耐候性和耐化学药品性,良好的非黏附性、低表面张力和低摩擦性,以及憎水、憎油性等特殊的表面性能,另外还具有高绝缘性、低电解常数等电气特性。因此,采用氟树脂作为主要成膜物制备的防腐涂料具有极高的化学惰性,能耐强酸、强碱、盐类等大多数物质的侵蚀,而且耐候、耐温性优异,在 -40~200℃范围内可长期使用。但也存在某些缺点,如熔点高、熔融黏度大和不溶于一般有机溶剂等,导致加工性能差,涂层孔隙率高,一般不能单独用作防腐涂层。

8. 氯化聚醚防腐涂料

氯化聚醚又称聚氯醚树脂,该树脂的含氯量为45.5%,氯原子是以比较稳定的氯甲基的形式和主链的碳原子连接,而该碳原子上无氢原子,所以在受热时不会像聚氯乙烯树脂那样释放出氯化氢。从上述结构可知主链是由C—C键和稳定的醚键构成,分子上没有活性的官能团,故氯化聚醚树脂的耐热性和耐腐蚀性很好,对多种的酸、碱、盐和大部分溶剂都有很好的抗蚀能力,能在120℃长期使用。氯化聚醚树脂的熔点和分解温度相差大,便于粉末涂料的涂装,但其玻璃化温度低(7~32℃),而且在 -40℃ 以下就显著脆化,所以使用温度较窄。

9. 聚苯胺防腐涂料

聚苯胺是当今最具代表性的导电聚合物之一,除具有其他芳杂环导电聚合物所共有的性质外,还具有独特的掺杂现象、可逆的电化学活性、较高的电导率、化学和热稳定性好及原料易得、合成方法简便等特点。自从 De Berry 首次指出导电聚苯胺有防腐性能以来,导电聚苯胺用于防腐蚀涂料的研究成果不断涌现。为了发挥聚苯胺的防腐蚀作用,一般是以低含量的导电聚苯胺与聚合物基料配制成底漆,再与对水和离子有较好屏蔽作用的面漆配套应用,以达到良好的防腐效果。

10. 橡胶涂料

橡胶涂料是以天然橡胶衍生物或合成橡胶为主要成膜物的涂料。橡胶涂料具有快干、耐碱、耐化学腐蚀、柔韧、耐水、耐磨、抗老化等优点,但其固体分低、不耐晒,主要用于船舶、水闸、化工防腐蚀涂装。其中最主要的是氯磺化聚乙烯防腐蚀涂料和氯化橡胶涂料。氯化橡胶是由天然橡胶经过炼解或异戊二烯橡胶溶于四氯化碳中,通氯气而制得的白色多孔性固体物质。氯化橡胶分子结构饱和无活性化学基团,耐候性及化学稳定性好,对酸、碱有一定的耐腐蚀性,水蒸气渗透性低,耐水性、耐盐水性、盐雾性好,与富锌漆配合,具有长效防腐蚀性能,并可制成厚膜涂料。

(三) 军用防腐涂料发展趋势

武器装备及其基础设施的防腐涂料和涂装,一般要求有较高的耐候性和耐化学溶剂的性能。美军在总结历史教训的基础上,改变一味追求战技性能和降低采办成本的做法,通过对各种腐蚀控制技术的认可和评估,提出降低全寿命期总费用的腐蚀控制策略。由于环保法规的严格执行,使得原来具有良好防腐性能,但不能满足新的环保要求的涂料涂装技术被淘汰,从而寻求环境友好、环境兼容的涂料涂装技术。军用涂料涂装技术主要向以下两个方向发展。

(1) 在降低全寿命期总费用的前提下,开发长寿命涂层技术,寻求更加简单的涂装工艺和更短的施工周期。对包括涂料涂装等腐蚀控制技术的要求,降低全寿命期总费用被提到最显著的位置。提高涂装涂层的服役寿命,可以减少需要反复重新涂漆而造成的人力、物力的消耗,同时由于减少停机维修的时间而提高装备的战备水平。但是,提高涂层的服役寿命要以减少全寿命期总费用为前提。美国海军在3艘小型舰艇上采用了全氟树脂涂料,因而使涂层的使用寿命提高2倍,但是由于成本过高而没有得到推广。简单的涂装工艺和短的施工周期,可以减少人力的消耗和停机维修时间,对减少全寿命期总费用很有价值。为此,应大力开发常温、快速固化涂层。

(2) 在相关环保法规的约束下,开发高环境兼容性涂层技术。在环境保护方面,美国环境保护局出台了强制性的法规和标准,对有害气体、重金属和放射性等危害人类生存和健康的问题进行了详细的规定。武器装备及其基础设施生产、维修、储存和训练过程中,必须满足环保法规的规定,其中有机挥发气氛(VOC)和重金属污染是主要问题。因此目前重点开发低 VOC 和低重金属含量的涂料涂装技术。

美军近期开发的涂料和涂装技术是上述两个发展方向的具体体现。这些技术包括"聪慧"涂层技术(Smart Coating)和第二代防化学剂涂层涂装(CARC2)技术等。美国新泽西工学院(New Jersey Institute of Technology)与美国陆军签署了一项83.8万美元的技术协议,研发一种"聪慧"涂层技术。该涂层用于军用车辆,当有腐蚀和划伤的时候,能自我检测和恢复。同时涂层能在战场上自动改变颜色以融入背景,使军用车辆和直升机具有瞬间隐蔽的能力。该技术采用称为纳米机器的纳米技术,能在受损伤时发出信号。军方对该技术十分感兴趣,部分原因是目前使用的涂层昂贵,并且施工工艺复杂,当腐蚀或划伤时需要用大量的人力和物力重新修复。Isotron公司与海军陆战队签订合同研制第二代防化学剂涂层涂装技术,其主要技术指标包括零有机挥发气氛、单组分和伪装能力。该技术具有优良的防化学剂性能,易于施工,低毒,解决了第一代防化学剂涂层涂装(CARC)采用异氰酸酯造成人员的呼吸系统及皮肤伤害的缺点。该技术主要采用纳米粒子技术,能有效地中和化学制剂,同时具备自洁能力。

二、油脂封存技术

油脂主要用于金属防腐领域。早期的油脂如炮油,具有取材容易、成本较低、适应性广、防护性能好等优点,在低温、干燥地区基本能满足防锈要求。但封存期较短(3~5年),油封和启封手续麻烦,高温(30~40℃)、高湿(相对湿度80%)地区防护效果差。于是人们开始考虑在基础油(机械油或变压器油等)中加入复合缓蚀剂、成膜剂、稀释剂等多种添加剂,形成防锈油。防锈油封存是目前军械、动力机械等常用的防锈涂敷层。

(一) 防锈油特性
防锈油比早期使用的炮油具有显著的优越性。

1. 油膜薄

膜层均匀透明,其膜层一般为$10~20\mu m$,最薄可达$3\mu m$。

2. 用油少

在同样涂油面积上,薄层防锈油用量仅为炮油的1/200,虽然防锈油价格贵4~5倍,但防锈油的实际费用比炮油便宜。例如,某仓库用薄膜防锈油涂敷千发炮弹的油封费用仅为厚层炮油油封费用的1/3。

3. 防锈效果好

由于防锈油一般都加有多种效能的缓蚀剂,所以它是多功能防锈油,不仅对钢有较好的防锈能力,而且对铸铁、铝、铜、黄铜都有较好的防锈能力。例如,某装备涂敷硬膜2号防锈油后,装备在库房存放15年仍然完好无锈,而在同样库房内用炮油封存的装备均出现不同程度的锈蚀,有的甚至报废。

4. 施工简单

防锈油既可喷涂,又可刷涂,不必另行加热。特别是除油启封方便,一般只要用毛巾蘸一些汽油轻轻一擦即可,这从根本上解决了启封问题。对于极薄防锈油,在紧急情况下,弹药枪炮可以不除油进行射击,这样既可以减轻战备勤务处理工作,又节省大量人力和物力,提高了战斗力。

（二）防锈缓蚀剂作用机理

防锈缓蚀剂是防锈油的主要功能组分。缓蚀剂是一种以适当的浓度和形式存在于环境（介质）中,可以防止或减缓腐蚀的化学物质或复合物。目前有两种理论说明其防锈功能,即成膜理论和吸附理论。

成膜理论认为:缓蚀剂分子吸附于金属表面以后,即与表面金属发生作用,形成不溶性或难溶于水的钝化膜,从而阻滞了金属的腐蚀过程。

吸附理论认为:油溶性缓蚀剂分子结构具有不对称性,由极性部分和非极性部分组成。极性部分如—OH、—COOH、—SO$_3^-$,—NH$_3^+$ 等与金属、水等极性物质有亲合力;非极性部分（烃基）因与油的结构相似,从而具有亲油、憎水的能力。这种双亲分子的极性头吸附在金属表面上,而非极性尾溶于油中,这样便产生了缓蚀剂分子在油—金属界面上的定向吸附现象。

缓蚀剂作用过程如下:当防锈油涂到金属表面时,由于缓蚀剂和金属表面的吸附作用,缓蚀剂极性分子成定向排列,其极性部分指向金属并牢固地吸附在金属表面,非极性部分向外溶于油分子群中,共同形成一层排列紧密的吸附膜,因而阻缓了腐蚀介质对金属的侵蚀。缓蚀剂极性分子在定向排列时,还能吸附汗液中的无机盐类,使盐类溶解,并扩散到油中去,防止金属生锈。

此外,由于缓蚀剂分子极性部分较水分子的极性更强,当把防锈油涂于金属表面时,缓蚀剂还能把金属表面吸附的水分子置换掉,油溶性缓蚀剂在防锈油中增加油膜的分子密度,形成更加紧密的膜层,能增加与金属之间的吸附力,因此提高了油膜抗外部腐蚀介质侵蚀的能力。

（三）防锈油使用

防锈油主要用于没有镀层、涂层保护金属表面。选择防锈剂时必须考虑装备中所有材料的种类,特别是所有金属与非金属材料的种类和性质是否与所选防锈剂中各种成分相溶,装备需要涂敷防锈剂的必要性和封存期长短要求。例如:铜、镍、铬或其他耐蚀的合金材料在非关键部位可不用防锈油;纺织品、绳索、橡胶、塑料、云母、皮革及皮革制品等易受防锈剂的损害,在无特殊规定的情况下不应使用防锈剂;某些类型的电气和电子设备如电容器、配电盘、电机转子等需涂敷防锈剂时,要采取屏蔽措施。

1. 协同使用

所谓多种缓蚀剂协同使用,是指使用两种（或两种以上）复合缓蚀剂,比其中任何一种缓蚀剂单独使用具有更为优良的效果。一组缓蚀剂的总防锈效率经常是大于各缓蚀剂单独使用时的缓蚀效率。此时,协同缓蚀剂的综合作用,显然是一种缓蚀剂在抑制阳极过程的同时,而另一种缓蚀剂却有抑制阴极过程的作用。由于相反电荷离子的相互作用,某些缓蚀剂的阴离子被吸附在金属阳极表面上,而某些缓蚀剂的阳离子则吸附在金属阴极表面上,从而阻滞两个电极的反应。

但是必须指出:两种缓蚀剂同时使用时,应该注意避免混合型缓蚀剂因吸附速度差异造成对某些金属保护的同时,而又使另一些金属遭到腐蚀。而复合协同缓蚀剂,一旦在防锈介质中分解,不同防锈基团就会各自与其亲合的金属进行优先吸附,从而达到同时协同保护的作用。

2. 油层厚度

实践证明:并不是防锈油层越厚,防锈的效果越好。防锈油层的厚薄不是影响防锈效果的主要原因。以水蒸气为例,它透过 2mm 厚的变压器油层的速度为每昼夜 $2mm/cm^2$,即使油膜从 2mm 增加到 20mm,也不能减弱水蒸气穿透的危害。关键是选择极性很强的缓蚀剂作为薄层防锈油的添加剂,增加油分子与金属表面的结合力,这样也就控制了阳极过程的进行,因而就有较好的防锈效果。当前对于防锈油层厚度问题的研究总是向薄层、超薄层和极薄层方向发展。

3. 添加剂浓度

关于防锈油中添加剂的浓度,以前存在争议。有人认为,随着浓度比例的提高,极性分子吸附在金属表面就越多,防锈效果就越好;也有人认为,防锈效果的好坏不全在添加剂的浓度,而在于极性分子在金属表面定向吸附的强弱。例如,在 MIO 超薄层防锈油的研制中发现,添加剂的量和防锈效果并不成正比。A5号钢片涂上 M1 添加剂浓度为 3% 的防锈油,在湿热箱(RH > 95%)里保持 100h 不锈。若把 M1 添加剂的量增加到 4% 的浓度,其他条件不变,也只能保持 100h 无锈。对于一般极薄层防锈油,缓蚀剂含量只需 10% 左右。一旦使用后溶剂挥发,油膜中几乎具有 100% 的缓蚀剂。这一层高浓度缓蚀层必然产生两个结果:一是"单分子吸附层"厚度加强,缓蚀能力增加;二是薄层油膜比厚层油膜的防锈能力更强(主要指水、杂质通过能力变小)。由此可见,在配制防锈油时,添加剂的量应有一定的限度,过高并不能提高性能,反而是一种浪费。

三、塑料封装技术

这里所称塑料封装技术是指使用可剥性塑料对小型或外部形状简单光滑的装备进行防护封存。可剥性塑料一般以塑料成膜剂为基本材料,加有增塑剂、缓蚀剂、矿物油、稳定剂、防霉剂等制成。大多数可剥性塑料与黑色金属、有色金属均有较好的适应性,涂覆于金属表面后,涂膜内能析出由极薄的油液和缓蚀剂组成的保护性钝化液体,而塑料阻隔层则阻隔了环境腐蚀性物质与金属表面的直接接触。这种双重保护使得封存效果十分显著,在较恶劣的条件下封存期达10年以上。由于保护液使涂膜层不直接粘附在被保护体上,封装塑料膜启封容易,不需溶剂,只需用木片或手指即可剥离,所以称为可剥性塑料。这不仅减少了擦拭清洗工作量,也给军械装备的紧急启用创造了良好的条件。另外,干结后的涂膜具有一定的弹性,能承受一定的磨擦与冲击。这些都使得可剥性塑料在装备防护领域逐步得到广泛应用。

(一)可剥性塑料种类

1. 热熔型可剥性塑料

热熔型可剥性塑料是指树脂在加热熔化的情况下和其他辅助材料混合在一起,组成的一种柔软的塑料。使用时要加温至160℃左右,一般用浸涂法在金属表面形成1.5～2mm厚的塑料膜。膜层富有弹性,机械强度较高,防锈性也好,但要高温浸涂,使用受到了限制。

2. 溶剂型可剥性塑料

溶剂型可剥性塑料是指将树脂溶解于有机溶剂中,并添加其他成分,变成在常温下是液态的塑料液。在常温状态下可浸涂或喷涂,经20～30min干燥即可在表面上形成0.2～1mm厚的塑料膜。其防锈性虽不及热熔型可剥性塑料好,但由于常温下涂覆,却大大扩充了可剥性塑料的使用范围。

(二)可剥性塑料的组成

可剥性塑料一般由成膜剂、增塑剂、润滑剂和溶剂等组成,如表2-5所列。

表2-5　可剥性塑料组成

组分	功能	材料
成膜剂	构成可剥性塑料的主要成分	过氯乙烯、聚乙烯—醋酸乙烯共聚物等
增塑剂	降低聚合物分子间的引力,增加塑料膜层的塑性,降低脆性提高弹性	邻苯二甲酸二丁酯、磷酸三丁酯等
润滑剂	降低塑料膜层与金属表面的黏结力,提高塑料层的可剥性。同时还有溶解缓蚀剂,组成防锈油的作用	变压器油、航空润滑油
溶　剂	溶解树脂,调节黏度,便于施工保证成膜性	二甲苯、香蕉水、丙酮等
稳定剂	防止和减缓塑料的分解老化	二苯胺、2,6-二叔丁基对甲酚、硬脂酸钙等
防霉剂	防止塑料因发霉引起对金属的腐蚀	硫柳汞、醋酸基汞等
缓蚀剂	在金属表面分解和散发出缓蚀剂基团	羊毛脂、石油磺酸钡等
防水剂	提高膜层的密封性能	石蜡、蜂蜡等混合物

1. 成膜剂

成膜剂是可剥性塑料的主体,决定了防护塑料的抗张强度、延伸率大小、可剥性、密封性好坏、防锈的优良程度。合理的选择成膜物质是确定塑料膜好坏的关键,要求成膜性好,具有较高的机械强度,耐水、耐寒、耐热及化学稳定性要好,并能与配方的其他添加剂均匀混合。有的可剥性塑料还使用辅助成膜剂提高膜层的机械强度,改善柔韧性、混溶性、流平性。常用成膜剂有过氯乙烯、聚乙烯—醋酸乙烯共聚物、乙基纤维素等。

2. 增塑剂

增塑剂能降低聚合物中分子间的作用力,增加塑性及降低玻璃化温度,使成膜物质在一定的温度范围内具有优良的柔韧性。常用的增塑剂有苯二甲酸二丁酯、苯二甲酸二辛酯、蓖麻油、聚乙二醇、环氧树脂等。

3. 缓蚀剂

可剥性塑料防止金属锈蚀除了依靠一层均匀的塑料膜层隔绝空气和腐蚀性介质外,还必须有赖于溶解在防锈油中的缓蚀剂,它分解和散发出缓蚀剂基团在金属表面起防锈作用。常用的缓蚀剂有羊毛脂、石油磺酸钡等。

4. 防水剂

一般的可剥性塑料膜层,仍有一定的透气性,所以加入适量的防水剂可提高膜层的密封性能。常用的防水剂有石蜡、蜂蜡等混合物。但用量不能多,如果加入的量过多,不仅影响其干燥时间,而且还影响膜层的韧性。

5. 其他助剂

稳定剂,用于防止和减缓塑料的分解老化。常用的抗老化稳定剂有二苯胺、2,6 - 二叔丁基对甲酚、硬脂酸钙等。

润滑剂,用于降低塑料膜层与金属表面的黏接力,提高塑料层的可剥性。同时,还有溶解缓蚀剂,组成防锈油的作用。常用的润滑剂有变压器油、航空润滑油等。

防霉剂,用于防止塑料因发霉引起对金属的腐蚀。常用的防霉剂有硫柳汞、醋酸基汞等。

溶剂,用于溶解树脂、调节黏度,便于施工保证成膜性。为了提高溶解度和得到性能较好的塑料膜层,一般采用混合溶剂。常用的溶剂有二甲苯、香蕉水、丙酮等。

(三) 可剥性塑料的应用

1. 热熔型可剥性塑料

以某可剥性塑料为例,其参考配方如表 2 - 6 所列,主要适用于一些贵重金属工具的封存。

表 2-6　某热熔型可剥性塑料组成(g)

乙基纤维素	35	硫柳汞	0.05	羊毛脂	1
石蜡	0.1	蓖麻油	6.5	苯三唑	0.1
13#锭子油	48	二苯胺	0.5	邻苯二甲酸二丁酯	20~25

配制工艺如下:

(1) 将乙基纤维素在 105±5℃温度下烘 2~3h,使之干燥无水分;

(2) 将定量的蓖麻油,羊毛脂、二苯胺加入锭子油中,加热至 140~150℃;

(3) 搅拌混合均匀后,再加入石蜡、硫柳汞,升温至 160~170℃后加入乙基纤维素,迅速搅拌使之全溶;

(4) 将苯三唑溶于邻苯二甲酸二丁酯中,加入已溶好的塑料溶液中,搅拌均匀;

(5) 升温至175℃继续搅拌约10min,在 160~170℃静置 2~3h 无气泡后即可使用。

涂覆工艺如下:

(1) 将待涂覆制件,按通常方法清洗表面,消除一切可能引起锈蚀的因素;

(2) 如涂覆制件形状复杂,特别是带孔件,须用无腐蚀性纸块堵塞之,以免塑液侵入后难以剥落;

(3) 用蜡纸或尼龙线作悬线,为剥落方便,必要时可安割破线;

(4) 将上述准备好的工件浸入塑料液中 1~5s,取出滴净余料,冷却后即可得均匀透明的塑料薄膜。

2. 溶剂型可剥性塑料

以某溶剂型可剥性塑料为例,其参考配方如表 2-7 所列,对炮弹定心部、弹带封存效果良好。它不适用于结构复杂,特别是有盲孔的军械,因为启封剥离时特别困难。

表 2-7　某溶液型可剥性塑料组成(分)

聚苯乙烯	30	苯	26
邻苯二甲酸二丁酯	12	甲苯	44
25#变压器油	3	醋酸丁酯	17
无水羊毛脂	0.6		

配制工艺如下:

(1) 将邻苯二甲酸二丁酯、无水羊毛脂、变压器油混合加热到100℃溶解;

（2）将聚苯乙烯溶于苯、甲苯、醋酸丁酯的混合溶剂中；

（3）将上面调配的两种溶液混合搅拌至全溶，待气泡全部消除后即可使用。

涂覆工艺如下：

制件在涂覆前的准备事项与热熔型可剥性塑料要求相同，涂覆方法可根据需要采用浸涂法或喷涂法。

（1）浸涂法。

适用于小型制件。将制件用人工浸涂或采取自动操作，取出时要尽量放慢，避免引起气泡；涂件悬在干燥、通风、清洁的地方，停放 10 ~ 20min，可进行第二次浸涂；对涂覆不良处允许修补。

（2）喷涂法。

适宜于大型制件。喷枪口径 1 ~ 2mm，空气压力 29.42 × 10^4 ~ 49.03 × 10^4N/m^2（3 ~ 5kg/cm^2），喷涂液黏度为 3.5 ~ 4.5s，喷枪嘴与工件距离 150 ~ 300mm。视工件的要求，可喷 2 ~ 4 层，每层厚 30 ~ 50μm，喷完一次要干燥 10 ~ 20min 后再喷第二层。

第三节　包装防护技术

包装是装备系统的有机组成部分，它是指为在流通过程中保护武器装备，方便储运与供应保障，按一定技术方法而采用的容器、材料及辅助物的总体名称。随着新技术、新材料在武器装备的广泛应用，装备系统性能得到提高的同时，对环境防护的需求也在不断提高。包装作为实现装备防护的重要技术手段之一，直接影响到装备储存的可靠性、安全性以及保障能力。

一、密封包装封存

国内外长期防潮实践表明，非密封包装封存无法解决潮湿环境条件对野战装备的不良影响。第二次世界大战以后，美、英等国相继采用了密封包装封存大型兵器的做法，并取得了满意效果。目前许多国家已把密封包装封存作为封存装备的主要手段。

密封包装封存是指利用具有阻隔性的材料制成一定形式的密封容器，将被包装物与氧气和水汽隔开的一种封存技术。该方法把装备同其周围的自然环境隔离，不仅避免了周围自然气氛对装备的腐蚀、老化和霉变等损伤，而且可以借助其他方法制造适合于装备长期储存的良好气氛条件，以利于防止和控制装备腐蚀、老化和霉变等。

密封包装封存具有针对性强、适应性广、经济性好等特点，应用形式包括金属容器包装、塑料密封包装、玻璃钢容器密封包装和茧式包装等。

（一）金属容器包装

金属容器一般用于小体积装备包装，如枪弹、中小口径炮弹的内密封包装和部分大口径炮弹的外密封包装。金属器实际上是一种多用途的包装箱，其特点是：密封性好、耐腐蚀（经处理后）、强度高、维护方便，适用干燥空气封存、气相缓蚀封存、充氮封存和混合方法封存等多种封存方法；能防潮、防水、防热，使用寿命长，可重复利用，适用多种环境条件，既可以室内或露天存放，也可以洞库存放，还可以适应战备要求储存于水下或埋入土中；能免除内包装，便于储运，装备只要直接装入金属箱内即可，减少了其他包装手续，既是包装箱，又是运输箱。

（二）塑料密封包装

塑料材料具有阻隔性好、质量轻、化学性质稳定、不与金属发生反应、加工性能好、除封方便、价格便宜等诸多优点，是目前应用最广的密封包装材料。在弹药封存中常用作中小口径弹药、发射药、引信等的密封内包装。塑料包装筒的主要成分一般为高密度聚乙烯。除直接利用塑料制成密封包装外，还有将塑料与铝箔复合制成铝塑包装袋，用于炮弹和发射药的内包装。由于铝箔的存在，大大提高了密封包装对气体渗透的阻隔性能，改善了封存效果。

（三）玻璃钢容器密封包装

玻璃钢密封包装是我军弹药常用的一种密封包装。玻璃钢又称玻璃纤维增强塑料，它是以玻璃纤维及制品为增强材料，以合成树脂为黏结剂，经过一定的成形方法制作而成的一种新型材料。由于集中了玻璃纤维与合成树脂的优点，因此它具有密度小、比强度高、热性能好、耐腐蚀、抗烧蚀等优点，是一种良好的制作密封容器的材料。

玻璃钢容器多用于军工产品出厂时的密封包装，特别适用于批量大的弹药包装，或某些特殊要求的设备，尤其对于大、中口径单发密封包装的弹药更为适用。它开启使用方便，又能再恢复密封。玻璃钢筒由于材料和加工工艺特点，没有采用传统的螺纹、橡胶圈等连接密封结构，而是根据玻璃钢的工艺特点，只采用一个具有一定过盈量的筒盖和粘贴在口部的一段压敏胶带来连接和密封口部。使用时，撕去压敏胶带，筒盖便可很容易开启。

（四）茧式包装

茧式包装是在装备周围构成一层类似蚕茧式的塑料外壳形成密封包装，内置干燥剂，使包装内保持 40% 左右的相对湿度从而使装备得到保护的包装方法。茧式包装的膜层由结网层、成膜层、覆盖层和铝粉反射层组成，防潮效果好，宜于长期储存。当厚度达到 5mm 时，包装有效期达 5～10 年。但由于施工复杂、运输中塑料膜抗震耐磨性差、塑料膜溶剂蒸发对装备影响等原因，使它的应用受到限制。

二、气氛保护封存

气氛保护封存是在密闭包装空间内利用去湿、除氧、使用气相防锈剂或充入惰性气体等方法,把包装内的弹药同周围大气隔离开来,并且人工创造一个较理想的环境,以防止和控制装备的腐蚀、霉变和老化。

(一)去湿包装封存

去湿包装封存是利用干燥剂除去装备包装空间内的水分,使空气中的含湿量在规定的范围内。去湿包装封存在装备防护技术领域处于重要地位,是保证装备封存效果的重要技术措施。多年实践表明,在潮湿的情况下,即便使用最好的油漆和油脂也不可能防止装备内部生锈、发霉和霉菌的产生。用控制湿度的方法,可以防止上述损坏发生,控制湿度是保持装备内部良好技术状态最有效、经济的办法。显然,去湿包装封存必须和密封包装封存技术结合使用。

干燥剂性能是去湿包装封存效果的关键。干燥剂的种类很多,如硅胶、分子筛、铝凝胶、蒙托土和氯化钙等都可用作干燥剂。

1. 硅胶

硅胶是一种非晶体状的化合物,其主要化学成分是二氧化硅($SiO_2 \cdot xH_2O$)。一般硅胶中二氧化硅含量可达99%。它是由硅酸钠与硫酸或盐酸,经硅凝、洗涤、干燥、焙烘而成,市售硅胶一般都含有3%~7%的水。硅胶具有多孔性和高表面积结构,1g粗孔硅胶总表面积可达35m²,细孔硅胶表面积可达750~800m²/g,表面覆盖着许多羟基,故它是一种极性吸附剂。它亲水特性强,但不溶于水,具有较高热稳定性和化学稳定性。硅胶质坚硬,具有不燃、不爆、无毒、无臭、无腐蚀等特性,是一种优良的干燥剂。硅胶品种很多,根据其组成和结构的不同有着不同的吸湿能力和用途。国产硅胶有粗孔球形硅胶、细孔球形硅胶、变色球形硅胶、粗孔块状硅胶、细孔块状硅胶等,其中以粗孔球形、细孔球形及变色球形硅胶为包装常用干燥剂。

2. 分子筛

分子筛即人工合成泡沸石,是一种具有三方晶格的多水合硅铝酸盐。分子筛化学性能稳定,不溶于水及有机溶剂,一般可溶于强酸、强碱。具有以下特性。

(1)选择性。

各种型号的分子筛由于组成及晶格结构的不同而形成严格一致的孔径和极性。首先,利用其微孔孔径的均一性把小于孔径的分子吸进孔内,而把大于孔径的分子阻挡在外,以筛分子的方式把分子大小不同的物质分离开。其次,在可吸附的前提下,分子筛的吸附性又有以下两个特点:按分子极性大小的选择吸附,即当分子相同时分子筛优先吸附极性较大的分子;按分子不饱和程度的吸附,即分子筛对不饱和性的有机物分子具有较高的亲和性,吸附能力随分子的不饱和性增加而增高。

（2）高效性。

分子筛的高效性表现在晶格框架之中。分子筛晶格内部含有大量的包藏水,高温处理后水分失散,晶格框架内部就形成了呈网状密布的微孔,比表面积很大（内表面积为 $700 \sim 800 \mathrm{m}^2/\mathrm{g}$,外表面积约 $1 \sim 3 \mathrm{m}^2/\mathrm{g}$）,从而具备了很强的吸附能力。尤其是它能在低浓度吸附质情况下保持很高的吸附量,这是其他吸附剂所不能相比的。经分子筛干燥后的气体和液体,含水量可小于 1×10^{-6},从而使之得到深度干燥。

（3）催化性。

由于分子筛晶体框架结构特点和极大的比表面积,能均匀地把起催化作用的金属高度地分散在框架上,使其表面利用率增高,因而增加了催化活性。此外,分子筛具有良好的抗病毒性和热稳定性,这都是催化剂和催化剂载体不可缺少的条件。

3. 活性氧化铝

活性氧化铝又称铝凝胶,是一种疏松的多孔性吸附剂。它是由具有多晶相的氧化铝在不同温度下处理使其晶格发生变化而制得的活性水合物。化学成分中,$Al_2O_3 > 90\%$、$NaOH < 8\%$,其余为 SiO_2、Fe_2O_3、CaO 等。成品呈弱碱性。

活性氧化铝在失水过程中形成较大的内部活性表面积结构,比表面积达 $200 \sim 350 \mathrm{m}^2/\mathrm{g}$,因而具有较高吸附性。活性氧化铝还具有较高机械强度,化学性能稳定,耐高温、抗腐蚀,主要用作吸附剂和催化剂载体。

（二）除氧封存

除氧封存也称吸氧封存,即在密封包装空间采用除氧剂和氧指示剂,使封存空间内的氧气浓度减少,从而达到产品封存的目的。

1. 基本原理

众所周知,金属及镀层在空气中会产生大气腐蚀,按其机理仍属电化腐蚀。腐蚀之所以能进行,是由于空气中的水分凝聚在金属表面成为电化学腐蚀的电解液,而空气中的氧气在阴极放电成为腐蚀过程的去极化剂。可见,水分和氧气是大气腐蚀的两个基本条件。如果控制封存容器内的含水量,使相对湿度尽可能低,将大大延缓金属的腐蚀速度。同样也可设想如果把封存容器内的氧气除掉,使水膜下的电极过程受到阻止,即使在潮湿情况下也能大大减小金属的腐蚀速度。所以除氧也同样可以达到封存装备防腐的效果。

各种非金属材料在空气中易老化变质,其原因主要也是由于空气中氧的作用。例如,橡胶受空气中氧、臭氧作用使橡胶链产生断裂、交联等现象,致使表面出现龟裂、泛白,物理机械性能下降,以致失去使用功能。如果采用除氧封存方法,可大大延长非金属材料的封存期和使用寿命。

2. 常用除氧方法

(1) 氢氧化合法。

在封存容器内加入一定量的金属钯(Pd)或金属铂(Pt)作为催化剂及一定量的干燥剂,即可达到除氧目的。

(2) 硫酸钠盐法。

在封存容器内放入氢氧化钙和硫酸钠盐,并用活性炭作催化剂,亦可除氧。化学反应式为

$$Ca(OH)_2 + Na_2S_2O_4 + O_2 \longrightarrow Na_2SO_4 + CaSO_4 + H_2O$$

(3) 新型除氧剂。

国内常用的有801、4H 两种除氧剂。以 801 除氧剂为例,它是以还原的铁基化合物为主,主要由两部分组成:一是涂塑纸作为内包装袋,封袋内装除氧剂,不使用时用复合材料包装好;二是药片状的含氧量指示剂,也用复合材料封装,使用时用针在薄膜上刺几个小孔即可。在密封空间内,当含氧量 <0.1% 为红色,当含氧量 >0.5% 为蓝色,中间呈紫红色。从颜色可辨别除氧剂是否有效,使用时要用透氧率 <60ml/($m^2 \cdot$ 24h)的复合包装材料的密封容器。

3. 除氧封存应用

除氧封存工艺简单,易于掌握,不需要昂贵的设备,容易推广应用,目前在机电装备封存中得到国内外广泛应用。试验研究表明,在同样腐蚀条件下,袋内氧浓度低于 0.1% 时,除黄铜有变色外,各种金属均有明显降低腐蚀作用,对非金属材料亦有减小老化变质的能力。特别适用于精密光学镜头和精密仪器等。封存容器要求良好密封,若用复合薄膜材料,其透氧率要求低,封口牢固可靠。

(三)气相防锈封存

气相防锈封存是在密封的包装空间放置气相防锈材料,其在常温常压下不断缓慢挥发,充满包装空间内部,甚至装备的缝隙,与潮湿空气吸附在金属表面之后产生水解或电离,分解出保护基团,隔离水汽和其他有害气体,从而有效地抑制金属腐蚀。气相防锈材料主要功能成分是气相缓蚀剂。常用的气相缓蚀材料有亚硝酸二环已胺、碳酸环已胺、苯骈三氮唑等。

1. 气相防锈封存特性

优点:

(1) 缓蚀气氛无孔不入,能适应于结构复杂机件,使一般防锈材料无法涂覆的部位(如缝隙、小孔等)得到较好的防护;

（2）防锈性能好,防锈期长,封存时间可达10年以上,我国曾利用气相缓蚀剂封存半自动步枪,取得了20年不腐蚀的满意效果;

（3）封存不需特殊工艺设备,工艺简单,操作方便,劳动强度低,容易掌握;

（4）无油腻,启封方便,在短时间内就可拆封使用,适应战备需要,如用气相缓蚀剂封存的弹药启封后不用处理,立即可以投入使用;

（5）经济性好,成本低廉,气相封存的成本只有油封的1/5~1/2。

缺点:

（1）气相防锈封存工艺要求严格,须清洗、密封等;

（2）有一定的毒性;

（3）有效作用半径小;

（4）在选择气相缓蚀剂时,要考虑具体装备材料的适应性,不能用于光学仪器,精密仪器的传动件不能用结晶性气相缓蚀剂等。

2. 气相缓蚀剂的作用原理

关于气相缓蚀剂的作用原理,一般认为是气相缓蚀剂挥发（升华）至空间,和潮湿的空气吸附在金属表面后水解或电离,分解出保护基团,使金属表面得到缓蚀。以常用的亚硝酸二环己胺（VPI-260）为例,当它挥发到金属表面后立即与水蒸气作用,分解生成二环己胺的碱基和亚硝酸两种过渡产物,然后又继续分解放出有机阳离子、氢氧离子、亚硝酸根和氢离子。一方面,亚硝酸根、氢氧根等都是具有钝化性能的化学基团;另一方面,有机阳离子能吸附在金属表面,形成一层憎水层,这种憎水层能防止水汽及腐蚀介质对金属表面的腐蚀。由于这两方面的作用结果,亚硝酸二环己胺起到了对金属的缓蚀作用。

3. 应用方法

（1）粉末法或气相防锈丸（片）法。

在枪械的气相缓蚀剂封存中,目前大部分采用粉末法,即把粉末放在小布袋中,分散挂在各处。也有的将气相缓蚀剂的粉末中添加适量的黏接剂压制成丸或片剂,是粉末法的改进和简化,使用时最好与粉末或气相纸法结合使用。

（2）气相纸。

将气相缓蚀剂溶解在蒸馏水或其溶剂中,涂布于各种防锈原纸上,待干燥后即可用于产品包装。气相纸法适用于小件包装封存。

（3）气相防锈油。

它是一种含有气相缓蚀剂和油溶性缓蚀剂的防锈材料,适用于齿轮箱和内燃机气缸防锈。

（4）气相泡沫载体。

在缓冲材料（如海绵、泡沫塑料）中浸入缓蚀剂,再用于产品包装,这样既对产品储运起缓冲防震作用,又起缓蚀作用。

(5) 气相防锈硅胶。

将气相缓蚀剂载于具有高度吸附能力的硅胶中让其气相缓蚀剂与硅胶对金属防锈起协同效应。

4. 使用注意事项

1) 协同使用

气相缓蚀剂使用效果显然与其挥发能力有关,通常用蒸汽压力来描述,不同品种的缓蚀剂其蒸汽压力是不同的。缓蚀剂蒸汽压力高者,则易使封存空间饱和,防锈效果会及时显示出来;蒸汽压力低者,使封存空间的防锈气氛达到饱和的时间长,这样就可能导致金属"初期生锈"的危险。因此可考虑长短期防锈相结合,互相补充。例如,采用碳酸环已胺与亚硝酸二环已胺组成混合缓蚀剂,其中:碳酸环已胺蒸汽压力高,能在短时间内收到防锈效果;而亚硝酸二环已胺蒸汽压力低,但它对于长期储存的效果良好。两者混合使用,可互相补充,既解决长期封存的防锈问题,又照顾了短期内封存的防锈效果。

2) 有效作用半径

各种气相缓蚀剂的挥发能力是有限的,所以它们只能在一定的距离内才能对金属起到保护作用,这个作用常称为有效作用半径。例如,亚硝酸二环已胺的有效作用半径为30cm,碳酸环已胺为46cm。在此范围之外,缓蚀剂则不起作用,且与缓蚀剂的用量多少关系不大。因此缓蚀剂必须均匀放置在封存空间内,使缓蚀剂挥发气氛分布均匀,防止死角的出现。

3) 适应性

一种缓蚀剂通常只对一种或几种金属有缓蚀作用,而对其他金属无缓蚀作用,甚至有加速某种金属的腐蚀的作用。因此在选择气相缓蚀剂时,要考虑具体弹药多种材料的适应性效果。不仅要考虑黑色金属和有色金属,而且还要考虑非金属的适应性问题。例如,亚硝酸二环已胺对黑色金属具有良好的防锈作用,但对镁、锌、铅以及合金有加速腐蚀的倾向。又如,苯骈三氮唑对铜和铜合金有十分有效的保护作用,但对钢铁无缓蚀能力。现在已在使用多效能的缓蚀剂,它的适应性比较广泛。例如,19号气相防锈纸是能适应多种金属的多效能气相缓蚀剂,对多种金属、镀层、氧化层及涂层如 ZM-5 铸镁、ZI-10 三铸铝、黄铜、紫铜、钢、镁合金、黑色氧化层、亚硒酸氧化层、浸锡层等都有良好的适应性和防护性,对非金属如酚醛树脂、玻璃布、高压聚乙烯管、橡皮,以及多种油漆如环氧磁漆、沥青清漆、有机硅漆等,都有适应性。

4) 相对湿度要求

根据气相缓蚀剂的缓蚀机理,挥发的缓蚀气氛必须与适度的湿气形成一层具有缓蚀作用的薄层水膜或接近单分子层的疏水膜,所以气相缓蚀剂在完全干燥的空气中不起作用。在封存的密封空间内,不必放或少放干燥剂,以保证有适当的湿度,因为干燥剂不仅能吸湿,同时会吸收缓蚀剂挥发的气体。

(四) 充气封存

充气封存,即充惰性气封存,是在封存容器内充入二氧化碳或氮气以置换其中的空气,使封存容器内的氧气分压和水蒸气分压大大减小,改变封存空间的环境,使电化学腐蚀难以进行。下面以充氮气为例进行说明。

1. 封存要求

1) 容器要求

封存容器材料主要有以下两类。一类是无渗透性的金属材料,如马口铁、铁皮、铝或含有厚度在 0.25mm 以上铝箔的铝塑复合材料;另外一类是既能防止容器内惰性气体外逸,又能防止大气中氧气渗入的塑料,如尼龙及其复合材料。此外要求焊缝和封口密封性好。

2) 氮气要求

决定密封容器充氮能否长期封存的重要指标是氮气的纯度大于99%,露点为 -40℃以下。氮气的纯度的分析可用气体分析仪或比色法。露点测定可用温度计或热电偶测定仪。为使氮气的露点达到 -40℃以下,必须将氮气进行干燥处理,干燥方法可用冷凝法或干燥剂吸收法。所用干燥剂与封存使用的干燥剂相同。

2. 封存步骤

1) 充氮前准备

气密性检查。为保证封存容器的密封性,使用前需做气密性检查。方法是向容器内充以一定压力的空气或氮,在搭接和焊接缝部位涂中性肥皂水,或将容器浸入 0.3% 的重铬酸钾水中,检查是否有气泡出现。

装备准备。根据装备的性能特点选用不同的清洗剂进行清洗和干燥。不做内部油封的装备,宜在 50~60℃ 温度下干燥 1h,然后在无镀(涂)层的钢零件表面涂一薄层防锈油,用内包装纸包扎好。

干燥剂放置。为了预防含湿材料和氮气干燥不彻底而引起的锈蚀,在充氮封存容器内需放一定量的干燥剂及湿度指示剂。

2) 充氮封存

封口。装备放入储存容器后进行封口,不论是金属容器,还是铝塑封套容器,都要确保封口的密封性。

抽气和充氮。把装有装备的封存空间(已封口)的空气抽出,容器抽气的真空度可根据抽气方式、容器的刚度、大小等自行选择。一般抽到容器内余压为 346.6mPa 时,再往容器内充入氮气,充至容器内的绝对压力为 10.78×10^4 ~

$12.7 \times 10^4 \mathrm{N/m}^2 (1.1 \sim 1.3 \mathrm{kg/cm}^2)$。为提高容器内氮氧的纯度,抽气和充氮可反复进行 $2 \sim 3$ 次。一般使内部氮气浓度达到 95% 左右,如充二氧化碳时,其浓度可不必这样高。

密封检查。充氮后立即封焊抽气孔,并进行密封检查,如在封口处涂中性肥皂水,检查是否有气泡出现。

3. 充氮封存的应用

充氮封存可以使封存期长达 10 年以上,不仅能防止金属腐蚀,而且能减缓非金属的老化,防止长霉。不过充氮封存,设备比较昂贵,成本高,工艺比较复杂,一般只用于精密仪器,如舰艇的测距仪、潜望镜等光学仪器。有的装备如高压气瓶,利用其本身的密封性又特别适合于充氮封存,只要在其中充入 $1.96 \times 10^4 \sim 4.9 \times 10^4 \mathrm{N/m}^2 (0.2 \sim 0.5 \mathrm{kg/cm}^2)$ 压力的氮,就有很好的防锈功能。

第四节　封套封存技术

封套封存是利用具有良好阻隔性的材料制成密封套体,采用可靠的密封措施,辅以一定的吸湿措施,在被包装物周围局部人为地创造一个适合于被包装物储存要求的小气候环境,以防止雨雪、沙尘、潮气、微生物、阳光及有害气体的侵蚀和影响,阻止或延缓被包装物的腐蚀和霉变,达到长期封存装备的目的。

封套封存技术适用于无库房条件下的装备封存防护,最早由英国 Brand 公司在 20 世纪 50 年代开始研究。由于封套具有重量轻、成本低、使用方便等优点,在欧美主要国家得到了普遍重视,特别是在军事物资和兵器包装封存方面,显示了突出的战术技术性能,现已广泛用于弹药、军械、坦克和火炮等大型兵器以及飞机、导弹、发动机和电子设备等的储运包装和野外封存。目前,国外发展了许多品种的软包装封套,例如:美国 Ewviropak 公司使用深蓝色的塑/塑复合材料封套,封装主战坦克和装甲输送车;俄罗斯使用聚乙烯封套,封闭坦克和步兵战车;德国和英国等 39 个国家采用 Dielad 封套系统封闭坦克、火炮、飞机、舰艇和弹药等装备。封套已经成为较为成熟的技术装备,并且向标准化、系列化的方向发展。同时,封套也从防水、防潮和密封的基本功能发展到具有三防能力和防红外侦察等特殊功能,美国的标准单兵可扩展帐篷(TEMPER)、小型方舱系统(SSS)、军用化学防护医疗系统(ACPMS)以及综合防护系统(CPS)等装备都采用封套结构,用以对生化袭击的防护。

一、防潮封套材料

封套材料是制作封套的主体材料,其性能优劣直接影响封套的封存和使用效果。现阶段装备封存使用的各种封套主要是用于和平时期装备的长期封存，为提高封套的阻隔性能，封套材料都比较厚，使得整个封存系统比较笨重，如美军 A 级封套材料高达 $1680g/m^2$，显然难以适应现代战争快速机动保障的要求。因此，应从装备现状及未来战争的实际需要出发，研制适于野战条件下使用的封套材料。

（一）封套材料技术要求

封套材料技术要求涉及透湿率、强度、重量等各种指标。各项指标之间既相互联系，又相互制约，如：厚度增加，则透湿率降低，机械强度增高；但同时会导致重量增加，机动性变差，不利于野战条件下的快速、机动设置和携行使用。因此，野战装备封存所用封套材料的设计指标，应根据具体装备防护需求及生产工艺实际科学确定。设计指标既要满足野战装备防护的要求，又不致形成过度保护和成本的增加；既在理论上合理可行，又能够利用现有生产设备得以实现。在这里针对封套材料的主要性能指标做一简要探讨。

1. 透湿率

在野战条件下，影响装备质量变化的主要环境因素是湿度和温度，其中湿度的影响更为显著。以我国地处沿海和海岛气候条件下的弹药储存坑道和库房环境为例，除冬季相对湿度较小外，其余时间都在 80% 以上。与内陆相比，常年高温多雨、气候潮湿，尤其夏季常达饱和状态，经常出现结水现象。因此，利用封套对装备进行封存防护时，必须尽可能地提高封套材料的阻隔性，降低封存环境的相对湿度，使装备长期储存在一个合适的湿度环境下，以提高其储存质量和储存安全性。

透湿率是描述封套材料阻隔性的重要技术指标，它是指水蒸气透过封套材料进入到封套内部的速率，具体来说即在规定的温度、湿度、一定的水蒸气压差和一定厚度的条件下，$1m^2$ 的试样在 24h 内透过的水蒸气量，单位为 $g/(m^2 \cdot 24h)$。封套材料透湿率指标的确定，是封套材料设计的关键，指标过高其轻便性和工艺上难以满足而且造成浪费，指标过低则达不到防潮封存的目的。表 2-8 列出了几种国外封套材料的透湿率指标。

表 2-8　国外封套材料及透湿率

国家	封套名称	材料	透湿率/$(g/(m^2 \cdot 24h))$
英国	Driclad	PVC	2~16
美国	Driguard1127	PVC/聚酯网布/PVC	1.55
美国	Driguard1527	PVDC 涂布 PVC/聚酯网布/PVDC 涂布 PVC	0.31

（续）

国家	封套名称	材料	透湿率/(g/(m² · 24h))
美国	—	PCE/涤纶/PCE	0.875
美国	Film – O – Rap7700	氟烃聚合物/PET/PE	0.38
英国	—	牛皮纸/HDPE/AL/HEPE	0.4~0.7
法国	—	PE/AL/棉织物	0.3~0.9

目前国内使用的封套材料透湿率还比较高，GJB 2682—1996《包装封套通用规范》规定的 A 类封套的透湿率小于 $2g/(m^2 \cdot 24h)$，相关报道的 PVC/牛津布/PVC 封套材料的透湿率在 $4.7g/(m^2 \cdot 24h)$（90% RH, 25℃），CPE/网格布/CPE/涂布 PVDC 的透湿率有所降低，但仍然在 $2g/(m^2 \cdot 24h)$ 以上，与国外相比还有较大差距。

随着我国软包装材料技术的迅速发展，高阻隔材料的生产、加工以及复合技术逐渐成熟，以 PVDC 为代表的高阻隔性材料在我国进入生产使用的高速发展期。由于 PVDC 薄膜的阻隔性和综合防护性能优越，被广泛应用到药品、食品、化妆品以及机械五金制品等阻隔要求高的包装产品。另外，通过采用材料改性、改变工艺和更新设备等方法，进一步提高了高阻隔材料的加工技术，以及相关复合材料如 TPU、PE、PVC 等树脂的性能。总的来说，研究开发高阻隔性软包装材料的技术已经具备，封套的透湿率指标可进一步降低，如控制在 $1g/(m^2 \cdot 24h)$（90% RH, 40℃）以内。这样的话，在一定储存条件下（假设储存环境温度为 25℃，相对湿度为 90%），采用干燥剂辅助吸湿，将弹药等装备储存环境湿度控制在 70% 以下，可以大大提高现有封套材料的封存期。

当封套用于野战防护时，由于战时机动性要求更高，其技术要求也要有所侧重。目前，针对野战条件下使用的封套材料，并无专门标准对其各种性能指标予以规定。美军封套一般用于装备平时的长期封存，时间长达几年，封套材料阻隔性很好，但在野战环境下存在一定缺陷。表 2 – 9 所列为美军标 MIL – C – 9959 对封套材料的性能要求，其中 A 级封套材料透湿率为 $0.32g/(m^2 \cdot 24h)$，阻隔性很好，但是单位面积质量高达 1680g，很难实现野战防护装备轻便、易于携行的要求。野战封套材料是用于野战条件下装备的封存防护，封存时间短则一两个月，长不超过半年或一年，使用环境和使用目的与平时的封套有很大不同，所以性能指标也应该有所不同。

表 2 - 9 MIL - C - 9959 对封套材料的性能要求

性能	测试方法	封套材料的品级和性能指标		
		A 级	B 级	C 级
透湿率(23℃)/(g/(m²·24h))	FTMS101 - 286	0.32	0.8	1.6
断裂强度(最小)/eb	CCC - T - 119 - 5100	300	200	200
撕裂强度(最小)/eb	CCC - T - 119 - 5134	45	45	45
单位面积质量/(g/m²)		1682	1682	1682
耐 焰 性	FTMS406 - 2022	耐焰时间不少于 5s		
抗 磨 性	CCC - T - 189 - 5302	300r 磨损厚度不超过原厚的 50%		
耐 老 化	CCC - T - 119 - 5882	加速老化后不分层、不龟裂		
耐 光 性	STD - 810 - 505	光照后不分层、不龟裂、不碎		
抗 粘 连 性	FTMS101 - 223	不粘连、不分层		
抗 刺 孔	FTMS101 - 313	无贯穿性刺孔		
抗 低 温 振 动	FTMS101 - 158	无穿孔、不分层、无裂缝		
抗 风 振		在平板车上抗 50 ~ 60mile/h		

2. 使用性能

封套材料的使用性能指标主要是封套单位面积质量和物理性能。

如前所述,野战装备封套不宜过重,应能满足人力搬运的要求,但质量太轻,则不仅透湿率高,而且各种机械性能指标也不易达到,如材料太薄则容易被戳穿、磨破或撕裂等。试验结果表明,如果封套材料阻隔层的厚度在 0.7mm 左右时,质量在 800g/m² 左右。封套每部分最大面积不超过 100m²,重量在 80kg 左右,两个人可以搬运。因此,材料单位面积质量 800g/m² 是可行的。

另外,封套材料应具有良好的拉伸强度、伸长率、耐穿刺性、耐候性能、耐磨性、抗老化性能等,以适应装备长期野外封存时各种应力对封套的影响;具有良好的柔性,以满足封套折叠或在无支架系统时封存不规则形状装备的要求;具有良好的焊接性能,这是制作封套和保证焊缝气密性的重要条件。

表 2 - 10 列出了 GJB 2682—96《包装封套通用规范》的封套性能部分指标,可参考采用。

表 2 - 10 封套技术要求

项 目	技术要求			试验条款
	A	B	C	
透湿量/(g/(m²·24h))	<2	<5	—	GB1037—88
黏(热)合强度/(N/5cm)	≥80			GB5572
断裂强度/(N/5cm)	>1200	>900	>600	GB5572
水解老化后/%	>80	>80	>70	GB11547

（续）

项　目	技术要求			试验条款
	A	B	C	
低温柔韧性	易揉折			
抗粘连性	不粘连、不脱层、不破裂			GB4879B.2.11
耐油性	不溶涨、不脆裂、不分层			GB4879B.2.9
腐蚀性	不腐蚀			HB5206
挥发性/%	≤1			GB3806 3.3.4
耐磨性/g	0.7			GB3960
阻燃性/s	≤10			GB4609
耐光照性	不脆裂、无裂纹、不分层			GB12000
单位面积质量/（g/m²）	<1200	<1000	<800	GB4669
透湿量（g/m²·24h）	≤0.22	≤0.86	—	GB1037—88
防水性	—	—	无染料渗透	GB4879B2.12
使用性能低温调节后	无咬合、无滞赛、无上下锁合、位置不对应及其它故障			
平拉强度（原始 低温调节后）/（N/2.5cm）	≥360			GB5572
阻燃性/s	<10			GB4609
压力保持试验	30min 不渗漏			GJB2711
抗静电/Ω	$<10^9$			GB/T12703
防侦视性	防可见光、近红外侦视			

3. 阻燃性

对于弹药等武器装备,包装材料多为木材和塑料,大都属于易燃材料且未经过阻燃处理,在复杂的战场环境下时刻经受战火和硝烟的考验。弹药及其包装一旦燃烧,很容易引起火灾,持续燃烧将导致弹药爆炸,从而酿成严重后果,造成巨大损失,威胁人员生命安全,同时也给弹药的后勤保障带来诸多问题。因此,阻燃性成为封套材料的重要性能指标。

对于一般高分子材料阻燃性的描述,通常包括点燃性、可燃性、火焰传播性、释热性、生烟性、燃烧产物毒性及腐蚀、耐燃性。对于封套材料来说,一般可用点燃性和可燃性以及火焰传播性来描述其阻燃特性。其中,极限氧指数(LOI)是表示材料点燃性和可燃性的重要指标,其定义为在规定条件下,试样在氮、氧混合气体中,维持平衡燃烧所需的最低氧浓度(体积百分含量)。LOI 的测定最先由美国的 C. P. Fenimore 和 T. T. Martin 首先提出,后来 ASTMD2863、ISO4589 - 2、

GB/T2406 等标准对 LOI 的测试方法做出规定,通常认为：LOI 小于 23 为可燃,24 ~ 28 之间为稍阻燃,29 ~ 35 之间为阻燃,大于 36 为高阻燃。目前工业生产以及人们生活中使用的高分子材料大多是可燃的,其极限氧指数(LOI)一般小于21(如表 2 - 11 所列)。然而,到目前为止,国内对各种包装材料的极限氧指数并未做出明确规定,通常情况下认为只要在标准条件下测得 LOI 的数值大于 23就可以满足阻燃要求,一般在评价材料阻燃性问题上很少用到 LOI,所以这里不提出具体指标要求。

表 2 - 11　常用材料氧指数

塑料品名	氧指数	塑料品名	氧指数
聚氨酯(PU)	17	腈纶($220g/m^2$)	18.2
聚乙烯(PE)	17.4	棉($220g/m^2$)	20.1
聚丙烯(PP)	18	涤纶	20.6
聚偏二氯乙烯(PVDC)	60	阻燃涤纶	28 ~ 32
纯聚氯乙烯(PVC)	45	阻燃腈纶	27 ~ 32

在材料的阻燃性能评价中,应用最为广泛的是塑料水平及垂直燃烧试验,它通过测定线性燃烧速率或有焰燃烧及无焰燃烧时间来评定。相关标准有 UL94、GB2408、GB4609、ISO1210 等,其中 GB4609(垂直燃烧试验)的应用更多,该标准根据试样的燃烧行为,将材料分成 FV - 0、FV - 1、FV - 2 三级,如表 2 - 12 所列。按照 GB2408 的测量方法,GJB2682《包装封套通用规范》对封套材料的阻燃要求为每个试样施加火焰离火后的有焰燃烧时间小于 10s,即为 FV - 0 级的要求。因此,研制封套材料的阻燃要求一般为 FV - 0 级。

表 2 - 12　FV 分级表

序号	判据	级别		
		FV - 0	FV - 1	FV - 2
1	每根试样的有焰燃烧总时间($t_1 + t_2$)	≤10	≤30	≤30
2	每组 5 根试样有焰燃烧时间总和 t_f	≤50	≤250	≤250
3	每根试样第二次施焰后有焰与无焰燃烧时间和($t_1 + t_2$)	≤30	≤60	≤60
4	试样有焰与无焰燃烧蔓延到夹具现象	无	无	无
5	滴落物点燃脱脂棉现象	无	无	有

4. 抗静电性

在干燥环境下,绝缘包装材料与空气中带电离子(或其他物体)接触(或摩擦)并分离后,由于不能将产生的电荷传递出去,从而使表面积累了电荷,产生静电。大量实验表明,当相对湿度达到 65% ~ 90% 时,静电泄露速度加快,防静电效果好;而在相对湿度低于 50% 的环境下,多数带电物体的静电泄露比较缓慢,防静电效果比较差。长期储存的装备,不但要经受高湿环境的考验,同时也会面临干燥条件的影响。随着电子元件和电火工品在武器装备中的应用增多,装备的静电感度越来越高,国内外曾多次发生导弹、弹药因静电放电而自燃自爆的事故。在野战条件下,产生静电放电的偶然因素更多,而许多防静电的措施却难以实施,所以改善包装材料的抗静电性能,增强包装防静电能力,成为野战装备防静电的必然选择,防静电性也就成为封套材料的重要性能指标之一。

对于高分子材料而言,表面电阻率是评价其抗静电性能的主要参数。根据表面电阻率值的大小,将包装材料分为三类:电阻率小于 $1 \times 10^5 \Omega$ 的为导静电材料,电阻率在 $1 \times 10^5 \sim 1 \times 10^{12} \Omega$ 之间的为静电耗散材料,电阻率等于或大于 $1 \times 10^{12} \Omega$ 的为静电非导体。以弹药包装材料为例,一般规定为电阻率在 $1 \times 10^5 \sim 1 \times 10^{12} \Omega$ 之间的静电耗散材料,所以相关标准也对防静电包装材料的表面电阻率要求为小于 $10^{12} \Omega$。但为了提高安全性,GJB 2682 对封套材料的表面电阻率要求为小于 $10^9 \Omega$,即静电耗散材料,这样有利于材料静电荷的泄漏或分布,减少静电积累,而且也不会因为电阻过低而发生火花放电现象。

(二) 封套材料结构组成

封套的防潮阻隔层材料一般采用高分子材料或铝箔材料,但使用单一的材料,很难满足封套材料对阻隔、强度、耐老化、热封等性能的要求。因此,必须采用多种材料复合的方法来制作防潮封套材料,以改善材料的综合性能。一般封套材料的复合结构包括基材层、阻隔层及热封层。由于封套材料阻隔层一般为高分子材料,所以在实际应用中,热封层往往考虑与阻隔层做成一体。

1. 基材层

基材层主要是给封套材料提供良好的物理性能,克服高分子膜或铝箔材料机械强度较低的缺点。基材层的性能要求是柔软、易折叠、强度高,一般选用化纤纺织品作为基材层。

可供制作基材层的化纤有涤纶、锦纶、晴纶等。其中,涤纶具有柔性好、质量较轻、拉伸强度高等特点,织成织物后经纬纱不易滑动,弹性回复性和尺寸结构稳定性好,不易霉变和虫蛀,耐晒与耐气候性能很好,外观挺括、平整,是一种性能优越、成本低廉、经久耐用的化纤纺织材料。因此,涤纶织物是野战弹药封套的理想基材层材料。

涤纶织物作为基材,一般有涤纶网格布和涤纶长丝牛津布两种形式。

涤纶网格布质量轻、强度高,有 500 旦、1000 旦、1500 旦三种规格,用其作为基材层制作的压延 PVC 拉伸强度最高可达 2100N/5cm,撕裂强度最高可达

250N/5cm,剥离强度也很高,能够给封套材料提供良好的机械性能。而且压延过程中不需要涂胶,简化了工艺,降低了成本。但由于纱线较粗,网格布的厚度较大,压延较薄时与网格布节点接触的部分太薄,材料的透湿率较高,因此这种基布适用于制作压延厚度较大的 PVC 等重型封套材料。

450 旦的涤纶长丝牛津布拉伸强度也很高,可达 1800N/5cm。由于布面平整,相对于涤纶网格布而言,压延同一厚度封套材料的透湿率较小,适合于制作压延厚度较小的 PVC 等中型封套材料。但压延过程中需要涂胶,工艺复杂一些,布的成本略高,撕裂强度稍低。

涤纶短纤维布强度为 1500N/5cm,稍低于涤长丝。断裂伸长率为 40% 以上,初始模量大,在小负荷作用下不易变形,变形的回复能力好。耐热性、耐酸性、热稳定性都很好。

根据野战装备封存的方式和使用环境的不同,以上三种基材均可用于封套材料的基材层。

2. 阻隔层

阻隔层应选择对水蒸气和气体阻隔能力都比较强的材料构成,高聚物薄膜及其铝箔材料均具有一定的阻隔性。目前,用作阻隔层的材料主要有 PVC、CPE、PVDC、EVOH、铝塑膜、真空镀铝膜等。

(1)PVC(聚氯乙烯)树脂价格低廉,来源较广,具有良好的耐化学药品性、耐燃自熄性、耐磨性等,而且可以加入多种添加剂进行改性,生产技术比较成熟,是一种性价比较好的材料。PVC 材料本身以及与 PVC 条型密封拉锁之间具有良好的热封性能,可保证热封强度。PVC 阻隔材料的缺点是对水蒸气和气体阻隔能力相对较弱,只有达到一定厚度才能具有较好的阻隔性,因此材料的单位面积质量较重。

(2)CPE(氯化聚乙烯)是聚乙烯氯化后的产物,分子结构中含有乙烯—聚乙烯—二氯乙烯的聚合体,其性质接近过氯乙烯树脂,随分子量、含氯量及分子结构的不同,可呈现从硬质到弹性体的不同特性。常用的含氯量25% ~48% 的氯化聚乙烯是弹性的。

氯化聚乙烯具有优良的耐侯性、耐寒性、耐燃性、耐冲击性、耐油性、耐化学药品性,并与其他塑料和填充剂有良好的混容性,与 PVC 有良好的焊接性能。在相同的条件下,综合性能优于 PVC 和改性 PVC 复合封套材料。其缺点是机械适应性较差。

(3)PVDC(聚偏二氯乙烯)是一种对水蒸气和氧气具有高阻隔性的材料,PVDC 的高阻隔性主要是分子主链富含电负性极强的氯离子,分子内聚能高,分子链极难运动,结晶度高;分子链结构中重复单元小,结构对称,分子链结构紧密,规整性好,形成的高聚物中自由空间小,密度很高。这些物理化学结构决定了 PVDC 共聚物对水蒸气和空气的高阻隔性,随环境相对湿度的变化很小。PVDC 阻隔材料的缺点是热解温度较低,单独使用受到很大限制,必须与其他薄膜进行复合后,才能体现出其突出的阻隔性能。

(4) EVOH 是气体阻隔性优越的一种塑料。与 PVDC 相比,EVOH 的氧气渗透率要比 PVDC 低一个数量级。由于 EVOH 是亲水性的,其阻隔性易受湿度影响,随着相对湿度的增大,透湿率增加。

(5) 铝塑复合薄膜是以铝箔为基膜,采用挤出层压法或涂料干燥层压法与塑料薄膜紧密贴合的一种高阻隔复合薄膜。其突出特点是透湿率低,一般低于 $1g/(m^2 \cdot 24h)$,并随厚度的增加趋近于零。从阻隔性的角度看,它是一种比较理想的阻隔材料。但是,由于铝箔较厚,不易弯折,弯折后产生裂纹,使透湿率增大,阻隔性下降,影响其应用范围。

(6) 真空镀铝膜是真空条件下在塑料表面镀上一层薄薄的铝层,利用这层镀膜来提高材料阻隔性的一种复合材料。铝镀层的厚度很薄,如镀铝 OPP 薄膜的铝镀层厚度仅有 500Å,相当于 150 层以上的铝原子。真空镀铝膜的镀层很薄,非常柔软,不易因揉曲发生龟裂、裂纹和气孔,克服了铝箔耐折性差、有针孔的缺点,显著改善了材料的阻隔性能和使用性能。在镀膜均匀和厚度相同的情况下,其阻隔效果与铝箔复合薄膜效果相当。

铝塑膜、真空镀铝膜阻隔材料具有良好的电磁屏蔽和防静电性能,存在的共同缺点是剥离强度和热封强度较低。

对上述几种阻隔性材料的分析比较,结合当前国内生产技术现状,从性能、成本、工艺等综合考虑,压延 PVC、CPE、PVDC 和复合真空镀铝膜是野战装备封存封套材料的理想阻隔层。这里重点介绍近年研制的 PVDC 防潮封套复合材料。

(三) PVDC 防潮封套复合材料设计

封套材料的性能高低,是衡量封套封存技术的重要指标。目前,我军常用的改性聚氯乙烯(PVC)封套材料和真空镀铝膜复合封套材料,均存在一定程度的缺陷,其中 PVC 封套材料透湿率较高,真空镀铝膜复合封套材料自身强度和与高强度基布复合的剥离强度较低,均很难全面满足封套材料的技术要求。因此,考虑寻求新型封套符合材料。近年来随着我国工业技术水平的提高,PVDC 的生产、加工技术取得了较大的突破,在此情况下将热塑性聚氨酯(TPU)、PVDC 和高强度基布用于制备高阻隔封套材料,较大幅度提高了封套材料的综合性能。

1. 功能设计

根据封套材料的应用条件和技术要求,通过市场调研和查阅国内外相关资料,提出所研制封套材料所要达到的主要技术指标,并进行可行性论证。

1）高阻隔性

根据封套材料设计要求,在满足使用性能的前提下,降低透湿率是研制高阻隔封套材料的关键。根据 GJB 2682 规定的 A 类封套的透湿率小于 $2g/(m^2 \cdot 24h)$ 的要求,以及 PVDC 高阻隔性材料性能特点,提出了将封套材料透湿率控制在 $1g/(m^2 \cdot 24h)(90\% RH,40℃)$ 以内的设计要求。

2）使用性能

对于 A 类封套材料,美军标 MIL－C－9959 对单位面积的质量要求为 1680g,GJB 2682 为 1200g。目前我军实际应用的封存材料在 800g 左右,根据前面分析,也将封套单位面积质量控制在 800g 以下。

封套材料其他性能指标参照相关标准确定。

2. 结构设计

根据高阻隔封套材料功能设计要求,确定了 TPU/PVDC 高阻隔封套材料的结构,如图 2－4 所示。该结构包括 TPU/PVDC 共挤膜、基布、热封层 TPU 及复合所必需的树脂黏合层等。

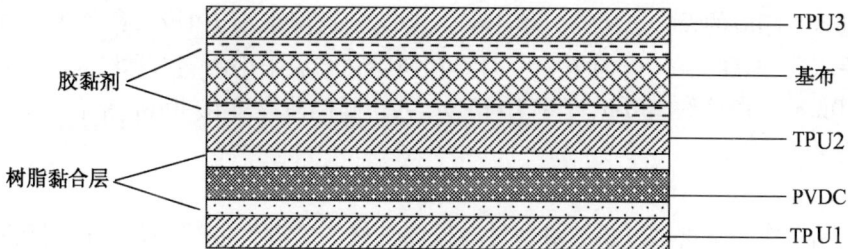

图 2－4　TPU/PVDC 高阻隔封套材料结构示意图

1）TPU/PVDC 共挤膜

TPU/PVDC 共挤膜是以 TPU 和 PVDC 为原料,采用多层共挤复合工艺制得。

PVDC 是当今塑料包装中综合阻隔性能较好的一种包装材料,它既不同于 EVOH 随吸湿增加而使阻气性急剧下降,也不同于尼龙膜由于吸水性使阻湿性能变差,更不同于铝箔在使用中由于折皱使针孔增大透湿增加,而是一种阻隔性、使用性和综合防护性皆优的材料,同时它耐候性好、耐化学性强、阻燃性高、成本低,是生产高阻隔复合材料的最佳选择。

PVDC 是偏二氯乙烯（VDC）与其他单体二元或三元共聚物的总称。共聚物单体主要有氯乙烯（VC）、丙烯腈、丙烯酸和甲基丙烯酸酯类,已投入商业化生产的 PVDC 共聚物有三类,分别是偏二氯乙烯—氯乙烯（VDC－VC）共聚物、偏二氯乙烯—丙烯酸甲酯(VDC – MA)共聚物、偏二氯乙烯—丙烯腈(VDC – AN)共聚物。目前 PVDC 树脂生产方法有两种,即悬浮聚合法和乳液聚合法。其中,悬浮法生产的 PVDC 树脂 VDC 含量较高,而且效率高、残留少,是生产高阻隔 PVDC 树脂最主要的方法。起初人们对 VDC – VC 的研究比较早,应用也最为广泛,而最近几年,VDC – MA 共聚物树脂得到了较快发展,采用悬浮法生产 VDC – MA 共聚物聚合时间短,VDC 的含量高,其阻隔性比 VDC – VC 共聚物高。同时 MA 在树脂中起到很好的内增塑作用,加工成膜时加入的助剂少,热稳定性好,使用价值更高,因此研究中选用 MA – PVDC 作为复合膜的阻隔层材料。

采用 TPU/PVDC/TPU 这种结构,具有以下主要优点:一是 PVDC 位于中间,其他 4 层位于两侧,可以对 PVDC 起到很好的保护作用;二是采用对称结构可以简化加工工艺,提高材料的加工性能。由于不同材料的加工温度不同,差别越大,温度控制难度也越大,如果采用非对称多层共挤结构,会产生致命的应力翘曲,从而影响共挤薄膜的加工质量和二次加工性能,限制其多功能化的开发应用。

在该结构中,从材料性能、成本以及单位面积质量等问题考虑,对各层的厚度进行了相应的设计。PVDC 为阻隔层,为达到透湿率小于 $1g/(m^2 \cdot 24h)$ 的指标要求,其厚度应在 $20\mu m$ 左右。TPU 和树脂粘结层采用两侧对称结构,每侧厚度 $10\mu m$,总厚度约 $20\mu m$,即 TPU/PVDC 共挤膜的总厚度在 $40\mu m$ 左右,每平方米质量约 240g。

2)基布

基布作为基材层主要给封套材料提供良好的物理性能,克服高分子材料机械强度较低的缺点。在这里仍然选择前期研制的封套所用基材材料即涤纶牛津布,其基本性能参数如表 2 – 13 所列。

表 2 – 13　牛津布基本性能参数

规格 (D)	密度 /(根/10cm)	拉伸强度 /(N/5cm)	撕裂强度 /N	厚度 /mm	幅宽 /mm	单位质量/(g/m²)
500 × 500	233/178	3675/3060	137/141	0.38	1790	261

另外,为了满足封套的抗侦视及阻燃性能,利用转移印花技术,在基布的一面印制数码迷彩图案,使其具有一定的可见光和近红外伪装功能,并利用阻燃剂对基布进行阻燃整理。

3)热封层

热封性对于封套材料来讲是十分重要的一个性能要求,热封性不好就无法满足密封要求。在该型封套材料中,TPU 同时作为热封材料,它不仅具有良好的热封性,而且在相容性、使用寿命、耐刺穿性、耐磨性、柔韧性、抗撕裂性、弹性、耐油性、耐低温性、耐热老化性、防水性等方面均有优异的表现(见表 2 - 14)。

表 2 - 14　热封材料性能对比

	TPU	LDPE	PVC	CPP
热封温度/℃	170 ~ 200	120 ~ 175	95 ~ 180	165 ~ 205
拉伸强度/MPa	36.0	19.6/20.5	20 ~ 50	50/30
撕裂强度/(N/mm)	3800 ~ 4600	1050/850	3500 ~ 4000	—
断裂伸长率/%	660	380/560	150 ~ 500	500/600
耐磨性/(g/cm²)	0.019	—	0.153	0.134
材料极性	极性	非极性	极性	非极性
分子量	450 ~ 600	300000	—	—
熔点/℃	170	113	210	160 ~ 171
密度/(g/cm³)	1.21	0.92	1.24 ~ 1.45	0.90 ~ 0.91

3. 复合工艺

按照封套功能与结构设计要求,确立了 PVDC 防潮封套材料的复合工艺流程,如图 2 - 5 所示。

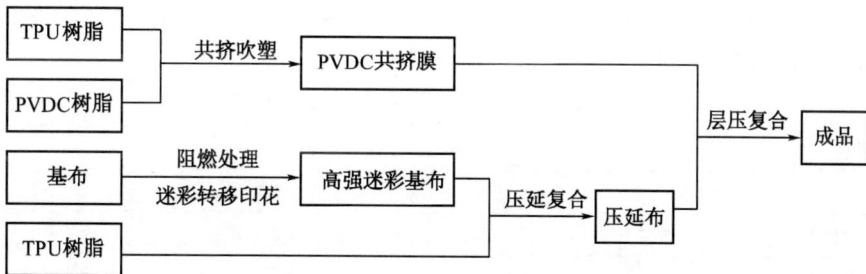

图 2 - 5　PVDC 防潮封套材料复合工艺流程

1)TPU/PVDC 共挤膜加工

TPU/PVDC 共挤膜的加工,从进料到成品材料要经过树脂挤出、共挤复合、吹塑定型、冷却、牵引拉伸、切边、卷取等过程,其工艺流程如图 2 - 6 所示。

2)基布处理

(1)基布的阻燃处理。

在一定温度和时间下将阻燃剂上染基布,染整完毕经充分水洗,再经预烘、烘焙、水洗处理。工艺条件为阻燃剂量 20% ,分散剂 NNO2g/L,渗透剂 JFC2g/L,pH

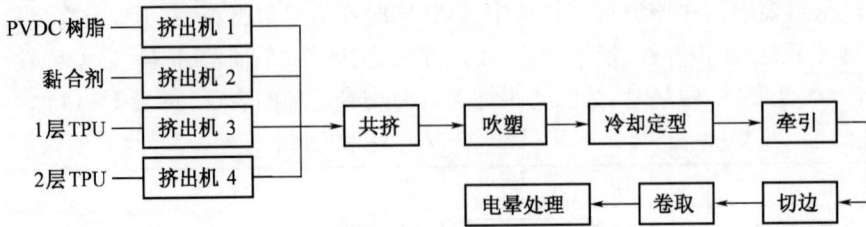

图2-6 PVDC共挤膜加工流程

为4-5,染色温度125℃,染色时间30min,焙烘温度160℃,焙烘时间2min。化学药品的配方选择如表2-15所列。

表2-15 阻燃剂溶液化学配方

药品	类型	含量	生产厂家
阻燃剂	十溴二苯乙烷	20%	江阴苏利精细化工有限公司
分散剂	NNO	2g/L	上海试剂总厂
渗透剂	JFC	2g/L	上海试剂总厂

(2)基布的迷彩伪装处理。

对基布进行了林地型和荒漠型两种迷彩伪装处理,根据 GJB 1166—1991《伪装服用颜色》和07式数码迷彩军服伪装特点,选择的四色迷彩以及涂饰百分比见表2-16。设计好涂料配方(主要包括漆基、颜料、溶剂、助剂等),采用转移印花技术对基布进行数码迷彩伪装处理。

表2-16 四色迷彩涂饰百分比

迷彩类型	占总面积百分比/%			
	40	30	20	10
林地型	MG	SE	BE	BN
荒漠型	SE	BE	RE	BN

注:颜色符号为 GJB 1166—1991 指定的标准颜色,具体规定如下:MG 中绿;SE 沙土;BE 红土;BN 黑色;RE 红土

3)TPU与基布的压延复合

TPU与布基的压延复合工艺流程如图2-7所示。在TPU压延之前,要对布基进行底涂处理,底涂材料可选择聚氨酯(PU)黏合剂。用PU黏合后,基布同TPU料很难剥开,并且在整个加工工艺过程中,TPU料始终处于高弹态,不会因热降解改变黏合性能。

压延复合具体步骤如下:

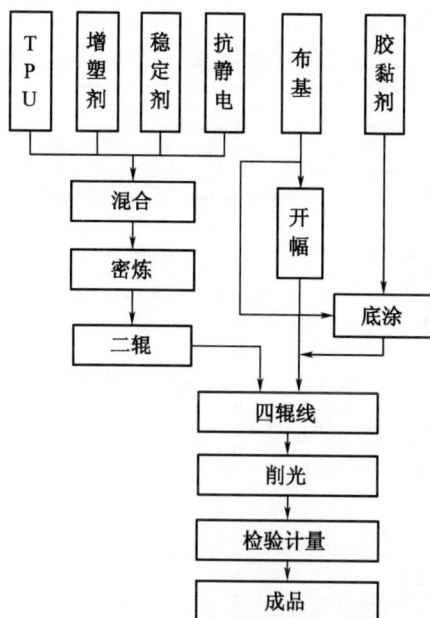

图 2 - 7　TPU 与布基压延成型工艺流程图

（1）利用涂层机,在基布印制数码迷彩图案的一面刮涂聚氨酯黏接剂,并进行预固化处理,上胶速度为 25 ±2m/min,预固化温度为 120 ~ 130℃。

（2）将 TPU 在 160℃ ~ 170℃ 的开炼机上混料塑化,使 TPU 成溶胶状态,然后压延形成 TPU 薄膜。压延时,压延机 4 只辊筒的表面温度依次分别为 165 ~ 170℃,170 ~ 175℃,175 ~ 180℃,165 ~ 170℃,经 4 次压延后,逐步形成 TPU 薄膜。

（3）在经过阻燃和转移迷彩印花处理的基布印制数码迷彩图案的一面贴合 TPU 薄膜,再经压辊定型后降温、收卷,其中压辊温度为 170 ~ 180℃,压辊压力为 5 ±0.1kg/cm²,以保证 TPU 薄膜复合的剥离强度。

4）TPU/PVDC 共挤膜与压延布的层压复合

使用层压复合工艺,将 TPU/PVDC 共挤膜复合在基布没有印制数码迷彩图案的一面,包括以下步骤:

（1）在经压延复合后的基布没有印制数码迷彩图案的一面刮涂聚氨酯黏接剂,并进行预固化处理,上胶速度为 15 ±2m/min,预固化温度为 120 ~ 130℃;

（2）通过层压复合机,将制备的 TPU/PVDC 共挤膜复合在基布没有印制数码迷彩图案的一面,压辊温度为 170 ~ 180℃,压辊压力为 40 ±1kg/cm²。

4. 性能分析

对以上方法生产的产品进行检测,主要技术参数如表 2 - 17 所列。

表 2 - 17 复合材料基本性能测试结果

项 目		单 位	技术参数	测试结果
透湿率(40℃、90% RH)		g/(m² · 24h)	2	0.89
拉伸强度	经向	N/5cm	1200	3369
	纬向	N/5cm	1200	2880
拉断伸长率	经向	%	—	38
	纬向	%	—	27
撕裂强度	经向	N		267
	纬向	N		190
剥离强度 (压延面)	经向	N	—	66
	纬向	N	—	55
剥离强度 (贴合面)	经向	N	—	51
	纬向	N	—	43
耐磨性		g	0.7	0.25
阻燃性		s	≤10	5.8
表面电阻率		Ω	10^9	8.23×10^8

对经过阻燃和林地迷彩伪装处理的基布进行性能测试,测试性能和结果见表 2 - 18。

表 2 - 18 林地迷彩色布性能测试

	测试项目		单位	检测结果	标准
染色牢度	耐皂洗	变色 沾色	级	4 ~ 5 4	GB/T 3921—2008
	耐酸汗渍	变色 沾色	级	4 ~ 5 4	GB/T 3922—1995
	耐碱汗渍	变色 沾色	级	4 ~ 5 4	
	耐摩擦	干摩 湿摩	级	4 4 ~ 5	GB/T3920—2008

（续）

	测试项目		单位	检测结果	标准
燃烧性	续燃时间	经向	s	4.0	GB/T 5455—1997 垂直法
		纬向		4.6	
	阴燃时间	经向	s	0	
		纬向		0	
	损毁长度	经向	mm	131	
		纬向		130	
	燃烧特性	经向	—	有熔融滴燃现象	
		纬向		有熔融滴燃现象	

测试结果表明,PVDC 防潮封套材料具有以下特点:一是将高阻隔聚偏二氯乙烯(MA－PVDC)的高阻隔性与热塑性聚氨酯(TPU)良好的热封性、低温柔韧性、耐磨性相结合,同时通过基布的阻燃处理、选用阻燃型热塑性聚氨酯(TPU)并进行相应的抗静电改性,使封套材料既具有了优异的阻隔性能(透湿率为 $0.8g/(m^2 \cdot 24h)$),又能满足黏(热)合强度、低温柔韧性、耐磨性、阻燃性、抗静电性等技术要求。二是将热塑性聚氨酯(TPU)/聚偏二氯乙烯(PVDC)共挤膜和热塑性聚氨酯(TPU)压延薄膜与涤纶长丝基布复合在一起,在保证高阻隔封套材料具有较高拉伸强度的同时,还可通过控制热塑性聚氨酯(TPU)/聚偏二氯乙烯(PVDC)共挤膜和热塑性聚氨酯(TPU)压延薄膜的厚度,控制高阻隔封套材料的单位面积重量,提高其使用方便性。三是热塑性聚氨酯(TPU)压延薄膜具有透明性,因此不会遮挡涤纶长丝基布的数码迷彩图案,使高阻隔封套材料在可见光、近红外波段具有一定的防侦视性,便于其在野战条件下使用,扩展了其应用范围。

二、封存环境控湿

防潮封套由上、下套体和密封装置共同构成了一个相对密闭的封存空间,由于套体材料仍然具有一定的透湿性,封存条件下封套内部环境湿度呈现为复杂的动态变化过程。研究封套封存环境中潮湿因素及其相互之间的关系,根据封套性能、结构特征及封存方式合理确定适用的控湿技术方法是封套封存的重要内容。

(一)封存环境湿源分析

使用封套封存弹药时,保持封套内较低的相对湿度,才能保证封套封存的效果。但在现实条件下,封套内部的相对湿度并非始终是一个常数,总是处于不断变化的状态。封套内部的相对湿度变化的原因主要有以下几个方面。

1. 外界水汽的渗入

外界水汽的渗入取决于封套内外的水汽压力差,只要封套内外存在水汽压力差,水汽就会通过套体材料从高压区(高湿度区)向低压区(低湿度区)扩散。这种扩散过程是双向的,即:当封套内部空气相对湿度低于外界空气相对湿度时,使得封套内部相对湿度升高;当封套内部湿度高于外界时,渗透就会逆向进行。

水汽分子通过封套材料渗透包括两种形式:一是水汽分子直接穿过封套材料分子间的微细间隙;二是封套材料分子对水汽分子的溶解、吸收和扩散过程。渗透过程的快慢,与封套材料的阻隔水汽性能、厚度、两侧水汽压力差的大小密切相关。对于同一性能的封套材料,封套内外水汽压力差越大,封套材料厚度越小,水汽扩散就越快,反之就慢;对于不同性能的封套材料,材料阻隔性越好,水汽扩散速度就越慢。另外,当封套材料破损或存在气泡、针眼等缺陷,以及密封装置失效时,外界水和水汽也会直接进入封套内部。

2. 封存作业带入水

对封存装备进行作业时,如开启密封,就有可能带入水分。在作业过程中,由于内外环境贯通,外界的水汽有可能进入;人员作业,出汗或使用潮湿工具等,会带入水汽;一些用水的检查操作未能进行认真清理,会带入大量的水,如用浸水法对密封包装进行密封检查,如果包装在检查前已失封,就会使大量的水进入密封包装内,这在弹药技术检查中曾经发生过。

3. 含水材料散湿

装备中的纸质或纺织附件和木质包装、衬垫等材料具有一定的吸湿性和含水率,在一定的温度和湿度条件下含水率处于一个平衡状态。当环境温度或相对湿度发生变化时,这时含水率会发生变化。当含水物质的含水率高于当时环境的平衡含水率,则会向外散发水分;如果含水物质的含水率低于当时环境的平衡含水率,则会从外界吸收水分,而起到干燥剂的效果。我军弹药包装广泛采用木质包装箱,包装重量约占弹药总重量的 20% 左右,其含水率大小对封存质量影响很大。表 2-19 为木材在一定温度和相对湿度下的平衡含水率。

表 2-19　木材平衡含水率

相对湿度/%	平衡含水率/%			
	5℃	10℃	15℃	20℃
40	8.78	8.52	8.26	8.00
50	10.35	10.10	9.85	9.60

（续）

相对湿度/%	平衡含水率/%			
	5℃	10℃	15℃	20℃
60	11.95	11.70	11.45	11.20
70	13.95	13.73	13.52	12.30
80	16.75	16.50	16.25	16.00
90	21.73	21.45	21.18	21.90
100	31.30	31.00	30.70	30.40

由表 2-19 所列数据可以看出,在相同温度条件下,木材平衡含水率随着相对湿度增大而增大,相对湿度越大,木材平衡含水率越高;在相同湿度条件下,木材平衡含水率随温度的升高而略有降低,这是由于温度升高使水分子活动能力增加,容易从木材里逸出的缘故。

4. 温度变化效应

温度发生变化时,会使封套内部的相对湿度发生变化。

假设封套密封环境中的水汽含量(绝对湿度)不发生变化,根据相关气象学公式有

$$\begin{cases} a = \dfrac{217e}{t+273.15} \\ E = 6.11 \times 10^{\frac{7.45t}{235+t}} \\ U = \dfrac{e}{E} \times 100\% \end{cases}$$

式中: e 为空气中的水汽压(mb); a 为绝对湿度(g/m³); t 为气温(℃); E 为饱和水汽压(mb); U 为相对湿度(%)。可以得出

$$U = \frac{(t+273.15) \times a}{1.33 \times 10^{\frac{7.45t}{235+t}+3}} \qquad (2-15)$$

由此可知,在常温状态下,当绝对湿度一定时,温度升高,相对湿度下降;温度降低时,相对湿度升高。在封套密闭环境中,如果温度急剧下降,则相对湿度也会急剧增高,甚至可能结露。例如,密封封套内的空气绝对湿度不变,25℃时的相对湿度为65%,当温度下降6℃时相对湿度升高到92%。与此同时,处于密封封套内中的含水物质或干燥剂,随着温度的升高,平衡含水率增大,则开始吸湿,使得环境中的空气绝对湿度降低,相对湿度的上升幅度减小。但是,由于含水物质或干燥剂的吸湿速率有限,如果温度下降过快,幅度过大,也会使得密

封封套内呈现出高湿环境。由此可见,温度对相对湿度的影响是十分显著的,控湿与控温之间存在着密不可分的关系。

(二) 封套封存控湿模型

根据环境湿源分析,引起封套内部湿度变化的主要因素有:封套材料的透湿率、封套内木质包装箱等含水物质的散湿率、密封时空气含水率、干燥剂的水分吸收率等。由这些因素构成的封套封存系统,如图 2 – 8 所示。

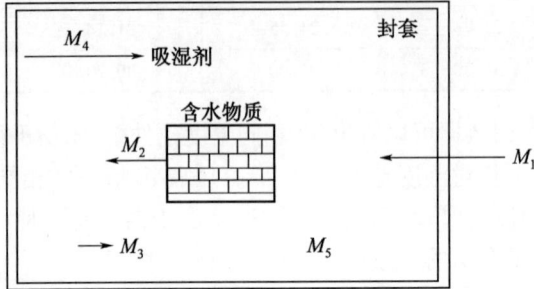

图 2 – 8　封套封存系统示意图

封套封存系统中几种水汽质量之间的关系式为

$$M_1 + M_2 + M_3 - M_4 = M_5 \qquad (2-16)$$

式中:M_1 为封套材料单位时间透湿的水汽量;M_2 为弹药包装箱吸湿或散湿的水汽量;M_3 为密封时带入封套内空气的水汽量;M_4 为干燥剂(吸湿机)吸收的水汽量;M_5 为封套系统内的总水汽量。

封套封存系统中几种水汽质量分别与封套的材料性质、表面积、体积,封存时间,封存时空气湿度,以及弹药包装状态、吸湿方式等有关。

1. 封套材料单位时间透湿量

假设封套为理想均匀状态,则封套材料单位时间透湿的水汽量为

$$M_1 = r_0 St \qquad (2-17)$$

式中:M_1 为封套材料单位时间透湿的水汽量(g);r_0 为封套材料的透湿率($g/(m^2 \cdot 24h)$);S 为封套的表面积(m^2);t 为封存时间(天)。

2. 含水物质吸(散)湿量

包装箱等含水物质的吸湿或散湿量为

$$M_2 = KG(U_2 - U_1) \qquad (2-18)$$

式中:M_2 为含水物质吸湿或散湿的水汽量(g);K 为折减系数;G 为含水物质质量(g);U_1 为封存前的平衡含水率(%);U_2 为封存后的平衡含水率(%)。

注:$U_2 - U_1$ 为正值时木材吸湿,$U_2 - U_1$ 为负值时木材散湿。

3. 密封时带入封套内空气的水汽量

水密封时带入封套内的水汽量,如忽略操作人员带入水汽,则主要是当时空气的含水量,即

$$M_3 = V(a_2 - a_1) \tag{2-19}$$

式中：M_3 为密封时带入封套内空气的水汽量(g)；V 为封套体积(m³)；a_1 为密封时空气的绝对湿度(g/m³)；a_2 为封存后封套内空气的绝对湿度(g/m³)。

4. 干燥剂吸收的水汽量

设干燥剂的质量为 W,最大吸湿率为 β,则干燥剂的吸湿量为

$$M_4 = W\beta \tag{2-20}$$

式中：M_4 为干燥剂的吸湿量(g)；W 为干燥剂的质量(g)；β 为干燥剂的吸湿率。

将以上各值分别代入可得

$$r_0 = \frac{V(a_2 - a_1) + W\beta - KG(U_2 - U_1)}{St} \tag{2-21}$$

该模型意义在于：

(1)求解封套透湿率指标。由式(2-21)可以看出,封套透湿率指标的确定不是独立的,而是与封存弹药的数量、封存时间、封存环境条件密切相关的。

(2)求解干燥剂用量。针对不同的封套材料、库容(表面积)、封存时间,其干燥剂的用量是不同的。

(3)合理利用封套容积。在封套体积一定的情况下,封套容积利用率越高,封存物资自身对温湿度调节能力越强,越有利于封存环境湿度的控制。

(4)合理确定套型。由式(2-21)可以看出,在封套容积一定的情况下,封套的表面积越小,越有利于封存控湿的需要。

(三)封存环境控湿方法

封套控湿的关键是封套材料对水汽具有优良的阻隔性,并且封存环境具有良好的密封性。当采用封套进行长期封存时,还应采取有效的控湿技术手段,维持封存环境内部湿度的持续稳定状态。封存环境的控湿方法有两种：一是静态除湿法,二是动态除湿法。在具体条件下选用哪种除湿类型,必须对两种类型的优、缺点进行评价,并从具体的防潮性能和经济效益方面进行比较才能确定。

1. 静态除湿

静态除湿是在密闭的空间放置一定数量的干燥剂,吸附空间内的水分达到控制湿度的目的。各种类型的干燥剂从空气中吸收水分的能力都是有限的。为将封存环境的湿度控制在某一范围,必须注意选择合适的干燥剂并正确计算用量。

1）干燥剂选用

干燥剂是一种吸附脱水剂,通过毛细作用从周围吸附水分,并将其凝聚后以液态保持在吸附表面和毛细表面,达到去除封存空间中的水分的目的。目前包装中常用的干燥剂有硅胶、分子筛及铝胶(活性氧化铝),此外可作干燥剂的材料还有木炭、活性黏土、氯化钙、铝钒土、硅藻土、硫酸钙、生石灰等。

（1）硅胶。

硅胶是一种非晶体状的化合物,其主要化学成分是二氧化硅($SiO_2 \cdot xH_2O$)。一般硅胶中二氧化硅含量可达99%。它是由硅酸钠与硫酸或盐酸,经硅凝、洗涤、干燥、焙烘而成,市售硅胶一般都含有3%~7%的水。硅胶具有多孔性和高表面积结构,1g粗孔硅胶总表面积可达$35m^2$,细孔硅胶表面积可达$750 \sim 800m^2/g$,表面覆盖着许多羟基,故它是一种极性吸附剂。它亲水特性强,但不溶于水,具有较高热稳定性和化学稳定性。硅胶质坚硬,具有不燃、不爆、无毒、无臭、无腐蚀等特性,是一种优良的干燥剂。

硅胶品种很多,根据其组成和结构的不同,有着不同的吸湿能力和用途。国产硅胶用作干燥剂的有粗孔球形硅胶、细孔球形硅胶、变色球形硅胶、粗孔块状硅胶、细孔块状硅胶等,其中以粗孔球形、细孔球形及变色球形硅胶为包装常用干燥剂。

硅胶的吸湿能力受温度和相对湿度的影响,一般温度在20~30℃条件下硅胶吸湿性能最佳。当温度超过30℃时,其吸湿能力即随着温度的增高而下降;温度达90℃以上时硅胶已基本丧失了吸湿能力。在不同相对湿度条件下,硅胶的吸湿能力也大不相同。各型硅胶在几种相对湿度条件下的吸湿率见表2-20。

表 2 - 20　硅胶吸湿率与相对湿度的关系

硅胶名称	相对湿度/%	吸湿率/%	备注
细孔球形硅胶	20	6 ~ 10	摘自 GB 7820—87
	40	14 ~ 20	
	80	32 ~ 34	
细孔块状硅胶	20	10 ~ 11	摘自 GB 7878—87
	40	20 ~ 22	
	80	32 ~ 33	
变色球形硅胶	20	≥9	摘自 GB 7822—87
	35	≥13	
	50	≥23	
粗孔球形硅胶	≥95	72 ~ 85	摘自 GB 9007—87
粗孔块状硅胶	≥95	76	摘自 GB 7819—87

（2）分子筛。

分子筛是一种优异的高效能选择性超微孔吸附剂，同时也是性能优异的催化剂和催化剂载体。

分子筛化学通式为

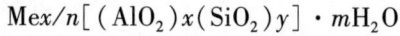

$$\text{Me}x/n\big[(\text{AlO}_2)x(\text{SiO}_2)y\big]\cdot m\text{H}_2\text{O}$$

式中：Me 为金属阳离子；x/n 为能置换的阳离子 Me 数；m 为包藏水的分子数。

分子筛晶格内部含有大量的包藏水，高温处理后水分失散，晶格框架内部就形成了呈网状密布的微孔，比表面积很大（内表面积为 $700\sim800\text{m}^2/\text{g}$，外表面积为 $1\sim3\text{m}^2/\text{g}$），从而具备了很强的吸附能力，尤其是它能在低浓度吸附质情况下保持很高的吸附量，这是其他吸附剂所不能相比的。分子筛利用其微孔孔径的均一性把小于孔径的分子吸进孔内，把大于孔径的分子阻挡在外，以筛分子的方式把分子大小不同的物质分离开，"分子筛"之名也由此而来。

在可吸附的前提下，分子筛的吸附性又有以下两个特点：按分子极性大小的选择吸附，即当分子相同时分子筛优先吸附极性较大的分子；按分子不饱和程度的吸附，分子筛对不饱和性的有机物分子具有较高的亲和性，吸附能力随分子的不饱和性增加而增高。

分子筛化学性能稳定，不溶于水及有机溶剂，一般可溶于强酸、强碱。各种型号的分子筛由于组成及晶格结构的不同而形成严格一致的孔径和极性，所以各型分子筛吸附物质以分子大小划分范围。为了实际应用的需要，通常是在粉末分子筛中加入一定数量的黏合剂塑合成球形、条形、片形或不规则颗粒。

按化学组成和晶格结构的不同，分子筛可分为几十个品种。我国目前普遍生产和广泛应用的分子筛有：A 型、X 型和 Y 型三个品种。

A 型分子筛可用高岭土作黏合剂来合成，化学通式为 $\text{Na}_{12}\big[(\text{AlO}_2)_{12}(\text{SiO}_2)_{12}\big]\cdot27\text{H}_2\text{O}$；

X 型分子筛，化学通式为 $\text{Na}_{86}\big[(\text{AlO}_2)_{86}(\text{SiO}_2)_{406}\big]\cdot264\text{H}_2\text{O}$；

Y 型分子筛，化学通式为 $\text{Na}_{56}\big[(\text{AlO}_2)56(\text{SiO}_2)_{436}\big]\cdot250\text{H}_2\text{O}$。

分子筛的吸湿特点是在高温，低湿条件下明显优于普通干燥剂，但在高湿条件（相对湿度大于 40%）下吸湿能力不如硅胶。

（3）活性氧化铝。

活性氧化铝又名铝凝胶，是一种疏松的多孔性吸附剂。同硅胶相比，其价格较贵。它是由具有多晶相的氧化铝在不同温度下处理使其晶格发生变化而制得的活性水合物。化学成分中,$Al_2O_3 > 90\%$,$NaOH < 8\%$,其余为 SiO_2、Fe_2O_3、CaO 等。成品呈弱碱性。

活性氧化铝在失水过程中形成较大的内部活性表面积结构,比表面积达 $200 \sim 350 m^2/g$,因而具有较高吸附性。

活性氧化铝不仅具有大的比表面积,且具有较高机械强度,化学性能稳定,耐高温、抗腐蚀,主要用作吸附剂和催化剂载体。

2)干燥剂用量计算

在封套封存包装中,为了达到预定的湿度控制目标,必须正确选择干燥剂种类并计算出用量,达到既控制封存环境内的相对湿度又不至过分增加包装重量和费用的经济合理的目的。

确定干燥剂用量应考虑以下因素:

(1)封存体积。由于在一定温湿度条件下水汽量含量为一定值,因此只要已知封套的容积即可推算出密封在封套环境的水汽量。

(2)封套的透湿面积及透湿度。这一因素主要针对阻隔材料的透湿性而言。材料的透湿度一般是指高温高湿($40 \sim 45℃$)($RH \geqslant 95\%$)条件下的试验数据。

(3)预定控制的相对湿度。因干燥剂吸湿能力的大小与相对湿度的高低有直接关系。要较准确地计算干燥剂用量时,必须考虑所用干燥剂在预定控制的相对湿度条件下的实际吸收量。

(4)缓冲、衬垫等材料或制品。这类材料一般为非金属材料,含湿量较高(如泡沫、玻璃纤维、塑料、天然缓冲材料等),其所含水汽成为封套中水汽的主要来源之一。故这些吸湿材料的重量及含湿量是确定干燥剂用量应考虑的主要因素。必要时应计算出这些材料甚至被包装产品本身的实际含水量。

(5)预定储存时间及储存环境气候条件。因为封套材料的实际透湿度与环境温湿度直接相关。储存环境条件直接影响到封套在储存期内可能吸进的总的水汽量。

(6)干燥剂的吸湿率。干燥剂的吸湿率是经济合理地使用干燥剂应考虑的主要因素。

对某一具体产品包装来说,要建立准确的干燥剂用量计算公式是困难的。在干燥防潮剂应用实践中,可根据具体条件,从不同角度和不同需要出发,建立适用的计算方法或经验公式。

(1)按包装方式及包装材料确定的计算公式。

GJB 145—86 中按包装方式及包装材料给出了干燥剂的用量计算公式,如表 2-21 所列。

表 2 – 21　不同包装条件下的干燥剂用量计算公式

包装方式及材料	干燥剂用量计算公式
密封的金属容器	$W = 20 + V + 0.5D$
铝塑布复合材料密封包装袋	$W = 100Ay + 0.5D$
聚乙烯等塑料薄膜密封包装袋	$W = 300ARy + 0.5D$
用密封胶带封口的罐和塑料罐	$W = 300R_1y + 0.5D$

式中：W 为干燥剂用量（g）；V 为包装容器的容积（L）；D 为包装内含湿材料（缓冲、衬垫材料等）重量（g）；A 为包装材料的总面积（m^2）；y 为预定储存时间（或更换干燥剂的时间）（年）。R 为包装薄膜材料在温度40℃、湿度RH≥90%的试验条件下的透湿度（g/（m^2·24h））；R_1 为密封胶带封口罐和塑料罐在温度40℃、RH≥90%条件下的透湿度（g/（m^2·24h））。

（2）防锈包装干燥剂用量计算公式。

GB 4879—85《防锈包装》给出了干燥剂用量推荐计算公式为

$$W = k_1ARM + k_2D \qquad (2 – 22)$$

式中：W 为干燥剂用量（kg）；A 为包装容器总表面积（m^2）；R 为包装材料平均透湿度（g/（m^2·24h））；M 为预定储存时间（月）；D 为缓冲衬垫等吸湿性材料重量（kg）；k_1 为温度、湿度关系系数；k_2 为缓冲衬垫等吸湿材料种类关系系数（见表 2 – 22）。

表 2 – 22　吸湿材料种类关系系数

吸湿材料种类	k_2
动物毛织物、植物纤维、合成纤维	0.48
玻璃纤维	0.16
泡沫塑料及橡胶	0.04
毛毡、纤维素材料（纸、木材等）	0.64

（3）低透湿度包装干燥剂用量计算公式。

以 GB 5048—85 提供的低透湿度包装干燥剂的用量公式为例，表达式为

$$W = 1/k(k_1Arm + k_2D) \qquad (2 – 23)$$

式中：W 为干燥剂用量（kg）；A 为防潮包装的总表面积（m^2）；r 为防潮包装材料的透湿度（g/（m^2·24h））；M 为包装的最长保护期限（月）；D 为衬垫材料的质量（kg）；k 为干燥剂的吸湿率关系系数，采用细孔硅胶时 $k = 1$；k_1 为储运地区气候的温湿度关系系数（见表 2 – 23）；k_2 为防潮包装内吸湿性衬垫材料关系系数（见表 2 – 24）。

表 2-23 储运地区温、湿度关系系数 k_1 值($\times 10^{-2}$)

气候等级	A			B			C	
温度/℃ 相对湿度/%	40	35	30	25	20	15	10	5
95	8.2	5.6	3.5	2.2	1.4	0.80	0.49	0.29
90	7.9	5.1	3.2	2.0	1.3	0.75	0.45	0.26
85	7.2	4.6	2.9	1.9	1.1	0.68	0.41	0.24
80	6.5	4.2	2.6	1.7	1.0	0.62	0.37	0.22
75	5.8	3.7	2.3	1.5	0.91	0.55	0.33	0.19
70	5.1	3.2	2.0	1.3	0.80	0.48	0.29	0.17
65	4.3	2.7	1.7	1.1	0.69	0.42	0.25	0.14
60	3.6	2.3	1.5	0.93	0.57	0.34	0.20	0.12
气候等级	A		B			C		

注：本表中的区划，以储运环境的绝对湿度值为依据

表 2-24 衬垫材料吸湿性关系系数

衬垫材料种类	k_2 值
毛织物,皮革制品	0.35
棉麻等植物纤维(包括木材、刨花)	0.3
瓦楞纸板、牛皮纸、印刷纸等纸张	0.2
泡沫塑料和橡胶	0.02

(4) 日本 JIS-Z-0301《防湿包装方法》。

干燥剂用量公式为

$$W = ARM/k + D/2 \qquad (2-24)$$

式中：W 为干燥剂用量(kg)；A 为包装外表总面积(m^2)；R 为包装材料平均透湿度($g/(m^2 \cdot 24h)$)；M 为预定储存时间(月)；D 为包装内吸湿材料重量(kg)；k 为外界气候系数(见表 2-25)。

表 2-25 外界气候条件系数(k)

包装物品放置的外界气候		k
平均温度/℃	相对湿度/%	
35~40	>90	12
30	90	20
25	80	30
20	≤70	60

（5）美军标 MIL – P – 116H《封存包装方法》。

用于非金属非刚性密封容器的干燥剂用量计算公式为

$$U = cA + xD \qquad (2-25)$$

用于刚性金属容器的干燥剂用量计算公式为

$$U = kV + xD \qquad (2-26)$$

式中：U 为干燥剂用量（每单位用量约 50g）；c 为包装的表面积系数，封套面积按平方英寸计算时 $c = 0.011$，封套面积按平方英尺计算时 $c = 1.6$；A 为容器面积（in^2 或 ft^2）；k 为体积系数，体积按立方英寸计算时 $k = 0.007$，体积按立方英尺计算时 $k = 1.2$；V 为容器内体积（in^3 或 ft^3）；x 为吸湿性材料系数，对于合成泡沫或橡胶类 $x = 0.5$，对于玻璃纤维 $x = 2$，对于黏合植物纤维或纤维板、合成纤维等 $x = 3.6$，对于木材等纤维素材料或其他吸湿性等 $x = 8$。

总之，对某一具体产品包装来说，要建立准确的干燥剂用量计算公式是困难的。以塑料防潮包装为例，国内外的干燥剂用量计算公式就有多种，但由于是面向广泛意义的防潮包装，封存体积相对较小，计算十分复杂繁琐，所以并不太适用于野战弹药封套封存。更突出的缺陷是很多干燥剂的用量计算公式没有考虑具体的封存环境要求，所以计算结果数值偏大，没有应用价值。以 7.2m × 3.6m × 2m 的封套为例，设定封套使用环境的气候条件为温度 25℃、相对湿度 90%，封存时间 T 为 3 个月（90 天）。其封套透湿率为 13g/（m^2·24h）（40℃/RH0 ~ 90%），封套表面积 A 为 95m^2，封套容积 V 为 52m^3，干燥剂以细孔硅胶为例，吸湿率取 30% 计算，则各公式计算结果如表 2 – 26 所列。

表 2 – 26 干燥剂用量计算公式比较

公式来源	表 达 式	计算结果	缺 陷
GJB 145—86	$W = 300Sry + 0.5D$	≫ 92.6kg	未考虑将库容、封存环境要求
GB 5048—85	$W = 1/k_1(kSRM + k_2D)$	≫ 975.7kg	
日本 JIS – Z – 0301	$W = SRM/k + D/2$	≫ 185.3kg	未将库容、干燥剂吸湿系数、封存环境要求考虑在内
美 MIL – P – 116H	$U = Sc + Dx$	≫ 181.8kg	未考虑封存时间、库容、干燥剂吸湿系数、封存环境要求
备注	（1）各参数意义：W—干燥剂用量；S—封套面积；R/r—透湿率；k—温湿度关系系数；k_1—干燥剂吸湿系数；M/y—储存时间（月/年）；D—包装内含湿材料重量；c，x—相关系数。 （2）表中 "≫" 为远大于，因为计算时没有将 D 计算在内		

由于上述公式缺乏针对性,特别是没有考虑具体的封存环境要求,所以计算结果数值很大,缺乏实际操作性,因此考虑建立适用于封套封存使用的干燥剂用量公式。

对封存环境透湿模型进行变换,可得干燥剂用量为

$$W = \frac{r_0 AT + KG(U_2 - U_1) + V(\alpha_1 - \alpha_2)}{\beta} \qquad (2-27)$$

该公式与现有公式比较可知,主体部分基本相同,仍为封套面积 A、封存时间 T、透湿率 r 及干燥剂的吸湿系数的函数。但该公式中的修正项将封套体积、吸湿材料的散湿量、封存环境要求都考虑在内,使公式更具有针对性和操作性。

需要指出的是,该公式中的 r_0 为实际封存环境的透湿率,即假如封存环境温度为 25℃,外部相对湿度为 90%,而内部封存要求为 70%,则 r_0 为 25℃/RH70~90% 条件下的透湿率值,而非普遍意义上的 r(40℃/RH0~90%)。仍以该封套为例,其封套透湿率为 13g/(m²·24h)(40℃/RH0~90%),则折算成在温度 25℃、相对湿度 70%~90%,则透湿率约为 0.81~1.06g/(m²·24h),取值 1.0g/(m²·24h)计算。假设封存 20t 弹药,按包装箱木材重量 15% 计算,其散湿不超过自身质量的 0.1%,其他条件不变,代入公式,则可得细孔硅胶的用量 W 为 39.3kg。

与原来结果相比,数值较为合理,更加切合实际应用。利用该计算方法获得的干燥剂用量,对弹药进行试封存,获得了良好的封存效果,试验结果证明该公式完全满足实际应用需要。

2. 动态除湿

动态除湿是通过对被控空间湿度连续地或间断地检测与控制,达到将被控空间的湿度保持在一定范围内,实现对物资器材进行干燥封存的目的。对于大型封套,高湿环境下封合时封入大量潮湿空气,如果单纯进行静态吸湿,耗时长,且硅胶用量大。这时可用动态吸湿法在较短的时间内去除封套内的大部分水分,从而为静态吸湿打好基础。

动态除湿具体分为三种方法:

(1)制冷法。将要除湿的空气送经冷却器,当空气冷却时,它所含水分的能力降低,此时即产生水分冷凝而变成水滴排出。运用制冷法除湿,仅适宜在被干燥的空气温度不会下降太低的情况。例如,在热带或亚热带气候或有加热设施的仓库条件下。

(2)加热法。运用加热法除湿仅需在除湿空间提高空气温度即可完成。这种方法无需从空气中排除水分,可使其相对湿度降低。这种方法通常需要相当

高的温度,因此不常应用。

（3）除湿机法。除湿机应用通气导管、通风机等将湿空气抽出并排出干燥空气。除湿机的结构和使用较简单,适用于野战条件下弹药封存环境的除湿,如图 2-9 所示。

图 2-9　动态除湿示意图

除湿机通常是直接放置在需除湿的空间内的,进风口和出风口都较大,但对于野战弹药用封套,不可能将除湿机放置于其中,一是占用体积,二是多个封套应配用一台除湿机以提高使用效率,因此可对除湿机进行改装。某改装方案如下:在其出风口和进风口处分别加装周边密封的通气道,在封套左、右两侧分别开一个进气口和出气口,同时专门设计了由 PVC 材料热合而成的配套通风管（ϕ100mm）,出、进气口和通风管通过铝质环形接头连接,并分别与加装在除湿机上的通气道连接,所有的接头连接处外侧均用螺卡固定以便密封。

使用时,在封套密封后启动除湿机进行除湿,除湿完毕将通气管卸下,并将封套上的进、出气口密封。由于除湿机体积较小,重量较轻,因此可随车辆携行,根据需要随时对封套进行除湿。

第三章　野战装备防晒隔热技术

温度是影响野战装备性能变化的另一重要环境因素,野外复杂多变的温度环境,使野战条件下装备的防热问题成为长期困扰我军装备综合保障的难题。本章从系统工程理论的观点出发,针对当前我军野战装备防热现状,以封套储存模式为研究对象,探讨野战条件下装备的储存防热问题。

第一节　热源特性分析

太阳辐射是地面的主要能量来源,也是地面热量平衡的重要组成部分,它对气候的形成和温度分布起着至关重要的作用。装备在野外储存过程中,无论是其直接受到的热辐射,还是环境温度的升高,这些热量都来源于太阳辐射。太阳辐射是野战装备储存条件下的主要热源。

一、太阳辐射分析

(一) 太阳辐射的光谱分布

1. 光谱组成

太阳辐射是一种电磁辐射,它既具有波动性,又具有粒子性,在本质上与无线电波没有什么差异,只是波长和频率不同而已。太阳辐射光谱包括无线电波、红外线、可见光、紫外线、X 射线、γ 射线和宇宙射线等几个波谱范围(见图 3-1),其主要波长范围为 $0.15 \sim 4\mu m$。

太阳辐射的光谱可划分为:波长小于 $0.4\mu m$ 的称为紫外波段,波长为 $0.4 \sim 0.75\mu m$ 的称为可见光波段,而波长大于 $0.75\mu m$ 的称为红外波段。红外波段还可以细分为近红外($0.75 \sim 25\mu m$)和远红外($25 \sim 1000\mu m$)两个波段,近红外主要是地表面反射的太阳红外辐射,远红外是产生热感的主要原因。表 3-1 列出了人眼可感觉到的可见光的光谱组成。

表 3-1　可见光的光谱组成

紫	兰	青	绿	黄	橙	红
400 ~ 430	430 ~ 470	470 ~ 500	500 ~ 560	560 ~ 590	590 ~ 620	620 ~ 750

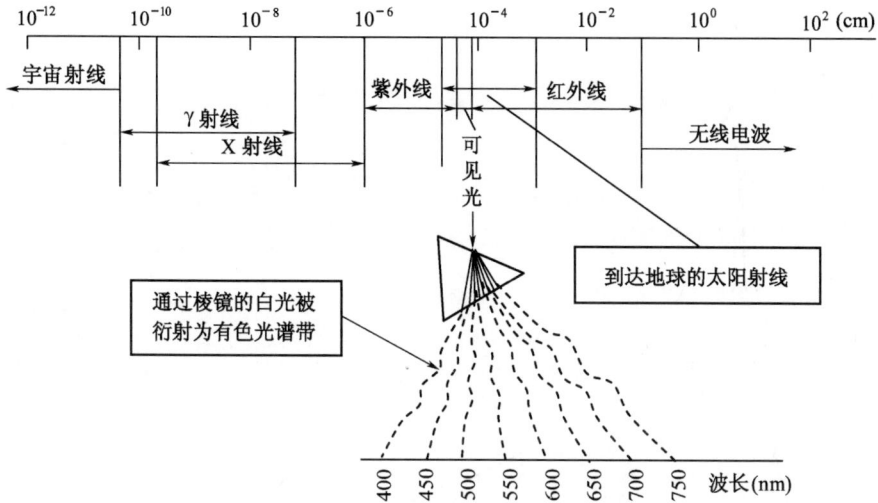

图3-1　太阳辐射的光谱

2. 光谱的能量分布

用辐射能量作为纵坐标、辐射波长作为横坐标所绘制的曲线称为太阳光谱的能量分布曲线,如图3-2所示。从图3-2可以看出,尽管太阳辐射的波长范围很宽,但绝大部分的能量却集中在 $0.22\sim4.0\mu m$ 的波段内,占总能量的99%。其中:紫外波段约占7%,可见光波段约占50%,红外波段约占43%。而能量分布最大值所对应的波长则是 $0.475\mu m$,属于蓝色光,由此向短波方向各波长具有的能量急剧下降,向长波方向各波长具有的能量则缓慢地减弱。由于地球大气层对紫外线具有较强的吸收作用,因此到达地球表面的太阳辐射能主要分布在可见光波段和红外波段。

（二）太阳辐射的变化规律

在同一平原区(不考虑纬度、海拔的变化),如不考虑大气透明系数变化的影响,则到达地面水平面上的太阳辐射具有日变化和年变化规律。图3-3所示为我国北方某城市的太阳辐射日变化和年变化曲线。

1. 日变化规律

在晴朗无云的条件下,从日出开始,随太阳高度角的增大,到达地面水平面上的太阳辐射也随着增大,到正午时刻达到最大值,午后则随太阳高度角的减小而减小,日落之后逐渐趋于零,其变化曲线近似符合正弦或余弦规律。

2. 年变化规律

到达地表水平面上的太阳辐射的年变化,也主要取决于太阳高度角的变化。在我国大部分地区,最大值一般出现在夏季,最小值出现在冬季。其具体变化规

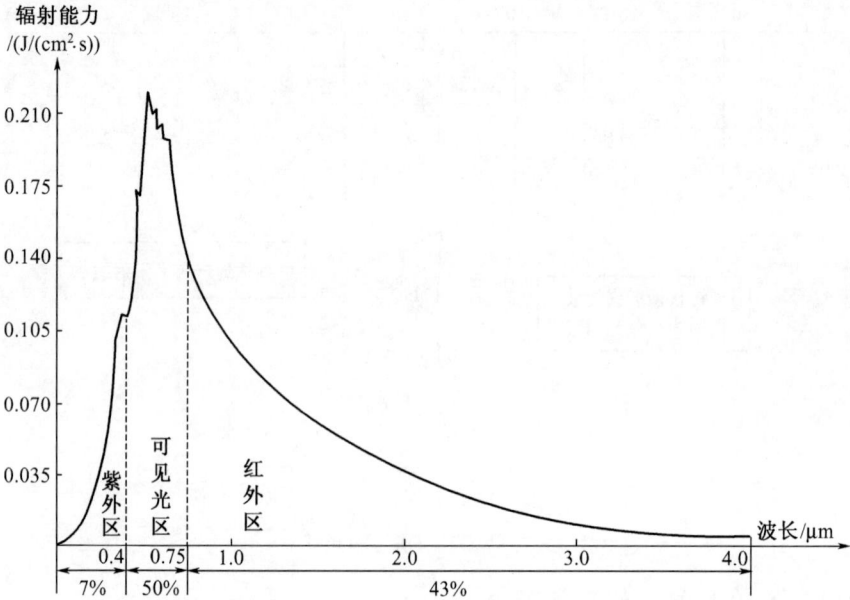

图 3-2　太阳光谱的能量分布

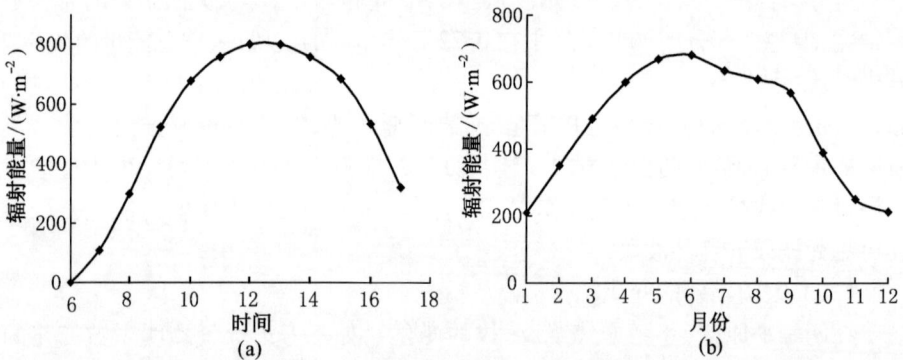

图 3-3　某市太阳辐射的日变化和年变化

律为辐射量从 1 月底开始增大,到 5 月底或 6 月初达到最大值,7 月到 9 月变化趋缓维持在一个次高值,从 9 月份开始辐射量加速减少,直到 11 月份中旬这种减少才开始趋缓,并在 1 月维持在一个较低的水平。

(三) 太阳辐射的影响因素

影响到达地面太阳辐射的因子有天文、地理、大气物理和气象等 4 个大类。其中:天文因子包括日地距离和太阳赤纬;地理因子有纬度、海拔高度;大气物理因子有纯大气消光、大气中水汽含量和大气浑浊度等;气象因子有天空总云量和日照时数。对于某一固定地点来讲,太阳总辐射主要受大气物理及气象因子等的影响。

1. 大气分子的影响

在太阳辐射的作用下,大气分子会发生电子跃迁或分子振动能级跃迁以及分子转动能级跃迁。对某种特定的物质来说,这种跃迁的能力是恒定不变的。正是由于这些跃迁,使分子吸收太阳辐射中的某些波段能量转变为分子的内能,从而使得这些波段的太阳辐射强度衰减,甚至某些波段完全不能通过大气层。大气分子中吸收作用比较显著的有:O_3、O_2(主要吸收紫外线),CO_2、CH_4、N_2O(主要吸收中、远红外)等。

2. 水汽的影响

水汽对太阳辐射的吸收主要是在红外区,其吸收带有 940nm 带、1100nm 带、1380nm 带、1870nm 带和2700nm 带。太阳辐射由于水汽的吸收,到达地表时将减少4% ~15%,因大气中水汽含量变化而异。一个计算水汽对太阳辐射吸收率的简单经验公式为

$$A(v) = 0.0946v^{0.303} \tag{3-1}$$

式中:v 为大气中水汽的柱含量,单位为 g/cm^2。对上式求一次导数得到

$$\frac{dA(v)}{dv} = 0.00286638v^{-0.697} \tag{3-2}$$

可见,随着水汽含量的增加,其吸收率的增加在减缓。目前研究普遍认为,水汽含量的变化幅度还不足以显著地影响达到地面的太阳辐射,水汽含量的变化并不是造成地面太阳辐射变化的主要原因。

3. 云量的影响

云对地面太阳辐射的影响比较复杂,云的存在会改变地气系统对太阳短波辐射的反射,其平均效果是增加了行星反照率,减少了大气和地球表面所吸收的太阳短波辐射;同时其自身作为强散射体,又能加大地面接收到的散射辐射能。云层对太阳辐射的反射和对长波辐射的吸收,还与云层的高度、厚度、含水量和云的形状、结构等有密切关系。

4. 气溶胶的影响

气溶胶粒子对太阳辐射的影响主要表现为:一方面作为云的凝结核或冰核,影响云的形成和发展,改变云的光学特性和生命期,从而间接影响到达地面的太阳辐射;另一方面气溶胶本身直接影响太阳辐射,即气溶胶粒子通过吸收和散射太阳辐射,从而影响到达地面的太阳辐射,这种影响取决于其时间和空间分布、自身的物理和化学性质(包括尺度谱分布、化学成分等)。

在影响太阳辐射强弱变化的众多因素中,可以近似假设大气成分不变,又由于大气中水汽和日照时数都与云量关系密切,因此可以认为某一固定地区的太阳辐射强度主要受云量和气溶胶的影响。

(四) 气温

表征太阳辐射的常用物理量为气温。气温即空气的温度,是表示大气冷热程度的物理量,其高低反映了空气分子运动的平均动能大小。气温与太阳辐射密切相关,同时与湿度成为气候环境的两个主要因素。

1. 温标

为了能定量表示气温,要借助于衡量温度的尺度,即温标。常用的温标有摄氏温标、绝对温标和华氏温标三种。

1）摄氏温标

把标准大气压下纯水的冰点定为0℃,沸点定为100℃,其间100等份,每一等份为1℃,这样规定的温标称为摄氏温标,记作℃。

2）绝对温标

把标准大气压下纯水的冰点定为273.15K,沸点定为373.15K,其间100等份,每一等份为1K,这样规定的温标称为绝对温标,记作K。

3）华氏温标

把标准大气压下纯水的冰点定为32F,沸点定为212F,其间180等份,每一等份为1F,这样规定的温标称为华氏温标,记作F。

三种温标之间的换算关系为

$$t = \frac{5}{9}(t_1 - 32) \tag{3-3}$$

$$T = 273.15 + t \approx 273 + t \tag{3-4}$$

式中：t 的单位为℃;t_1 的单位为F;T 的单位为K。

2. 气温变化规律

气温具有日变化的特征和规律,一天当中有一个最高值和一个最低值,最高值出现在14时左右,最低值出现在日出前后,气温日变化曲线如图3-4所示。一天当中气温的最高值和最低值之差,称为气温的日温差,它的大小反映了气温日变化的幅度。气温的日温差大小与纬度、季节、地表面性质和天气情况有密切关系。一般来说,低纬度地区比高纬度地区日温差大;夏季比冬季的日温差大;热容量和导热率较小的地表日温差大;晴天比阴天日温差大。一年中月平均气温的最高值与最低值之差,称为年温差。气温年温差的大小与纬度、海陆分布等因素有关。以上所述的气温的日变化和年变化都是周期性的,由于气温还受一

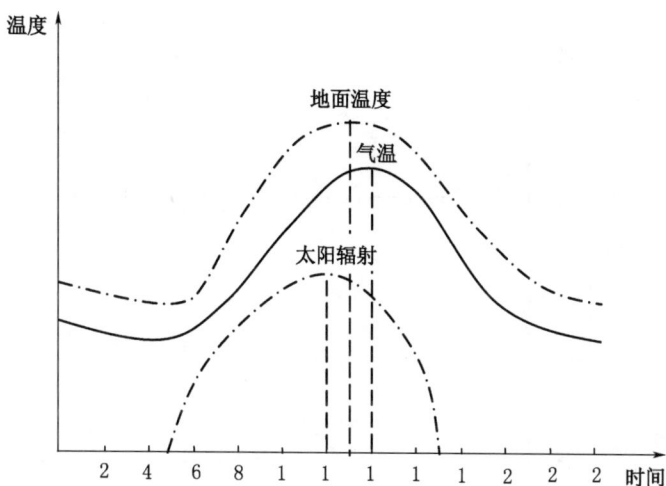

图 3 - 4　气温、地面温度、太阳辐射日变化曲线

些非周期性因素的影响,有时某个地方的气温变化可能不完全符合上述规律。例如,受西伯利亚冷气流影响时,气温会大幅度下降;受南方热气流影响时,气温会陡增。

3. 气温与湿度

大气压力是大气中各种气体的压力总和,其中水汽所产生的那部分压力称为水汽压。水汽压用 e 表示,常用单位有毫米汞柱(mmHg)、帕(Pa)和百帕(hPa)。水汽压与绝对湿度有着密切关系。当气温一定时,大气中水汽含量越多,即绝对湿度越大,水汽压也越大;反之,水汽压越小。两者之间的关系式为

$$e = a \cdot R_v \cdot T \tag{3-5}$$

式中: e 为空气中的水汽压(dyn/cm^2); a 为绝对湿度(g/cm^3); R_v 为水汽比气体常数,其值为 $4.6 \times 10^6 \mathrm{erg}/(\mathrm{g} \cdot \mathrm{K})$; T 为气温(K)。

当气温一定时,单位体积空气中所能容纳的水汽含量是有一定限度的,如果水汽含量达到了这个限度,空气就呈饱和状态,这时的空气称为饱和空气。饱和空气中的水汽压,称为饱和水汽压,用 E 表示。

当气压一定时,饱和水汽压的大小与蒸发面的温度有密切关系。温度升高,平衡水汽密度增大,水汽分子平均动能也增大。综合这两个因素,饱和水汽压随温度的升高按指数规律(可用 Magnus 经验公式表达)迅速增大。温度与饱和水汽压的关系如图 3 - 5 所示。

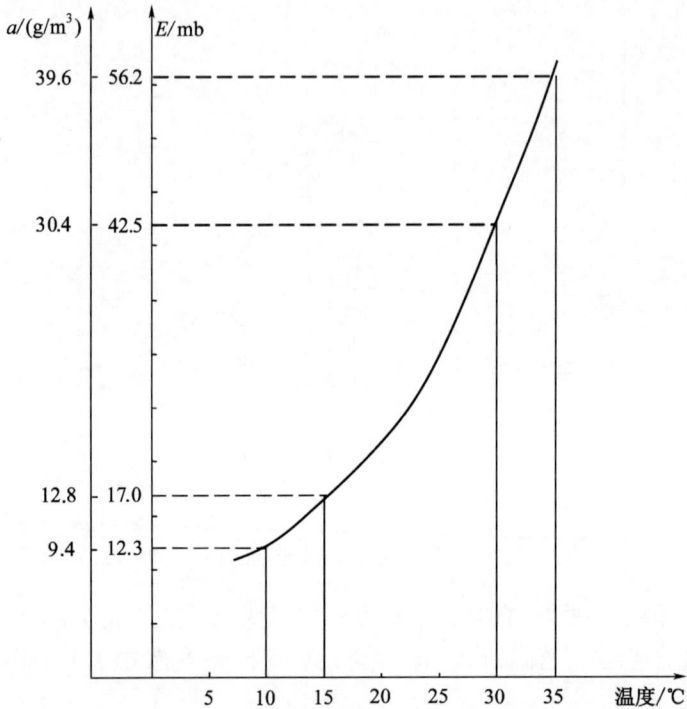

图 3 - 5　饱和水汽压随温度变化曲线

二、太阳辐射对装备作用效应

太阳辐射对装备的作用效应主要表现为光的热作用效应和化学作用效应。

（一）光热作用效应

物体吸收太阳的辐射能后就会将其转化为热能,从而促使自身温度升高。野战条件下,由于太阳辐射的直接作用或是通过外界大气的热传导和热对流作用,装备的环境温度也会不断升高。有测试表明:在未采取遮盖措施的情况下,当外界气温为 30℃时,弹药箱内温度可达 43.4℃。温度对装备的作用效应主要表现为以下几个方面:

1. 金属腐蚀

空气温度对金属腐蚀的影响,只有在相对湿度较高的情况下才比较明显,温度越高腐蚀速度越快。当相对湿度一定时,温度对金属腐蚀速度的影响呈 1.054^t 倍增长,温度升高 10℃,则腐蚀速度增加 0.692 倍。这是因为当温度升高时,金属电化学腐蚀中的 OH^- 离子扩散速度加快,使电解液电阻下降,从而提高了电化学腐蚀速度。温度的变化对金属及其制品腐蚀影响较大,特别在夏季,昼夜温差比较大,白天温度较高,夜间温度急剧下降,就很可能引起金属表面出汗,即形成水淞,加速了金属制品的腐蚀。

2. 装药变质

温度的变化会引起硝铵炸药中硝酸铵晶型的改变而发生体积变化,相互积压结块,造成起爆困难,甚至出现半爆或不爆。硝酸铵的除湿点还会随着温度的升高而不断降低,使除湿更加容易;温度超过30℃时,便会导致发射药所含剩余溶剂、樟脑和水分挥发,硝化甘油渗出,影响化学安定性;如果温度超过44℃,装有黄磷的发烟弹、燃烧弹中的黄磷药剂便会熔化从弹口渗出而发生燃烧事故。

3. 高分子材料老化

虽然大气环境中的温度并不高,但是在光、氧等因素的参与和配合下,热的因素对高分子材料的老化就起加速作用,气温越高,加速作用越大。另外,一天当中大气的温度也是不断变化的,特别是野外的昼夜温差较大,这种冷热交替的作用对某些高分子材料的老化也会产生一定的影响。

4. 电子元器件失效

装备中的电子产品大多是由金属和有机物组成,高温是降低电子及磁性元器件可靠性的一种应力方式。随着温度的上升,材料的化学、物理活性增大,导致产品的失效率增大。例如,在均匀受热的情况下,会引起老化、绝缘损坏、氧化、气体膨胀、润滑剂的黏度下降、结构上的物理性断裂、电解质干枯等,这些都会导致产品性能退化,致使最后发生退化失效。

(二)光化学作用效应

我军装备品种繁多,且广泛地使用着塑料、橡胶、纤维、涂料、黏合剂等有机材料。在光波的作用下,有机材料分子会吸收光子和其能量,引发材料内一系列反应。有机材料受光的照射,是否会引起分子链的断裂,取决于光能与离解能的相对大小及高分子化学结构对光波的敏感性。表3-2列出了各波段光的能量值和一些常见的化学键的键能。从表3-2所列数据可见,除了C≡C外大多数组成有机材料的分子键能和200~420nm波长范围内的光波能量相当,特别是小于300nm紫外波段能量高于构成常见有机材料分子的键能。

表3-2　各波段光的能量值和键能值

波长/nm	200	254	300	380	420	470	530	580	620	700
能量/(KJ/mol)	595.5	471.0	396.9	314.8	283.6	253.5	224.8	205.3	192.1	170.2
化学键	O—H	C—F	C—H	N—H	C—O	C—C	C—Cl	C—N	C—S	C≡C
键能/(KJ/mol)	460.5	441.2	414.5	389.3	364.3	347.9	328.6	290.9	276.3	615.3

事实上,由于不同波长光的作用效果不同,将会造成不同的分子降解类型。通常的有机材料都会有一个或几个敏感波段。表 3 - 3 是几种有机材料的敏感波长,由表 3 - 3 可见敏感波段大都落在 400nm 以内。

表 3 - 3 常见有机材料的敏感波长

材料	敏感波长	材料	敏感波长
聚碳酸酯 PC	280 ~ 305 及 330 ~ 360	聚甲基丙烯酸甲酯 PMMA	290 ~ 315
聚乙烯 PE	300	聚酯 PET	325
聚氯乙烯 PVC	320	ABS	300 ~ 310
聚苯乙烯 PS	318	聚氨酯 PU	350 ~ 415
聚丙烯 PP	300	尼龙 PA	290 ~ 315

发生化学反应的情况可由反应有机材料分子和被吸收光子数的比值(称为量子产率)衡量。通常有机材料发生断链的量子产率值为 $10^{-2} \sim 10^{-5}$。光老化的结果是由表及里地造成有机材料物理力学性能劣化。但需要说明的是,有机材料的光老化不仅和分子键能有关,材料的状态和合成方法及含有的杂质、环境条件等都会加速或减缓作用过程;而且有机材料制品中的一些填料、助剂、改性剂等,也会受到光的作用。

第二节 野战装备防热基本技术

装备在野战条件下由于受到周围恶劣环境的影响,性能往往变化较快。经过一段时间储存或放置以后,装备能否有效地投入使用是各级部门极为关注的问题。野战装备防热研究的目的就是要尽可能减少野外温度环境对装备质量的影响。

一、防热系统分析

野战装备防护实质上是一个安全系统工程问题。因此,需要进行系统分析,确定系统的防护需求和存在的薄弱环节,提出解决方案,以使弹药达到预定的安全目标。在这里以野战弹药为例,探讨防热指标论证及其技术路线。

(一)失效树分析

失效树分析(Fault Tree Analysis,FTA)是安全系统工程中常用的一种分析方法,这种方法把系统可能发生的某种事故与导致事故发生的各种原因之间的逻辑关系用一种称为失效树的树形图表示,通过对失效树的定性与定量分析,可找出事故发生的主要原因,为确定安全对策提供可靠依据,以达到预测与预防事故发生的目的。

以弹药为例,影响弹药质量的环境因素主要有温度、湿度、大气成分、电磁和微生物等。与之相应的弹药失效模式主要表现为金属腐蚀、火炸药性能下降、纺织和皮毛制品生霉、高分子材料老化以及电子元器件失效。通过对各种失效模式的具体分析,建立了如图3-6所示的野战弹药储存的失效树。

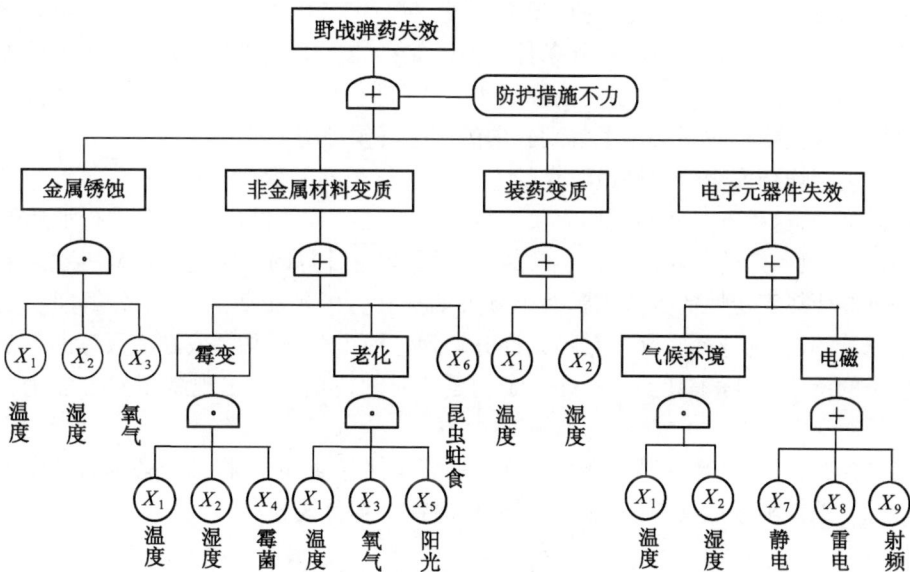

图3-6　野战弹药储存的失效树

对失效树进行简化,并运用布尔代数法,可以求出失效树的最小割集为$\{X_1\}$、$\{X_2\}$、$\{X_6\}$、$\{X_7\}$、$\{X_8\}$、$\{X_9\}$。这说明在不考虑基本事件发生概率的条件下,导致野战弹药失效最危险的因素分别是温度、湿度、昆虫、静电、雷电和射频。但实际情况是电磁环境因素和昆虫对于野战弹药失效的影响有一定概率,而温湿度因素的影响概率可视为1。因此,对温度、湿度的控制就成为野战弹药防护的重中之重。防潮在前面已有阐述,本章重点以野战弹药为例研究防热技术方法。

（二）野战装备防热指标论证

野战装备的防热指标反映了装备对储存环境温度的要求,也是衡量野战装备防护技术性能的重要指标。温度指标定的过低,不能满足野战装备安全储存的要求,不利于其完成使命任务;但盲目追求过高的温度指标,则可能在现有技术或工艺水平条件下难以实现,或无实际必要,造成经济上的浪费。因此,必须恰当地确定野战装备的防热指标。

弹药系统是由许多关键单元和重要单元所组成的一个串联系统,即:所有单元都正常工作时,系统才能正常工作;其中任一单元的失效,都会导致整个系统的失效。因此,防热必须抓住其薄弱环节。弹药在储存过程中由于环境温度原因而最容易出现质量变化的单元是弹药装药。因此,从弹药系统自身角度来说,在确定防热温度指标时,应主要以装药的安全储存性为依据。但是仅从这个方面出发显然是片面的,因为从理论上说,在一定范围内,环境温度越低越有利于装药的安全储存,然而,野外条件下弹药储存的环境温度在很大程度上是由外界气温决定的,如果防热温度指标低于外界气温过多,就将难以实现。因此,确定防热温度指标时还必须考虑到我国的实际气候环境。

确定炸药安全储存期最可靠的方法是进行长期的保管试验,但在通常的环境温度下,这种方法实验周期太长。目前多是通过在较高的温度下进行加速储存试验,测出炸药分解的动力学常数,再通过理论计算的方法进行估算。理论上表示炸药热安定性的方法主要有半分解期法和分解延滞期法,但半分解期法是不完善的,因为炸药实际上是不允许分解到这种程度的,并且该方法只考虑了单分子的反应,实际上炸药分解在一定的延滞时间以后便会出现激烈的自催化加速反应。

为此,估算炸药在某一环境温度下的安全储存期,可以将其分解延滞期作为指标。根据阿累尼乌斯公式可以得到延滞期计算公式为

$$\ln\tau = B + \frac{E}{RT} \tag{3-6}$$

式中:τ 为热分解延滞时间(s);B 为常数,取决于炸药分解动力学常数的指前因子和终点分解深度;E 为活化能(J/mol);T 为储存温度(K);R 为气体常数,$R = 8.3143\text{J}/(\text{K} \cdot \text{mol})$。

实验研究表明,一般炸药分解约 1% ~2% 就进入加速分解期,因此可取 2% 的分解量作为分解延滞期的计算基准。把炸药的分解动力学数据代入公式,便可计算出炸药在不同温度下的热分解延滞期,如表 3-4 所列。可以看出,随着环境温度的升高,各种炸药的分解延滞期均变短。但在 40℃ 时,即使热安定性较差的硝化甘油和硝化棉的延滞期也都在一年以上,而储存环境温度是周期性变化的,不可能一直保持在 40℃,因此炸药实际的安全储存期将更长,完全可以满足野战弹药储存几个月以上的要求。表 3-5 列出了发射药在不同环境温度下储存 50 年后的剩余能量。

表 3-4 不同温度下炸药热分解延滞期

炸药	热分解延滞期/d			
	30℃	40℃	50℃	60℃
梯恩梯	1.97×10^9	4.06×10^8	9.21×10^7	2.3×10^7
硝化棉	2.16×10^3	496	132	35
太安	1.53×10^6	1.94×10^5	2.8×10^4	4.53×10^3
黑索金	1.71×10^8	2.66×10^7	4.66×10^6	9.06×10^5
硝化甘油	6.24×10^3	720	98	15

表 3-5 发射药在不同环境温度下储存 50 年后的剩余能量

发射药	环境温度/℃		
	30	40	50
单基发射药	99.9%	99.2%	94.7%
双基发射药	99.9%	99.3%	95.4%
三基发射药	100%	100%	100%
固体推进剂	99.2%	96.8%	82.2%

我国大部分地区最热月份的气温都超过了 30℃，部分地区甚至超过了 40℃，因此，在野战条件缺乏高质量的库房的情况下，要想将弹药储存的环境温度保持在我军规定的 30℃ 以下的要求将很难达到。但通过上面的分析可以发现，当环境温度控制在 40℃ 以下时，弹药在经过长期储存后，其装药的能量并未出现明显减少，且安全储存性也可满足野战弹药储存期限的要求。另外，通过查阅资料，在该温度下储存弹药时，也不会对弹药的金属制品、高分子材料、电子元器件等其他组件的储存性能造成明显的影响。因此，综合上述分析，可将野战弹药的储存防热指标定为环境温度应控制在 40℃ 以下。

（三）防热技术研究路线

解决野战弹药的防热问题，必须从两个方面入手：一是提高弹药防护装备自身的隔热性，在现有的工艺制造水平下，进行必要的防热设计，从根本上提高弹药对温度环境的适应性；二是采取有效的防热措施，改善野战弹药储存的局部环境条件，将恶劣环境条件对弹药装备的不良影响降到最低。在这里只讨论第二个方面。

目前，我军对野战弹药的储存尚没有专门防热装备，野战条件下，由于缺少高质量的永久性库房，弹药只能采取简单的遮盖措施。通常用于遮盖的材料主要有盖布和伪装网，二者都能使弹药避免阳光直射。但是，盖布对阳光辐射具有较高的吸收率,极易引起弹药垛顶的温度升高,并通过热传导的方式作用于底层弹药箱;伪装网由于表面布满网孔,在外界气温较高时,也会使外界热量通过对流作用对弹药垛进行加热。同时,盖布和伪装网也不能实现对弹药的密闭储存,解决不了野战条件下弹药的防潮防水等问题,因此它们不能作为野战弹药储存防热的主要装备。

而封套封存技术可以在装备周围人为地创造一个适合于装备储存要求的小气候环境,以防止雨雪、沙尘、潮气、微生物、阳光及有害气体的侵蚀和影响,阻止或延缓被包装物的腐蚀和霉变,达到长期封存装备的目的。由于封套具有适应性广、体积小、重量轻、成本低、封存可靠等优点,因而其非常适用于野战弹药的防护,近十几年来在国内得到了迅速地发展。但以往国内外对于封套的研究多集中于防潮方面,目前使用的封套并不具有隔热作用。因此,如果能对封套的结构及材料进行适当的改进,进一步提高其隔热性能,它便可为野战弹药提供更为全面的防护。基于以上分析,考虑以封套储存弹药模式为基础,来研究野战弹药的储存防热问题。

二、常用防热技术

防热的一般技术方法包括遮阳隔热技术、涂料隔热技术和通风散热技术。

(一) 遮阳隔热技术

遮阳隔热是利用建筑外围护结构的附加物遮挡太阳辐射,防止阳光过分照射外围护结构或通过门窗进入室内,减少外围护结构表面的热量获得及传入室内的太阳辐射热量,从而达到改善室内热环境的目的。遮阳设施的隔热作用主要体现在两个方面:一是通过遮蔽不透明或透明表面来限制直射太阳辐射进入室内;二是限制散射辐射和反射辐射进入室内。

遮阳按形式大体上可分为选择性透光遮阳和遮挡式遮阳。选择性透光遮阳是利用窗玻璃或粘贴在玻璃上的贴膜等对阳光具有选择性吸收、反射(折射)和透射特性的材料来达到控制太阳辐射的一种遮阳方式。常见的有热反射型镀膜玻璃、吸热型有色玻璃、低辐射玻璃和贴在窗玻璃上的热反射薄膜等。遮挡式遮阳是利用遮阳设施阻挡阳光进入室内的遮阳方式,如利用挑檐、外廊、阳台等结构来遮挡直射阳光,实现建筑隔热。常见的形式有水平式、垂直式、挡板式、综合式遮阳和内外遮阳帘式等5种。水平式能够遮挡从上方射来的阳光;垂直式能够遮挡从两侧斜射来的阳光;挡板式能够遮挡平射过来的阳光;综合式遮阳是水平式同垂直式组合形式,能同时遮挡从上方和左、右两侧射来的阳光;而内外遮阳帘式是在窗户内外面用苇、竹、木或布、铝合金、塑料、玻璃等制成的布窗帘、百叶窗帘、遮阳蓬、穿孔板、花格板等固定或活动的外遮阳设施遮挡直射阳光。

（二）涂层隔热技术

隔热涂料是通过阻隔、反射、辐射等机理来降低被涂物内部的热量积累，从而达到改善工作环境或安全等目的的一种功能性涂料。一般将隔热涂料分为阻隔型、反射型和辐射型隔热涂料三类。

1. 阻隔型隔热涂料

阻隔型隔热涂料的隔热机理比较简单，通常以表观密度小、内部结构疏松、气孔率高、含水率小的材料作为轻骨料，依靠黏结剂作用使其结合在一起，直接涂抹于装备或墙体表面形成具有一定厚度的保温层，从而达到隔热保温的功效。常用的保温轻骨料通常有膨胀珍珠岩、膨胀蛭石、发泡聚苯乙烯、空心微珠和矿岩棉等。目前，使用最多的是玻璃或陶瓷空心微珠。对于掺入中空微珠的复合材料，一方面，中空微珠导热系数低，当热流遇到中空微球时将会出现分流，使其传递路径变长并复杂化，导致复合材料的传热性能下降；另一方面，在涂料固化成膜过程中，空心微珠将进行多级组合排列，形成一层热缓冲层，阻隔热量传递，从而实现良好的隔热效果。

2. 反射型隔热涂料

反射型隔热涂料就是通过反射可见光及红外光的形式来隔绝太阳光能量。通过选择合适的树脂、颜填料及生产工艺，便可制得高反射率的涂层来反射可见光及红外光，以达到隔热的目的。

反射型隔热涂料中的颜填料对太阳光的作用主要以散射为主，而散射比 m 定义为颜料与树脂折光系数的比值，即 $m = n_p/n_r$，式中：n_p 为颜料折光系数，n_r 为树脂折光系数。因此，颜料和树脂折光系数的比值越大，涂料对太阳光辐射的散射能力就越强，反射能力也越强。一般情况下，树脂的折光指数为 $1.45 \sim 1.5$，差别并不大。所以要达到高散射比，必须选取折光系数高的颜料，几种常用颜填料的折光系数如表 3-6 所列。从表 3-6 可以看出，金红石型钛白粉折射率最高，对可见光有强烈的反射，因此隔热效果最好。

表 3-6　常用颜填料的折射系数

名称	折光系数	名称	折光系数
TiO_2（金红石型）	2.8	$BaSO_4$	1.64
TiO_2（锐钛型）	2.52	$MgSO_4$	1.58
ZnO	2.2	SiO_2	1.54
锌钡白	1.84	Al_2O_3	1.7
滑石粉	1.59	Fe_2O_3	2.3

3. 辐射型隔热涂料

通过辐射的形式把物体吸收的日照光线和热量以一定的波长发射到空气中,从而达到良好的隔热降温效果的涂料,称为辐射型隔热涂料。辐射隔热涂料是通过使抵达物体表面的热辐射转化为热反射电磁波辐射到大气中而达到隔热的目的,因此此类涂料的关键技术是制备具有高热发射率的涂料组分。

红外涂层的光谱发射率可表示为

$$\varepsilon_\lambda = (1 - R_e) - \frac{(1 - R_e)^2 (1 - F)}{(1 - F)(1 - R_e) + 2n^2 F} \qquad (3 - 7)$$

$$F = \sqrt{\frac{A}{A + 2S}}$$

式中:R_e 为涂层表面反射率;n 为折射率;A 为吸收系数;S 为散射系数。

通过对该公式求偏微分可知,要提高涂层的红外发射率,关键因素是降低散射系数 S,提高吸收系数 A。研究表明,通过合理选材、调整工艺,可以控制微晶的成核生长,使微晶粒成细密分布,大幅降低散射系数 S;利用杂质效应,可以提高吸收系数 A。

(三) 通风散热技术

采用通风的方法对物体进行散热主要是通过热压和风压两种作用来实现的,如图 3 - 7 所示。

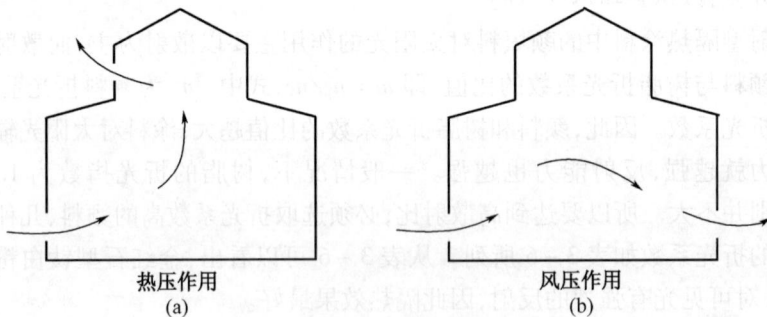

图 3 - 7 热压和风压通风原理

1. 热压通风原理

当室内外空气存在密度差时,密度小的空气向上运动,密度大的空气向下运动而形成的自然通风,称为热压作用的自然通风。室内空气由于围护结构的传热、辐射或太阳的直接辐射而吸收大量的热,当其温度高于室外空气温度时,可以利用热压的抽吸作用或烟囱效应,将室内的热空气排出、室外的冷空气引入以达到降温的作用。

热压通风压力的计算公式根据空气膨胀系数 β 的定义,可以表示为

$$\Delta p = \rho_0 g h \beta (T_n - T_0) \tag{3-8}$$

式中: ρ_0 为室外的空气密度 (kg/m^3) ; h 为进出气流中心的高度 (m) ; T_n、T_0 为室内外的平均气温 (K)。

2. 风压通风原理

风压通风就是利用建筑的迎风面和背风面之间的压力差实现空气的流通,达到降温效果。当室外气流与建筑物相遇时,由于建筑物的阻挡,建筑物四周室外气流的压力分布将发生变化,迎风面气流受阻,动压降低,静压增高,形成正压区;在背风面及屋顶和两侧,静压减小,形成负压区。如果建筑物上开有窗孔,气流就从正压区流向室内,再从室内向外流至负压区,形成风压通风。

风压通风的压力大小主要取决于风速和由建筑各面尺寸及其与风向间的夹角所决定的风压系数,可表示为

$$\Delta p = \frac{1}{2}\rho(C_{p1}v_1^2 - C_{p2}v_2^2) \tag{3-9}$$

式中: Δp 为风压 (Pa) ; ρ 为空气密度 (kg/m^3) ; C_{p1}、C_{p2} 分别为迎风面和背风面的风压系数; v_1、v_2 分别为迎风和背风风口的风速 (m/s)。

(四)绿化隔热技术

绿化隔热是一种常见的防热手段,特别是在建筑物的环境降温中得到了广泛的应用。绿化之所以能起到降温作用,主要在于绿色植物能够遮挡并吸收太阳辐射能。一方面,植物冠盖、叶片通过散射和反射作用将部分作用太阳辐射热传回大气中,减少了物体表面对太阳辐射热的吸收;另一方面,绿色植物能通过自身的光合作用,将吸收的太阳辐射能转化为化学能,并通过蒸腾作用从周围环境中吸收大量的热量,从而改善热环境。

第三节　野战弹药封存防热技术

野战装备防热技术研究是一个包含理论分析和工程实践的复杂问题。理论分析包括环境热源特性分析及系统传热模型建立,工程实践则包括防热结构材料设计以及防热效能试验验证。本节以封套封存状态下的野战弹药防热研究为例,探讨野战条件下装备的防热技术方法。

一、热环境及影响因素分析

通过分析野战弹药封存系统的光热环境、建立封套传热模型、探讨影响封套

传热的因素,可以进一步了解野外热源的作用效应及作用过程,从而为封套防热的系统设计提供理论依据和技术指导。

(一) 野战弹药封存光热环境

野外环境下,封套经受着各种自然因素的周期性影响,如太阳辐射、地面反射和辐射、气温、风、雨、雪等。这些因素与封套表面不断地进行着热能交换,共同构成了封套的光热环境(见图3-8)。

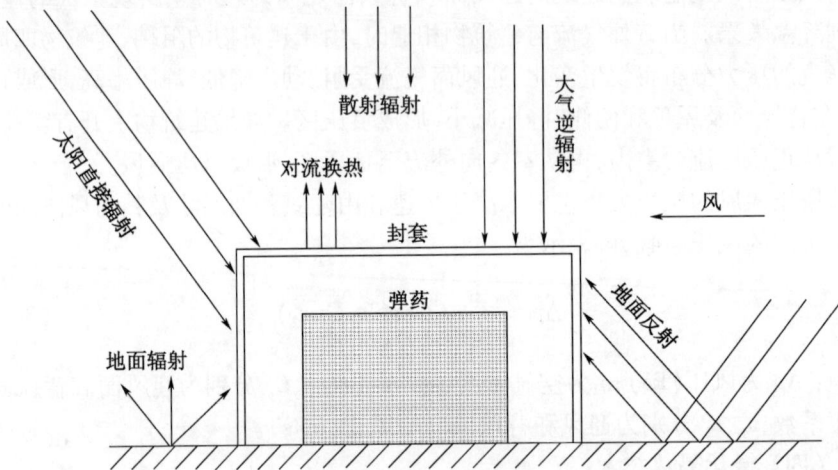

图3-8 封套的光热环境

1. 太阳辐射

太阳光在穿透大气层到达地球表面的过程中,要受到大气中各种成分的吸收及大气与云层的反射,最后以直射光和散射光的形式到达地面。因此,到达地面的太阳总辐射包括直接辐射和散射辐射两部分。

1) 直接辐射

太阳以平行光线的形式直接投射到地面上的辐射,称为直接辐射。这部分能量的波长主要集中在 $0.3 \sim 3.0\mu m$ 之间,所以又称为短波辐射。太阳直接辐射的强弱主要跟太阳高度角和大气透明度有关。高度角越小,单位面积上所获得的太阳辐射就越少;大气透明度越低,大气对太阳直接辐射的削弱程度越大。

2) 散射辐射

太阳散射辐射是指太阳光被空气分子、沙尘、云雾等质点散射时而投射到地面上的辐射。散射辐射的大小,决定于太阳高度角、大气透明度、云量、云状等因素。晴天条件下,散射辐射随着太阳高度角的增加而平滑地升高。晴天平均大气透明度情况下,散射辐射是总辐射的 3% ~ 20%,大气较浑浊时为总辐射的 30% 左右;有云时散射辐射比晴天大,最有效的散射云状是 Ac、Cu、As、Sc,但是厚云覆盖和低太阳高度角时,散射辐射并不大。

2. 大气逆辐射

大气中的云、CO_2、水汽和气溶胶等对太阳辐射的直接吸收很小,但是它们对长波的吸收能力很强,能吸收 75% ~95% 的地表辐射,并转换为自身的热能,以长波辐射的方式向外辐射能量,构成大气辐射,其中投射到地面的部分称为大气逆辐射。其大小可表示为

$$Q_{skv} = \varepsilon\sigma T_{skv}^4 \qquad\qquad (3-10)$$

式中:Q_{skv} 为大气逆辐射;ε 为大气发射率,晴天取 0.82,阴天取 0.94;σ 为斯蒂芬 – 玻尔兹曼常数,其值为 $5.67 \times 10^{-8}W/(m^2 \cdot K^4)$;$T_{skv}$ 为天空有效温度(K)。

天空有效温度可表示为

$$T_{skv} = 0.0552T_a^{1.5} \qquad\qquad (3-11)$$

式中:T_a 为气温(K)。

3. 地面的热反射与热辐射

到达地面的太阳总辐射总有一部分被地面反射回大气中,称为地面短波反射辐射,简称地面反射辐射。地面反射能力的大小用反射率表示,它主要取决于太阳辐射的入射方式(入射角及方位)和地表的特征及状态,如颜色、湿度和粗糙度等。

另一部分太阳辐射则被地面吸收,引起地面温度升高,地面温度升高以后便会向外辐射热量,称为地面热辐射。物体发出辐射能量的大小主要取决于物体温度的高低,其次还与其表面状态有关。科学实验表明,物体辐射强度与其绝对温度的 4 次方成正比。因此,地面温度越高,地面的热辐射能力就越强。其大小可表示为

$$Q_r = \varepsilon\sigma T_{sur}^4 \qquad\qquad (3-12)$$

式中:ε 为地面的发射率;T_{sur} 为地面的绝对温度(K)。

4. 封套表面的对流换热

封套表面吸收太阳热辐射后,温度逐渐升高。当其温度高于周围空气温度时,它就会通过对流换热的方式把自身的部分热量传给空气;同样,当其表面温度低于周围空气温度时,又将通过热对流的方式获得空气中的热量。封套单位时间单位面积的对流换热量为

$$Q_h = h(T_f - T_a) \qquad\qquad (3-13)$$

式中:h 为封套表面的换热系数($W/m^2 \cdot ℃$);T_f 为封套表面温度;T_a 为空气温度。

封套表面的换热系数大小与封套自身的材料性质无关,而取决于封套表面的粗糙度、空气的粘滞系数等,并且和风速密切相关,风速越大,h 值就越大。

(二) 野战弹药封存传热模型

为了研究封套传热量的变化规律,通过合理假设可构建封套传热的数学模型,建立封套表面的热流量方程和热平衡方程。通过数值计算,可直观地比较各因素对封套传热的影响。

该数学模型建立在相关假设的基础上,具体假设如下:

首先,假设封套为长方体,表面为灰体材料,温度均匀分布。由于封套内部的传热量绝大部分来自其顶面,并且其侧面受太阳辐射及地面辐射的情况较为复杂,因此建模时只以其顶面为研究对象建立方程,则总的传热量可以根据经验乘以系数 K。

其次,太阳辐射和气温都是处于不断的变化之中,而且易受偶然因素影响。通过查阅资料,在天气晴朗的条件下,可将其近似地看作按正弦或余弦规律变化,即

$$Q_0 = \begin{cases} Q_m \cos[\pi(t-12)/14] & 5 < t < 19 \\ 0 & t < 5 \text{ 或 } t > 19 \end{cases} \tag{3-14}$$

$$T_a = \overline{T} + \frac{\Delta T}{2} \sin[\pi(t-8)/12] \tag{3-15}$$

式中: Q_0 为太阳总辐射(W/m^2); Q_m 为一天当中太阳总辐射的极大值; T_a 为大气温度(℃); $\overline{T}$ 为日平均温度(℃); ΔT 为气温日较差(℃)。

再次,封套表面温度也是不断变化的,并且由太阳辐射、气温、换热系数及其自身的发射率和吸收率等共同决定。在此假设其按正弦规律变化,则有

$$T_f = \frac{T_{f\max} + T_{f\min}}{2} + \frac{T_{f\max} - T_{f\min}}{2} \sin[\pi(t-7)/12] \tag{3-16}$$

式中: T_f 为封套表面温度; $T_{f\max}$ 为封套表面一天中最高温度; $T_{f\min}$ 为封套表面一天中最低温度。

在上述假设的基础上,建立了以下数学模型。

1. 热流量方程

由于封套表面很薄,忽略其自身的蓄热。它吸收太阳总辐射和大气逆辐射,这些热量一部分与空气进行对流换热,一部分以热辐射的方式发射到空气中,其余的部分传入封套内部。因此,封套单位时间、单位面积表面上的热流量可用数学公式表示为

$$Q = \alpha_f \cdot Q_0 + \alpha_f \cdot Q_{sky} - Q_f - Q_h$$

$$= \alpha_f \cdot Q_0 + \alpha_f \cdot \varepsilon \sigma T_{sky}^4 - \varepsilon_f \sigma T_f^4 - h(T_f - T_a) \qquad (3-17)$$

式中：Q_0 为太阳总辐射；Q_{sky} 为大气逆辐射；Q_f 为封套表面的热辐射；Q_h 为对流换热量；α_f 为封套表面的热吸收率；ε_f 为封套表面的热发射率；h 为封套表面的换热系数；T_f 为封套的表面温度；T_a 为空气温度。

2. 热平衡方程

日出后，封套表面吸收太阳的辐射能，温度不断升高，随着温度的升高封套的热辐射也不断地增大，但一开始还是比其吸收的太阳辐射能小，吸收的热量大于释放的热量，其温度继续升高。正午时分，太阳辐射达最大值，而后开始逐渐减小，此时封套温度还在增加，热辐射继续加强。直到某一时刻封套释放的热量与其吸收的热量相等，封套表面传热达到第一个平衡态，即 $Q = 0$，此时封套表面温度最高为 T_{fmax}。

然后，随着太阳辐射的逐渐减少，封套表面释放的热量大于其吸收的热量，温度不断地降低。当封套表面温度低于外界气温时，其表面就通过对流换热的方式从空气中吸收热量，但刚开始封套表面吸收的热量还是小于释放的热量，表面温度继续降低。与此同时，其表面与空气的温差也不断增大，从空气中吸收的热量逐渐增多，直到吸收的热和释放的热相等，封套表面传热达到第二个平衡态，即 $Q = 0$，此时封套表面温度最低为 T_{fmin}。

综合上述分析，封套表面的热平衡方程可表示为

$$\alpha_f \cdot Q_0 + \alpha_f \cdot Q_{sky} - Q_f - Q_h = 0 \qquad (3-18)$$

式（3-18）中各参量含义同式（3-17），把上述相关算式代入便可计算出 T_{fmax}、T_{fmin}。

（三）封套传热的影响因素

野战条件下，封套表面吸收的净热量由太阳辐射、气温、风速以及其自身的热发射率和吸收率等因素共同决定。而太阳辐射、气温、风速等自然因素都是动态变化的，因此封套的吸热量也是动态变化的。为了研究封套表面的传热规律，在缺少气象资料的情况下，可以对某些气象因素做一个假设，而后再进行分析。在这里假设气温的日较差为 10℃，取各组参数如表 3-7 所列（根据热平衡方程计算的 T_{fmax}、T_{fmin} 一并列入表中）。把式（3-14）~式（3-16）代入式（3-17），并用 Matlab 软件对所选取的参数进行计算，便可得到各时间段内传入封套内部的热量（简记为封套传热量）及其表面热流密度的变化，在此主要分析 8:00~16:00 这一较热时间段内封套单位面积上的传热情况。

表 3 - 7　各组因素取值

序号	$Q_m/(\text{W}/\text{m}^2)$	$\bar{T}/\text{℃}$	α_f	ε_f	$h/(\text{W}/(\text{m}^2 \cdot \text{℃}))$	$T_{f\max}/\text{℃}$	$T_{f\min}/\text{℃}$
1	700	25	0.8	0.8	10	57.1	12.1
2	800	25	0.8	0.8	10	61.8	12.1
3	700	30	0.8	0.8	10	61.7	17.2
4	800	25	0.9	0.8	10	68.3	14.1
5	700	30	0.8	0.9	10	57.7	14.6
6	700	30	0.9	0.9	10	63.7	16.7
7	800	25	0.8	0.8	15	54.4	14.2

1. 太阳辐射的影响

图 3 - 9 所示曲线由 1、2 组参数确定,由图 3 - 9 可知,从上午 8 时开始,两封套传热量均逐渐增大,但太阳辐射极大值为 800W/m² 时的封套的传热量增加地更快,到 13 时左右两者之差达到最大值,为 17.1W · h。这说明在其他条件相同的情况下,太阳辐射强度越大,传入封套内部的热量越多。同时,比较曲线 3、4 可知,上午前者高于后者,中午 12 时之后前者又逐渐低于后者,说明太阳辐射强度越大,封套的表面热流密度波动也越大。

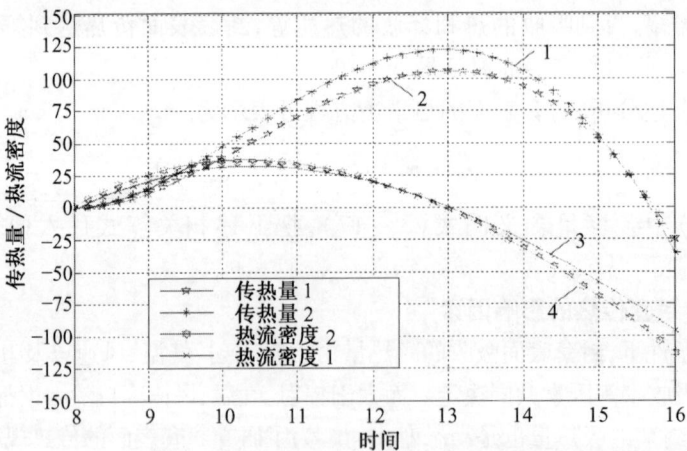

图 3 - 9　太阳辐射对传热量的影响

2. 气温的影响

参数组 1、3 的平均气温分别为 25℃ 和 30℃,其他参数相同,其确定的曲线如图 3 - 10 所示。曲线 3、4 几乎重合,曲线 1 在中午时段略高于曲线 2,这表明在其他条件相同的情况下,气温的升高对封套表面的热流密度和传热量影响并

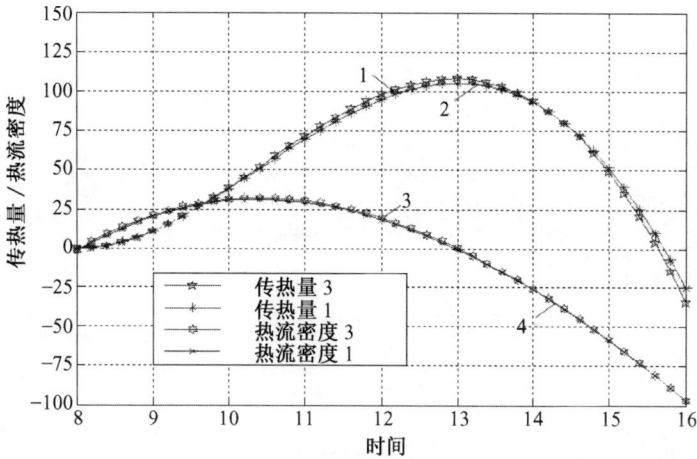

图 3 - 10　气温对传热量的影响

不显著,甚至可以忽略。这似乎与通常所说的气温越高,传入封套内的热量越多相矛盾,但仔细分析其原因在于:在其他条件相同的情况下,气温越高,封套表面温度也越高,向外辐射的热量也越大,这与气温升高的作用相抵消。因此,通常所说的气温高,其实暗含着一个条件,即太阳辐射也强。

3. 吸收率和发射率的影响

图 3 - 11(a)所示的曲线分别由 2、4 组参数确定。由图 3 - 11(a)可知,热吸收率为 0.9 时,封套的传热量和表面的热流密度均大于吸收率为 0.8 时相应的值,两者最大分别相差 36.6W·h 和 9.1W/m²。这表明吸收率越大,传入封套内部的热量就越多,而且这种影响较为显著。

比较图 3 - 11(b)所示的曲线 2、3 和 5、6 可知,封套表面热发射率的提高,只是使其传热量和表面的热流密度略有减小,但这种影响并不显著。分析其原因主要是:热发射率的提高虽然使封套表面向外辐射的热量增大,但其表面的温度下降速度也增大,从而使之与空气的对流作用减弱,这两种作用在一定程度上相互抵消。比较曲线 1、2 和 4、6 可知,同时提高封套表面的吸收率和发射率,封套表面的传热量和热流密度仍明显增大,两者之差最大分别达到 27.3W·h 和 6.1W/m²,这说明热吸收率对传入封套内热量的影响远大于发射率的影响。

4. 对流换热系数的影响

对比图 3 - 12 中的曲线 1、2 和 3、4 可知,对流换热系数从 10W/(m²·℃)提高到 15W/(m²·℃)时,封套的传热量和表面热流密度均有所减小,二者最大分别减小 23.7W·h 和 10.8W/m²。由此可见,对流换热系数越大,传入封套内

95

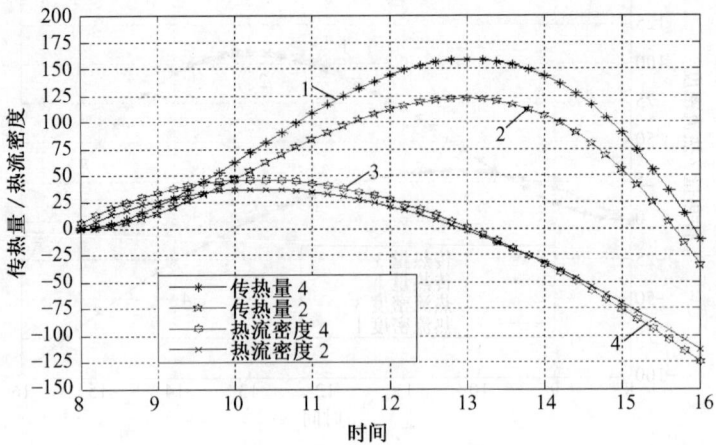

(a)

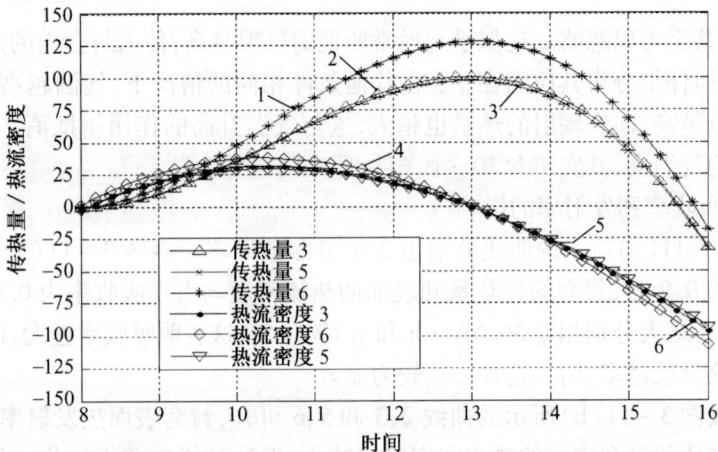

(b)

图 3 – 11　吸收率和发射率对传热量的影响

(a) 吸收率的影响;(b) 发射率及吸收率与反射率的共同影响。

的热量越小。对于某一固体物质而言,其对流换热系数与风速密切相关。一般来说,风速越大,对流换热系数也越大,因此传入封套内的热量就越小。

综合以上分析可以发现,在野战条件下,为减少封套内热量的传入,可采取措施主要包括:(1) 对太阳辐射进行屏蔽,如对封套进行遮盖或将其置于阴凉处等;(2) 加强封套表面的对流通风,增大其与外界空气的对流换热;(3) 改进封套材料或采用合适的涂层,来提高封套表面的热反射率和发射率或降低热吸收率。

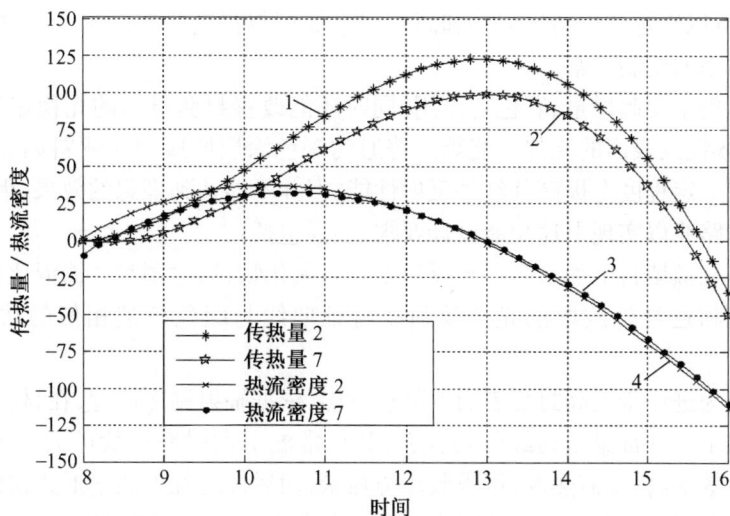

图 3 - 12　换热系数对传热量的影响

二、野战弹药封存隔热材料

根据前面防晒隔热技术的研究结果,在野战条件下,为减少封套内热量的传入,可采取屏蔽太阳辐射、加强封套表面对流通风、提高封套表面的热反射率和发射率或降低热吸收率等措施。对用于屏蔽太阳辐射的篷布材料和用于密封防潮的封套材料,均可采用材料改性的方法,提高其隔热效果。常用的隔热方法包括阻隔或反射两类,其中阻隔法因受篷布和封套材料厚度、单位面积重量的限制,不能适用于野战弹药防护。因此,这里采用光、热反射的方法来提高封套材料的隔热性能。

(一)功能设计

由于太阳辐射能量主要集中于可见光区和近红外区,因此防晒隔热材料表面热反射涂层应具有对可见光和近红外光的高反射率,才能实现较为理想的隔热效果。但是作为野战条件下使用的装备防护器材,还要必须要考虑其抗侦察,尤其是抗可见光和近红外侦察的能力。因此,防晒隔热材料颜色应为军绿色,并且其在可见光和近红外波段的光谱反射率特征曲线与绿色植被相似,从而可以具有良好的隔热、伪装功能。此外,防晒隔热材料还应具有良好的热封性能及防静电性能。

(二)配方设计

篷布和封套材料表面热反射涂层的光、热反射性能是衡量上述功能设计的要求是否实现的重要依据,而由于颜填料对涂层的反射能力有着至关重要的影响,因此可以确定利用高反射率和高发射率颜填料提高篷布和封套材料的反射率和发射率的研制方案。

颜填料主要起增量、着色的作用,同时还能改善封套材料的光稳定性、热稳定性、耐候性及表面的光热性能等。普通的深色涂层所应用的颜料如氧化铬绿等虽能在一定程度上提高其红外反射性能,但并不能达到理想的效果,因此采用如下技术路线以实现上述功能设计要求,主要包括:

一是在颜填料中加入多种高反射率金属氧化物,通过调整其掺混比例,达到在可见光和近红外波段的光谱反射率特征曲线与绿色植被相似的功能设计要求。

二是为进一步提高封套表面的隔热性能,依据辐射制冷原理,在材料的配方中还添加了一种常温型远红外陶瓷粉,其在常温下发射率一般可大于85%,且光热转换效率高、无需热源,可吸收环境热量,而后以远红外能量形式输出。

三是采用复合配色的方法提高防晒隔热材料的红外反射率,确定配色方案为黄+蓝=绿色。黄色颜料选择中铬黄,其色泽鲜亮、遮盖力较好;蓝色颜料选择酞青蓝,而由于二氧化钛具有折光指数高、遮盖力强的特点,故将它也作为一种主要的颜填料。

四是采用某种特殊类型的炭黑作为调色所必需的黑色颜料。普通黑色颜料,因具有很高的吸收率,对提高防晒隔热材料的红外反射率具有严重的负面影响。所用的特种炭黑,采用特殊工艺制成,对太阳光中的红外线反射率可以达到45%;而传统的炭黑颜料对红外线的反射率只有5%,因此特种炭黑对防晒隔热材料的研制成功起到了至关重要的作用。

通过以上的分析与多次试验测试,确定封套材料参考配方如表3-8所列。

表3-8 防晒隔热材料参考配方

序号	组分	用途	质量分数
1	PVC	树脂	46.69%
2	DOP	主增塑剂	20.89%
3	ESO	辅助增塑剂	2.98%
4	BE-220	稳定剂	2.96%
5	UV-9	光稳定剂	0.3%
6	抗静电剂P18	抗静电剂	5.97%
7	高反射率金属氧化物	红外反射填料	13.2%
8	远红外陶瓷粉	红外发射填料	2.90%
9	二氧化钛	颜料、红外反射填料	2.90%
10	酞青蓝	颜料	0.04%
11	中铬黄	颜料	1.07%
12	镉红	颜料	0.04%
13	特种炭黑	颜料	0.06%

（三）结构设计

防晒隔热封套材料结构由基布、两侧对称的胶黏剂与防晒隔热层组成。防晒隔热层按照前述配方采用压延方法与基布复合在一起，通过热反射和光反射，降低封套材料所吸收的热量，同时通过远红外陶瓷粉将部分吸收的热量发射出去，进一步减少封套吸收的热量。封套材料结构如图 3 - 13 所示。

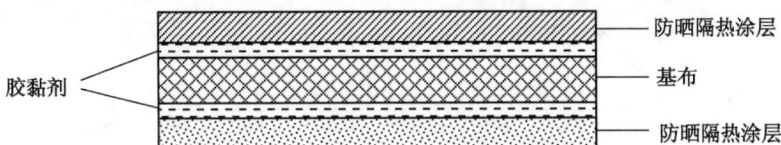

图 3 - 13　防晒隔热封套材料结构示意图

防晒隔热篷布材料的结构由基布、两侧对称的胶黏剂、防晒隔热层和涂铝热发射涂层组成，防晒隔热层按照前述配方采用压延工艺复合在基布的一面，涂铝热发射涂层采用刮涂工艺复合在基布的另一面。如图 3 - 14 所示。涂铝热发射涂层可将材料表面吸收的太阳辐射热很快吸收，再将热量以热传导和热对流的形式用于对其表面的空气加热。由于篷布与封套顶之间是一个通风结构，这样在风压和热压的作用下就可将加热的空气及其携带的大部分热量带走，达到降低防晒隔热篷布材料表面温度及其下侧空间环境温度的目的。

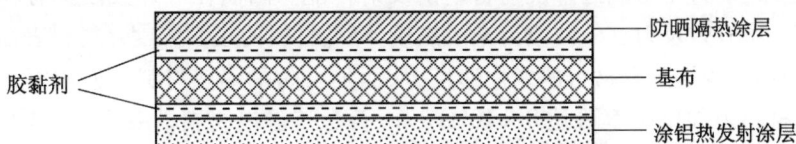

图 3 - 14　防晒隔热篷布材料结构示意图

（四）性能测试

参照美军标 MIL - E - 46136（A）及国内隔热涂料的热反射率测试试验，对上述方法制备的防晒隔热封套材料进行了试验。选择两个 500W 碘钨灯做加热装置，替代日光照射进行模拟试验，以达到升温稳定并接近阳光下的实测效果。碘钨灯与被照样布的距离可调以控制光源强度，测试样布的背面温度直到其达到平衡状态，根据两块布的平衡温度并按照相关公式计算被测布的热反射率，图 3 - 15 为以上仿绿色植被光谱反射特性的防晒隔热材料的红外反射率测试结果。

将上述材料置于 34℃ 的环境温度中在阳光下暴晒，该材料的表面温度为 52.1℃，而未添加红外反射材料的材料的表面温度则高达 60.5℃，即该材料表面温度降低了 8.4℃。测试结果表明，环境温度越高，表面温度的差距越大。

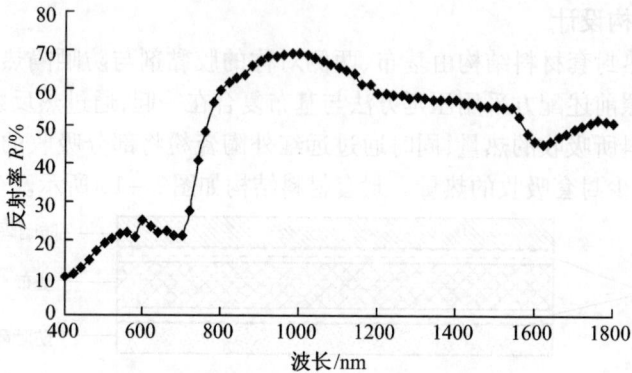

图 3 - 15 防晒隔热材料红外反射率测试结果

上述测试结果表明,该型防晒隔热材料,填充的红外反射材料不仅反射性能好,而且其光谱反射特性与绿色植被相似,在 400 ~ 500nm 波段的反射率为 10% ~ 15% ,在 560nm 处出现波峰,反射率为 23% ;在 680nm 处出现波谷,反射率为 20% ;在 680 ~ 800nm 波段反射率迅速由 20% 升高至 60% ,在 800 ~ 1200nm 波段反射率保持在 57% ~ 67% 之间。颜料体系使用的是在近红外波段透明的酞菁黄、酞菁绿和可以有效反射红外线的黑色颜料,因此不仅使防晒隔热材料符合绿色颜色的要求,而且不影响红外反射材料的反射性能。因而在红外波段具有较高的反射率,可有效反射红外波段带来的热量,降低材料的表面温度。材料表面温度的降低还能减缓封套材料的老化速度,从而延长防晒隔热材料的使用寿命。此外,该材料表面电阻率可达 $8 \times 10^8 \Omega \cdot m$,符合抗静电材料的要求,并具有永久抗静电的性能。因此,该防晒隔热材料在野战装备物资的封套封存防护领域有很好的应用前景。

第四章 野战装备缓冲防护技术

武器装备从交付部队到退役处置将经历大量的动态物流过程,其间装备及其包装所处的位置发生空间位移,并经历装卸、运输和储存等诸多物流环节。尤其在野战条件下,装备会经受更加恶劣而频繁的力学环境,在这样的环境条件下,装备和包装会在各种形式的静载荷与动载荷的作用下发生各种物理或机械损伤,不仅影响装备性能,还会导致装备易燃易爆单元意外解除保险或作用并引发重大事故。为防止复杂的机械冲击应力对装备质量造成伤害,在物流各环节采用相应的缓冲防护技术是十分必要的。

第一节 力学环境效应

由于物流过程具有储运条件复杂、作业方式多样、转运环节频繁、物流周期较长和参与人员素质参差不齐等特点,装备承受的力学环境呈现多样性,具体表现为振动、撞击、跌落、倾斜、摇摆、稳态加速度和静负荷等。力学环境效应也呈现复杂性,表现为装备紧固松动、包装破损、防护能力下降、使用寿命降低,以及构件疲劳、裂纹断裂、机械卡塞、可靠性安全性降低等。其中,振动和冲击则是影响装备质量和安全的主要力学作用形式,存在于装备物流过程的各个环节。

一、振动

振动一般分为周期振动和随机振动。随机振动即其振幅只能以概率来规定的振动;周期振动即相等的时间间隔重复某一特定波型的振动。装备运用环境中的主要振源是运输系统,即汽车、火车、飞机等运输工具,由于路面不平、轨道衔接处的凹凸、发动机和桨叶的工作,以及交通工具本身启动、制动、转向等原因产生的。当以某一特定形式运输时,装备物流过程中的振动一般认为是离散频率的准周期性振动与随机噪杂背景的结合。装备缓冲防护设计中,对运输振动条件的认识是设计缓冲系统的先决条件。

(一) 汽车运输

汽车运输经受的振动环境与人员(装备)互相作用产生很多不利影响。

人员可以承受他们允许承受的没有降低人体功能的振动上限,同样装备也有承受振动而不损坏的振动类型或极限。装备在汽车运输中经受的振动是由运输道路表面产生的振动与由发动机或其他内部运转机构引起的振动的迭加。

1. 引起振动的因素

汽车运输中,振动与运输的车辆类型(包括维护情况)、路况、行驶速度、载重量甚至驾驶员的技术水平等密切相关。导致车辆(本书所指均为轮式车辆)产生振动的振源有 3 种:发动机、传动系(包括齿轮箱)的运转所产生的振动;道路对车身激励后所产生的振动;气流扰动即空气动力所产生的振动。

在以上 3 种导致运输车辆振动的振源中,空气动力导致的振动是可以忽略的,因为这种振动只有车辆以很高的速度行驶时才能成为振源。而事实上,运输车辆不可能以很高的速度行驶。特别是在野战环境下,道路的条件和战场的因素决定着运输车辆的行驶速度不能过高,因此气流扰动是次要振源。由此可见,运输车辆的振源主要来自发动机、传动系和道路的激励,而发动机、传动系统耦合到载货车厢底板的振动量级相对路面激励来说并不明显,所以装备在汽车运输中真正产生振动影响的是道路对运输车辆车身激励产生的振动。

2. 路面的非平稳激励

根据国内公路情况,GJB 3493—08 规定汽车运输分为 Ⅰ、Ⅱ、Ⅲ类,其中:Ⅰ类运输为汽车在 2 级及 2 级以上公路上行驶;Ⅱ类运输为汽车在 3 级及 3 级以上公路上行驶;Ⅲ类运输为汽车在无路地区行驶。因此,可将路面的非平稳激励分为等级路面和野战路面两种情况讨论。

1) 等级路面的非平稳激励

作为车辆振动输入的路面不平度,主要采用路面功率谱密度描述其统计特性,其路面功率谱密度表示为

$$G_q(n) = G_q(n_0)\left(\frac{n}{n_0}\right)^{\omega} \tag{4-1}$$

式中:n 为空间频率,表示每米长度中包括的波数(m^{-1});n_0 为参考空间频率,$n_0 = 0.1\text{m}^{-1}$;$G_q(n_0)$ 为参考空间频率 n_0 下的路面谱值,称为路面不平度参考系数(m^3);ω 为频率指数,分级路面谱的频率指数 $\omega = 2$。

对于汽车振动系统的输入,不仅要考虑路面的不平度,还要考虑车速这个因素,所以必须根据不同的车速,将空间功率谱密度 $G_q(n)$ 换算为时间谱密度 $G_q(f)$。设车速为 v,空间频率为 n,时间频率为 f,则有

$$f = v \cdot n \qquad (4-2)$$

相应的位移、速度的谱密度为

$$G_q(f) = G_q(n_0) n_0^2 \frac{v}{f^2} \qquad (4-3)$$

$$G_{q\&}(f) = (2\pi f)^2 G_q(f) = 4\pi^2 G_q(n_0) n_0^2 v \qquad (4-4)$$

2）野战路面的非平稳激励

战时公路运输,是在等级以外公路或无路条件下的运输。野战运输的道路常常是敌人破坏的目标,道路破坏频繁难于进行高质量的修复。由于作战需要,往往临时修理许多低质量的便道,甚至在无路地区开辟军事通道。因此,野战运输的道路通常是由高低不平、起伏、泥泞、冰雪、沙土、碎石、鹅卵石等各种路面构成,其速度功率谱很难取得,但是可以采用上述公式逆推的方法近似得到其速度功率谱。

3. 汽车运输振动特性

公路运输时,由于路面状态变化大,车辆上所受到的是没有周期性规律的强烈振动,是随机波。一般来说,路面越粗糙,大的加速度值出现的概率越高。汽车运输振动量值一般用总均方根加速度(衡量随机振动的总能量大小,数值上等于加速度谱密度曲线下的面积)和加速度谱密度值(表示随机振动能量在频率域上的分布情况,定义为单位频带内加速度谐波的均方值)以及对应频率等参数来衡量。汽车在不同路面上行驶的随机振动量值如表4-1所列。

表4-1 汽车在不同路面上行驶的随机振动量值

振动方向	总均方根加速度/(m/s²)		加速度谱密度极值/(m²·s⁻⁴·Hz⁻¹)		对应频率值/Hz	
	一类运输	二、三类运输	一类运输	二、三类运输	一类运输	二、三类运输
垂直	13.37	24.89	8.00	40.00	2	2
			8.00	40.00	10	10
			0.10	0.10	28	50
			0.10	0.10	90	90
			0.35	1.00	115	150
			0.35	1.00	300	200
			0.01	0.10	500	500
横向	5.73	10.12	0.15	0.60	2	2
			0.15	0.60	40	10
			0.004	0.06	60	50
			0.004	0.01	110	61
			0.150	0.01	250	120
			0.150	0.40	310	300
			0.016	0.40	500	415

（续）

振动方向	总均方根加速度/(m/s²)		加速度谱密度极值/(m²·s⁻⁴·Hz⁻¹)		对应频率值/Hz	
	一类运输	二、三类运输	一类运输	二、三类运输	一类运输	二、三类运输
纵向	3.64	6.29	0.080	1.80	2	2
			0.080	1.80	40	10
			0.001	0.01	60	60
			0.001	0.01	100	105
			0.055	0.10	150	150
			0.055	0.10	200	200
			0.008	0.01	500	500

另外，汽车在行驶中的紧急刹车、翻车、撞车等因素造成冲击，加速度大小取决于行车速度、路况、载重量、自重及其固定方式。当汽车以 40km/h 的速度行驶时，刹车时向前的加速度约为 0.6 ~ 0.7g，恶劣路面上下颠簸冲击加速度可达 10g。以弹药运输为例，当包装箱在卡车内不固定时，车在凹凸不平的路面上行驶所引起的颠振冲击，会使包装箱在车厢内上下跳动以及左右、前后碰撞冲击。表 4 - 2 是对几种不同路面上试验测量的加速度最大平均值，表 4 - 3 是某弹药装备汽车运输振动实测情况。

表 4 - 2　汽车在不同路面上运输振动试验参数

运输方式	最大峰值加速度/g	锯齿波持续时间/ms
公路汽车运输	10.2	10 ~ 11
土路汽车运输	30.6	6 ~ 9
恶劣路面运输	102.2	3 ~ 5

表 4 - 3　某弹药装备汽车运输振动实例

路面状况	车速/(km/h)	各部位振动加速度/g			说明
		车箱底板	外包装箱	产品	
柏油路	60	3.61	4.20	5.41	东风140 铁箱,炮弹
泥土路	35	4.03	4.96	5.73	
碎石路	40	5.05	5.73	6.89	

（二）火车运输

火车运输即铁路运输，常用的火车车辆有两种：一种是棚车，代号 P；另一种是平车，代号 N。棚车有四周箱板和顶盖，具有确定的内部容积，并具有防雨、防晒、可施封等特点;平车是一种移动平台,部分型号的平车周围有可以展开的矮小侧板。棚车、平车各有多种规格型号。

1. 引起振动的因素

铁路运输的振动是由多种振源产生的。轨道的不均匀或粗糙、轨道接点的不连续、车轮上的扁平部位和车轮的不平衡,都能引起垂直振动。横向振动由锥形车轮切轨面和车轮凸缘以及轨道引起。纵向振动由启动、停车和牵引的时紧时松引起。牵引的时紧时松由每个车钩的松紧引起,在长的火车上也能产生很大的值。

2. 火车运输振动特性

火车车辆的振动与汽车运输所产生的振动有显著不同,表现为明显的周期性强制振动,主要是由轨道的弹性、轨道表面的不规则性、相邻轨道之间的间隙、车轮不平衡等引起的。振动频率与速度密切相关,在时速 120km 时,强制振动频率为 20Hz,加速度在 1g 以下。表 4-4 给出了 50t 棚车运输时振动频率与峰值情况(实测)。

表 4-4　50t 棚车运行振动测量实例

振动量　　　运行状态	垂直方向		横向		纵向	
	加速度峰值/g	基频/Hz	加速度峰值/g	基频/Hz	加速度峰值/g	基频/Hz
正常运行/(70km/h)	2~4	4~5	0.5~1.5	5	0.5~2	4~8.5
出站	0.5~2					
进站	0.5~3		1.0		1.0	
过岔道	3~7					
车体摇动	2.3~1.7	4~5.5				
车体颤动	3~4.5	6				
过钢轨接缝	5~8					
过桥梁	1~3					

图 4-1 给出了标准牵引机构的瞬态和连续的振动环境,这些数据代表在铁路上运行期间的最高振动水平。

图 4-2 给出了火车不同速度对振动水平的影响。数据表明,垂直方向特别是在低频范围内的振动环境是最严酷的。由此可知,列车环境是由低水平的随机振动组成的,在低频范围上叠加大量重复的瞬态振动。

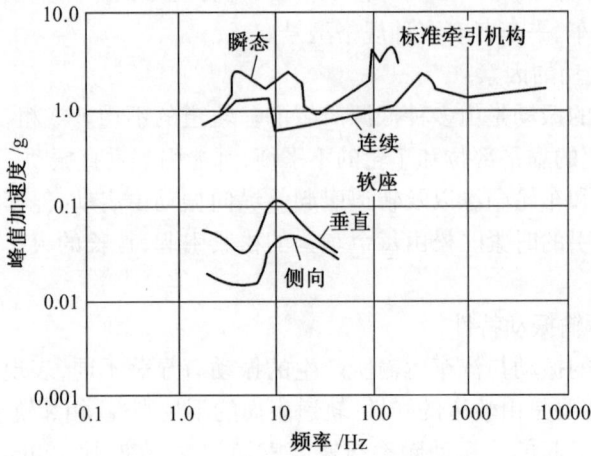

图 4 - 1 列车在各种条件下的振动频谱

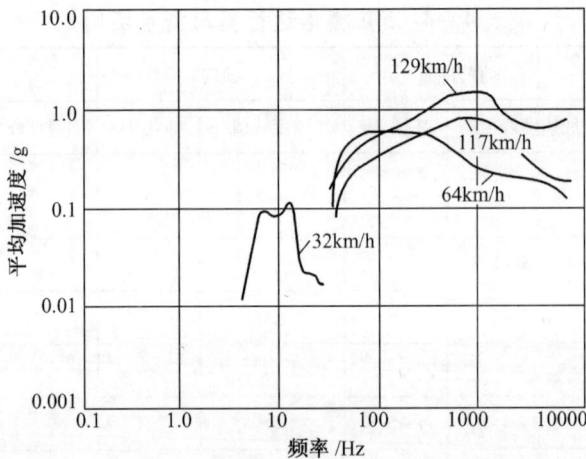

图 4 - 2 列车在各种速度下的振动频谱

（三）飞机运输

飞机运输,即航空运输,通常有军用运输机运输、客货两用机运输、直升机运输以及牵引机牵引的滑翔机运输等。飞机运输又可分为机内运输和机外运输2种方式,其中:机内运输是将物资装在飞机货舱内,机外运输是用装在机翼和机身上的外部吊舱进行运输。

1. 引起振动的因素

装备物资空运时受到的振动主要是由跑道粗糙度、发动机或动力装置的状

106

态、螺旋桨或转子的不平衡、空气动力和声压的变动引起的。

通过对实测的安－26、伊尔－14、波音－737、三叉戟4种客货两用机的振动记录分析可知,航空运输中所经受的振动有宽带随机振动、窄带随机振动和正弦振动等几种。当采用波音－737、伊尔－76等喷气式飞机运输时,装备经受宽带随机振动,是由飞机起飞、降落、滑行时跑道对机身的激励,发动机旋转不平衡,发动机喷气噪音以及沿着飞机外部结构的空气动力激励等因素产生的。当采用安－26、运－8、伊尔－14、运－7等螺旋桨飞机运输时,其振动是由宽带随机振动叠加窄带随机振动组成。尖峰形式的窄带随机振动是由螺旋桨叶所带动的旋转压力场引起的。当采用直升机运输时,所受振动与螺旋桨飞机相似,也是宽带随机振动叠加窄带随机振动,其中窄带随机振动为非纯正弦,是由直升机的旋转部件(主旋翼、尾翼、发动机变速箱等)产生的。综上所述,航空运输中有2种振动谱形:一种是宽带随机振动谱;另一种是由宽带随机振动叠加窄带随机(或非纯正弦峰值)振动所组成。

2. 飞机运输振动特性

飞机运输时的振动频率、加速度与飞机种类有关,主要是单振动、高激励。

1)喷气式飞机运输振动特性

当采用喷气式飞机运输时,装备将会经受到宽带随机振动的影响。我军主力喷气式运输机主要是伊尔－76和波音－737。对伊尔－76的测试工况包括发动机地面开车、辅助跑道滑行、起飞(降落)滑行、空中飞行等。从实测和数据处理结果来看,振动发生在3个互相垂直的方向上,能量主要分布在 $10 \sim 2000\mathrm{Hz}$ 频率范围内,其频谱是典型的宽带随机频谱。从量值上看,起飞(降落)的振动大于空中飞行的振动,在3个方向上垂向的振动最大,横向次之,纵向的振动最小。因此,以地面垂向最大值的振动谱形和量值作为喷气式运输机的宽带随机振动的频谱和量值。喷气式运输机的宽带随机振动量值见表4－5。

表4－5　喷气式运输机的宽带随机振动量值

总均方根加速度/$(\mathrm{m/s^2})$		加速度谱密度/$(\mathrm{m^2 \cdot s^{-4} \cdot Hz^{-1}})$		对应频率值/Hz
极值	平均值	极值	平均值	
18.56	5.79	0.1	0.027	10
		0.1	0.027	170
		0.4	0.04	250
		0.4	0.04	530
		0.05	0.0027	2000

2) 螺旋桨飞机振动特性

当采用螺旋桨飞机运输时,将会经受到宽带随机叠加窄带随机(非纯正弦)振动的影响。螺旋桨运输机包括运 -7、运 -8、安 -26。从对安 -26 和运 -8 的实测可见,振动发生在 3 个互相垂直的方向上,其能量分布在 10 ~ 2000Hz 频率范围内,是典型的宽带随机叠加窄带随机(非纯正弦)振动谱型。从振动量值上看,运 -8 空中飞行的振动大于发动机地面开车、辅助跑道滑行、起飞(降落)滑行所发生的振动;而安 -26 则与之相反,地面振动大于空中振动。由于相互垂直的 3 个方向上,垂向的振动最大,对 2 种机型垂向的标准化加速度谱密度曲线进行合成,可得到螺旋桨飞机的宽带随机叠加窄带随机振动量值,如表 4 - 6 所列。

表 4 - 6　螺旋桨运输机的宽带随机叠加窄带随机振动量值

加速度谱密度/($m^2 \cdot s^{-4} \cdot Hz^{-1}$)		对应频率值/(Hz)
极值	平均值	
0.04	0.007	10 ~ 67
20.00	4.00	67 ~ 74
0.50	0.05	74 ~ 135
5.00	1.00	135 ~ 149
0.50	0.05	149 ~ 202
5.00	1.00	202 ~ 223
0.50	0.05	223 ~ 270
20.00	4.00	270 ~ 298
0.04	0.007	298 ~ 2000

二、冲击

装备在储存、运输、装卸及使用中均会受到不同程度的冲击。例如,枪炮射击、化学爆炸、直升机升降、装卸运输过程中均会产生冲击力,造成装备破坏。再如,弹药运输中车辆的启动、变速、转向、制动、颠簸,弹药搬运中发生的跌落、碰撞等,会使弹药受到很大的惯性力作用,从而导致包装破损,甚至使其火工元件发火,产生爆燃事故。

(一)装卸冲击

装备在装卸时会受到一定的冲击,甚至跌落(如从装卸者身上滑落或从装卸机械的操作装置上落下)。装备在装卸过程中所受冲击力的大小不仅取决于装备本身的重量、尺寸和形状,还与跌落状态、地面状况、装卸设备和人员等情况有关。装卸作业分零散货物装卸和集装箱装卸两种。

1. 货物装卸冲击分析

货物装卸作业中的冲击一般有两种情况：一种是箱内货物对箱的冲击，其值与货物的装载方法和箱内货物固定的强度有关；另一种是货物装箱时，货物对箱的冲击，其值与货物的包装强度有关。

从货物装卸作业方式来看，大体上可分为人力装卸和机械装卸 2 种。人力装卸时，货物可能因翻倒或坠落而受很大的冲击，这种可能性与单件货物的包装重量有关。事故统计资料显示，小于 100kg 的小件货物从高处坠落的机会较多。货物坠落产生的冲击力的大小，与集装箱箱底所用的材料和包装材料有关。机械装卸时，一般比用人力装卸时所产生的冲击要小。货物装箱一般采用小型叉式装卸车，在操作过程中要注意避免因作业不当而使货物翻落下来。这种坠落时所产生的冲击值，同人力装卸时一样，与坠落高度成正比。人力装卸与机械装卸相比，人力装卸引起事故的可能性大。但人力装卸所造成的事故损失一般限于单件包装，故损失轻微；而机械装卸，一般都是成组装卸，发生坠落事故后损失较大。无论是人工装卸还是机械装卸，其冲击力的大小主要取决于跌落高度，不同装卸方法的跌落高度范围见表 4 - 7。

表 4 - 7　不同装卸方式的跌落高度范围

装卸方式		跌落高度/mm	说明
人工装卸	肩扛	200 ~ 1200	手扶、下滑、跌落
	双手抱/背驮	100 ~ 1000	手扶、下滑、跌落
	二人抬	200 ~ 800	自由跌落或旋转跌落
	手提/肩挑	100 ~ 600	自由跌落或旋转跌落
非机动机械简单装卸		100 ~ 600	自由跌落或旋转跌落
机械装卸	叉车装卸	100 ~ 400	与着地冲击等量的旋转跌落
	起重机装卸	100 ~ 600	与着地冲击等量的旋转跌落
空投		6000	与阻尼着陆冲击等量的规定跌落

模拟以上装卸环境进行货物装卸环境力试验，测出人工装卸的跌落冲击加速度为 10m/s^2 左右，而用力抛扔最大可达到 100m/s^2。铲车作用时冲击力在垂直方向最大为 1.7m/s^2。起重机起重作业产生的冲击加速度为 18.7m/s^2。

2. 集装箱装卸冲击分析

把集装箱装上运输工具，或从运输工具上卸下来，一般都采用专用装卸机械来完成。根据测试可得出集装箱除瞬间与地面接触外，集装箱装船时在集装箱强度条件以内所产生的冲击值如表 4 - 8 所列。

表 4-8　集装箱装卸中的冲击值(m/s^2)

装卸机械	动作	横向	纵向	垂向
跨运车	提升	0.2	0.2	0.4
	运行	0.6	2.0	0.8
	停止	0.6	2.1	0.9
	降落	1.1	1.1	1.8
起重机	提升	1.5	0.1	0.3
	在船上临时停止	1.0	0.3	1.2
	装在船上	2.4	1.5	4.2
	卸在场上	1.4	0.2	1.4

　　一般来说,集装箱的装卸要比散件运输装卸时货物所受的冲击力小得多,但是操作不当,集装箱搬运所受到的冲击力也足以损坏货物。各种货物本身都具有其固有的易碎性,这种易碎性就表现在货物受到一定程度的冲击后会引起破损,该界限值称为货物的容许冲击值。货物的易碎是有方向的,一种货物一般在某一方向上易碎度比较弱,而在另一方向就比较强。集装箱在搬运过程中箱内货物所受到的冲击值大致如表 4-9 所列。可以看出,集装箱在搬运过程中对箱内货物所产生的冲击值要比散件直接装卸或搬运所受到的冲击值小得多。

表 4-9　货物在集装箱搬运中的冲击值(m/s^2)

类别		散件货物 G	集装箱货 G	
			半集装箱船	全集装箱船
场内装卸	包装作业	10.0 ~ 25.0	10.0 ~ 25.0	10.0 ~ 25.0
	装箱作业	—	20.0 ~ 32.0	20.0 ~ 32.0
	卡车装载	35.0 ~ 42.0	0.9 ~ 1.5	0.9 ~ 1.5
	内陆运输	1.5 ~ 3.0	1.2 ~ 2.0	1.2 ~ 2.0
	叉车装卸	35.0 ~ 45.0	1.1 ~ 2.0	1.1 ~ 2.0
港内装卸	移动作业	2.0 ~ 15.0	—	—
	搬运作业	2.0 ~ 20.0	1.1 ~ 2.5	—
	装运作业	3.5 ~ 50.0	4.0 ~ 10.0	—
	装船作业	40.0 ~ 60.0	4.0 ~ 10.0	2.0 ~ 6.0
	堆装作业	35.0 ~ 50.0	4.0 ~ 8.0	8.0

　　集装箱搬运时出现跌落,往往是由于装卸机械操作员操作失误或机械故障而引起的装卸事故。跌落对集装箱与货物危害都很大,严重时将危及货物的安

全。集装箱运输可以直接采用跌落试验来模拟装卸跌落冲击的影响,规定的参数为跌落高度、跌落姿态和地面状况。对跌落的高度而言,高度为 0.20 ~ 0.80m,跌落姿态有面跌落、棱跌落和角跌落等几种,以面跌落最严酷。地面状况有钢板、水泥地和硬土地等 3 种,以钢板最严酷。具体跌落测试结果:一侧跌落状态,最大实测加速度为 142m/s^2,但其脉宽极其窄;面跌落状态,最大实测加速度为 99.3m/s^2,其脉宽为 1ms;面跌落在另一集装箱上,最大实测加速度为 99.3m/s^2,其脉宽为 1.09ms;面跌落在水泥板上,最大实测加速度为 88.5m/s^2,其脉宽为 0.75ms。

(二)运输冲击

运输冲击是一种典型的非稳定振动,为了把环境条件因素更好地分类,对各种环境条件下的冲击严酷程度做出定量的描述,工程上常用最大冲击响应谱来描述。运输过程中的冲击响应谱近似于后峰锯齿形脉冲的响应谱,如图 4-3 所示。

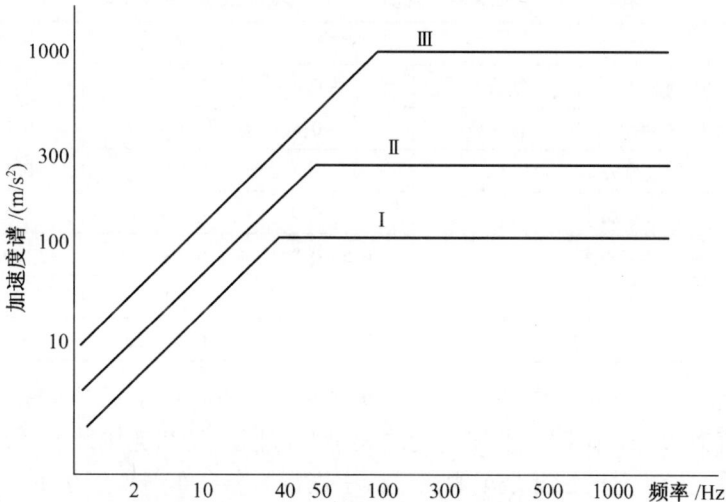

图 4-3 汽车、火车运输随机振动加速度谱密度垂向谱图

常见运输方式的冲击响应谱如表 4-10 所列。

表 4-10 不同类型车辆运输振动冲击量

运输方式	冲击响应谱类型	峰值加速度/(m/s^2)	交越频率/Hz	后峰锯齿形脉冲持续时间/ms
船舶、飞机、I 类汽车运输	I	100	40	10 ~ 11
铁路、II 类汽车运输	II	300	50	6 ~ 9
III 类汽车运输	III	1000	100	3 ~ 5

对于汽车运输,运输过程中偶然出现的翻车、摔落,车辆启动、变速、转向、紧急制动,严重颠簸及包装箱之间的碰撞,都会产生脉冲型应力,引起对装备的冲击。表4-11列出了几种情况下的冲击参数。

表4-11 汽车运输中不同情况下的冲击

路面状况	运行速度/(km/h)	冲击情况	冲击参数
标准路面	30	紧急制动	车厢上 0.6~0.7g
泥土路面	13~24	起伏颠簸	车箱上 5~10g,最高 35g
柏油路面	50~100	凸起 2cm	车箱上 1.6~2.5g
	30	凸起 6cm	车箱上 14g,持续时间 60ms

对于铁路车辆,在各种情况下所产生的冲击值如表4-12所列。

表4-12 铁路车辆所受的最大冲击加速度(g)

内　容		上下方向	左右方向	前后方向
运行中的振动冲击速度为 30~60km/h	铁轨上	0.1~0.4	0.1~0.2	0.1~0.2
	接头处	0.2~0.6	0.1~0.2	0.1~0.2
正常开车		—	—	0.1~0.5
停车刹车		0.6~0.9	0.1~0.8	1.5~1.6
连接碰撞		0.5~0.8	0.1~0.8	1.0~2.6
紧急刹车		2	1	3~4
通过捕车器		0.6~0.7	0.2~1.0	0.2~0.5

从表4-12所列的数字可见,铁路车辆在连接碰撞时,前后方向的最大冲击加速度值为2.6g。碰撞冲击加速度的大小与碰撞速度和连接部分缓冲装置的质量有关。最严重的情况是车辆在运行中进行紧急刹车时所产生的冲击,此时产生的冲击力最大。实测报告显示铁路车辆在调车编组连接时所产生的冲击加速度可能比表中的数值还大。一般编组连接时,车辆的碰撞速度为 1~10km/h,其平均值为 28km/h 左右。上述数字是指货物直接以散件形式装在铁路棚车内产生的冲击值,如果货物装在集装箱内,而集装箱又装在铁路平板车上运行时,它与棚车上所测的冲击加速度没有太大的差别。

铁路运输时加速度值的分布情况如表4-13所列。从测定的结果看,在铁路运输中冲击加速度值最大可能达到 $100m/s^2$,表现在前后方向。从冲击加速度值比较大且发生次数是1的情况分析,产生这么大冲击力应是货车在进行编组时。另外,还可能产生大冲击力的情况包括货车在中途站进行摘挂时,以及在铁路场地上向侧线转轨时。

表4-13　铁路运输中冲击时不同加速度值发生次数

方向	冲击值范围/(m/s²)					合计次数
	5~20	20~50	50~80	80~100	100以上	
前后/次	120	22	3	1	1	147
左右/次	110	2	—	—	—	112
上下/次	12000	30	2	—	—	12032

表4-13数据显示,在左右方向由于发生的冲击次数比较少,冲击值也比较小,大部分冲击集中在5~20m/s²,而20~50m/s²只发生2次,故认为左右方向的冲击可以忽略不计。上下方向虽然冲击值不大,但由于冲击次数过多,因此也必须给予足够的重视。

三、力学效应

装备在野战环境中承受的机械应力是复杂多变的,它们对装备的作用效应常常会影响装备的使用与安全性能,严重时可能导致装备系统失效,甚至酿成爆炸等重大事故。因此,对于机械应力可能对装备结构及功能产生的影响不容忽视。

装备在环境机械应力作用下的失效模式可分为结构失效和功能失效两类。

(一)结构失效

由于环境应力的作用,产品上产生较大的响应,造成结构内部或外部损伤引起产品功能失效,成为结构损坏失效。这类失效一旦出现,即使外力去掉,功能也不能恢复。脉冲型机械应力如冲击等,由于其作用峰值通常较大,因此是引发结构失效的主要应力形式。其作用机理是在环境应力作用下,装备产生了结构材料不允许的过大的应力、应变,使结构材料的内应力进入了塑性区或使装备结构材料的内应力大于其断裂强度,产品出现零、部件塑性变形或断裂,这种失效模式往往不需要很长的时间就能出现。以弹药为例,其可能遭受的力学破坏形式就包括变形、断裂、位移、应力集中等各种情况。

1. 变形与破裂

变形与破裂是弹药中常见的一种破坏形式,主要针对均质材料而言。当其遭受外力作用过大时,弹药均质材料就会发生变形或脆性破裂。例如:金属材料发生变形导致不能使用;弹药装备变形导致合腔性变差、装填困难;发射装药破碎致使射击出现偏差,甚至造成远弹或近弹;电器元件、光学元件脆弱部分造

113

成物理损伤。

2. 外壳破坏

外壳破坏主要由摔落、磕碰时的直接碰撞所致,表现为当撞击力超过材料的强度极限时,即可能引起表面磕碰损坏、变形、破裂等机械损伤,包装箱或包装筒磕碰局部变形,引信、雷管、底火等火工品元件外壳损坏等。外壳破坏不但严重地损坏了装备的外表面,影响其外观,而且对弹药的装填、正常作用以致使用安全都可能造成严重危害,甚至直接导致敏感度高的装备元件作用,引起重大事故。例如,因操作不当造成引信的防潮膜破裂,那么在射击时,迎面空气阻力将直接作用于引信的发火机构,引起引信在膛内或炮口处过早作用。弹药的外包装对弹药在运输、搬运过程中所受的脉冲型机械应力能起到一定的缓解作用,使弹药与其他物体不直接发生碰撞,但在撞击力较大时,弹药的外包装会严重损坏,弹药散落,并可能发生二次碰撞。

3. 部件移动

弹药部件发生移动,一般来说不会产生严重影响,但对引信则影响较大,会直接导致机构作用过程出现故障,弹药膛炸、早炸、不爆等都可能由于外力引起。当作用力或能量超过火工品的安全极限时,即可能引起火工品提前作用。对脉冲型应力引起引信直线惯性保险机构解脱保险的情况,由于有些保险机构较特殊(如带蛇形槽的惯性保险机构),对这类机构作用的效果,除与脉冲应力的峰值有关外,还与作用持续时间有很大关系。以摔落时所产生的脉冲型应力为例,对依靠低惯性力、长作用时间解脱的保险机构,最危险的情况可能不是弹药直接落向硬目标,而是装于包装箱中的弹药向地面等较软的目标跌落。试验表明:某型引信装在规定的试验弹上,以3m高度向铸铁板坠落时并不解脱保险,但当装于包装箱中以2m高度坠落时却有大量引信解除了保险,甚至从1m高度下落也出现过解脱保险现象。

另外,弹丸与药筒结合松动,可能导致膛压不足产生远弹、膛压过大产生膛炸等。

4. 应力集中

对于弹药来说,应力集中危害主要体现在发射装备身管等部位,这些部位在发射时瞬间需经受巨大外力作用,一旦出现应力集中,则可能直接导致发射过程膛炸。另外,应力集中还会间接引起弹药金属部件发生电化学锈蚀。

(二)功能失效

装备在环境应力作用下,其工作状态或输入输出特性发生不允许的变化,致使其主要技术参数超差,称为功能失效。功能失效在应力量值变小,或环境应力去掉后功能即可恢复。这类失效表现出失效的速度快,只要应力量值达到某一数值,失效效应立即表现出来。

功能失效主要是因为装备在外界振动激励下产生了较大的响应,该响应虽然没有冲击等脉冲型应力大,但其内应力已构成产品结构材料的晶格滑移,造成结构表面及内部细小的损伤和缺陷的扩张。常见的失效模式如振动引发的疲劳失效,具有下列几个特点:振动的交变应力远小于静强度极限时,失效就可能发生;疲劳是永久性、局部性损伤的递增过程,疲劳裂纹要经历应力的多次重复,所以失效表现出来需要有一定的振动时间;疲劳裂纹出现时,即使构件是塑性材料也常常没有显著的塑性变形,因此事先检查维护时不易发现。例如:继电器的两个触点之间如果振动位移过大,就会发生开、关状态的变化而导致失效;电机转子轴如果位移振幅太大,超过定子、转子之间的间隙就会出现"扫膛"失效,电机的输入输出特性必然发生很大变化,其主要电气、机械特征参数将会超差;仪表指针系统的位移振幅过大时,将会无法判读,这也是一种失效。

不同装备产品对振动的敏感性是不同的。有的产品对振动加速度敏感,如脆性材料构成的产品、质量集中的产品等,因为该类产品结构确定,加速度越大表示振动力大。在定频正弦振动中,振动频率是固定不变的,振动的位移大,对应的速度、加速度也大。有的产品对振动速度振幅敏感,因振动速度振幅过大造成失效。例如,磁缸中的线圈振动速度过大时,就会产生一个大的感应电动势,造成输入输出特性变化。装备受振动环境应力作用时,出现的概率最高、作用时间最长,或出现振动幅值最大的振动频率称为危险频率,在危险频率上最容易引起装备失效。如果危险频率上不发生失效,则在其他频率上不可能引起装备失效。

需要指出的是,相对于脉冲型应力,振动这种周期型应力的峰值通常较小,但作用次数多,由于疲劳效应也有可能影响装备内部零件间的配合,使零件发生永久变形。尤其是当周期型应力的作用频率与装备中某些系统结构的特征频率相接近时,如引信中弹簧系统的自振频率与运输时颠簸的频率就较为接近,这时弹药系统中会出现较大的响应,甚至产生谐振,从而引起机构损坏、提前动作等严重后果。在某基地进行弹药试验时,经常出现因弹药受到振动而使弹药出现不能被击发、瞎火、射弹精度超差等现象。因此,对周期性机械应力对弹药功能的影响,也应给予足够的重视。

第二节　缓冲包装概述

缓冲包装(Cushioning Packaging),是指为减缓内装物受到振动和反作用力,保护其免受损坏而采取一定防护措施的包装,也可称为防振包装(Shockproof Packaging)。例如,用发泡聚苯乙烯、海绵、木丝、棉纸等缓冲材料包衬内装物,或将内装物用弹簧悬吊在包装容器里等。军械装备大多属于易燃易爆的危险品,且随着高科技不断运用,价格较为昂贵,但它也具有普通产品的一般共性。因此,军械装备缓冲包装既与民品有相似之处,又有其自身的特殊性、复杂性、严格性。

一、缓冲包装基础

(一)缓冲包装理论发展

人类其实很早就有包装防振缓冲的工程实践。例如,公元前 11 世纪,我国商朝出现的重要运输工具扁担,就具有良好的防振缓冲作用,公元 7 世纪唐代已将易碎陶瓷器具完整无损远运日本、印度等国,说明当时已具有较高的防振缓冲技术水平。

缓冲包装虽然起源早,但理论形成却是在 20 世纪第二次世界大战时期,为了将作战军用物资运抵前线,并避免运输过程中的损坏或失效,美国贝尔电话实验室明德林(Mindlin R. D.)的研究小组对几种缓冲材料进行了性能测试,成功解决了军需物资运输过程中的破损问题,并于 1945 年发表了《缓冲包装动力学》论文,从理论上解决了多年来靠"试探法"或凭经验进行缓冲包装设计的传统做法,为缓冲包装设计奠定了理论基础。该论文分析了由于缓冲防护不当、包装强度不够和产品自身脆弱等造成的产品损伤,阐明了最大加速度与位移的关系、加速度与时间的关系、加速度对包装件强度的影响和衬垫材料的缓冲特性,找出了产品损坏的主要原因与冲击作用的时间长短有关,建立了二自由度简化动力学模型及产品跌落试验机。存在的缺陷是跌落试验时,难以保持冲击的姿势和防止反弹,冲击加速度的波形难以控制,无法精确确定产品强度。

1968 年,美国的 R. E. 牛顿教授发表了《脆值评价的理论与试验程序》,打开了冲击试验的大门,奠定了现代缓冲包装设计的基础。该论文提出了破损边界理论,为精确测量产品脆值、合理进行缓冲包装设计创造了条件;提出了冲击波形、强度、跌落姿态可精确控制的冲击试验。与此同时,Lansmont 公司和 MTS 公司相继开发出适合确定产品破损边界的冲击试验机。

1985 年,美国密歇根州立大学包装学院和 MTS 公司提出缓冲包装设计"五步法"。具体步骤是:确定物品流通环境条件,估计产品脆值,选用适当的缓冲衬垫,制造原型包装,试验原型包装。1986 年,Break 提出缓冲包装设计"六步法"。1977 年,美国国家标准中采用了牛顿教授的破损边界理论。

1964 年和 1978 年,美国防部制修订的《军用标准手册》对军品缓冲包装做了专门规定。MIL – HOBK – 304《缓冲包装设计》对军品在过程中经受的自然环境和诱发环境,产品脆值和包装系统的防护能力,以及各种缓冲材料的性能、特点做了系统的规定和介绍。

1987 年,我国制订了《缓冲包装设计方法》等 4 项国家标准。运输包装件基本试验方法现已逐渐完善,对缓冲包装的结构和材料进行了系统的研究,绘制了军品缓冲包装常用材料的动态和静态压缩特性曲线,并就温度、湿度和材料密度对缓冲性能的影响进行了广泛的研究。缓冲包装发展至今,按单自由度处理物品包装已持续数十年,而多自由度物品包装问题仍在进一步探索与研究之中。按单自由度处理包装防振缓冲设计问题,具有工程上的实用性和简便性,有利于开展物品包装基本运动规律的研究,但是物品包装类别繁多,运输环境复杂,很多情况下只有按多自由度分析才能提供合理的包装设计。

(二) 基本概念

物品易损度、强度、功能或可靠度是物品的固有特性,与物品的材料、质地、尺寸、形状、结构、状态等有关。物品对外界不同激励表现出来的特性也有所不同,众所周知物品静强度与易损度不同,而物品承受冲击激励的能力与承受振动、随机激励的能力也是不同的。

1. 脆值

脆值(Fragility)是指产品不发生物理损伤或功能失效所能承受的最大加速度值,通常用临界加速度与重力加速度的比值来表示,符号为 G_m。产品的脆值反映了产品的脆弱程度,是产品本身强度的反映,但由于产品尺寸、重心、结构、形状等各向异性,因此脆值具有方向性。从上述定义可知脆值计算公式为

$$G_m = \frac{a}{g} \tag{4 – 5}$$

式中: a 为产品在不发生损坏或不发生功能失效时所能承受的最大加速度(m/s^2); g 为重力加速度,其值为 $9.8m/s^2$。

2. 许用脆值

许用脆值(Permissible Fragility)是指根据产品的脆值,考虑到产品的价值、强度偏差、重要程度等而规定的产品的许用最大加速度值。脆值反映产品自身的特性,不同的产品脆值是不一样的,表 4 – 14 为部分产品的脆值范围。对于同一产品来说,当遭受最大加速度作用时,破坏程度也不一样,一般把一批产品的 95% 所能承受的最大加速度时的脆值视为许用脆值。

表 4 – 14　部分产品的脆值范围

脆　值	产　品　类　型
15 ~ 24	导弹制导系统、精密校准试验设备、陀螺、惯性导航台
25 ~ 39	有机械减振的设备、真空管电子设备、高度计、机载雷达天线
40 ~ 59	飞机附件、电动打字机、大部分固态电子设备、示波器、计算机部件
60 ~ 84	电视接收机、飞机附件、某些固态电子设备
85 ~ 110	冰箱、电器、机电设备
110 以上	机械类、飞机结构件、一般机械材料、陶瓷器

3. 缓冲系数

缓冲系数(Cushion Coefficient)是指作用于缓冲材料上的应力与该应力下单位体积缓冲材料所吸收的冲击能量之比。它反映了缓冲材料的缓冲效率,通常用字母 C 表示,是一个无量纲量。从定义可知

$$C = \frac{\sigma}{\varepsilon} \tag{4 - 6}$$

式中：σ 为应力(Pa)；ε 为将缓冲材料受压到最大应变时每单位所需的能量(kg · cm/cm^3)。

缓冲系数是缓冲效率的倒数,是缓冲设计经常用到的指标。缓冲系数不是一个固定的数值,它随应力、能量、变形的不同而变化。缓冲效率决定材料的缓冲性能,缓冲效率高,则使用较少的材料就能达到缓冲目的。

4. 等效跌落高度

等效跌落高度(Equivalent Depreciation Height)是指为了比较货物在流通过程中产生的冲击强度,将冲击速度看作自由落体的末速度,并由此而推算的自由跌落高度。不同装卸方式下产品跌落参数情况如表 4 – 15 所列

表 4 – 15　不同装卸方式下产品跌落参数表

产品参数		装卸方式	跌落参数	
质量/kg	长度/cm		部位	高度/cm
9	122	1 人抛掷	一端面或一角	107
12 ~ 23	92	1 人携运	一端面或一角	90
24 ~ 45	122	2 人搬运	一端面或一角	60
46 ~ 68	152	2 人搬运	一端面或一角	50

（续）

产品参数		装卸方式	跌落参数	
质量/kg	长度/cm		部位	高度/cm
69~90	152	2人搬运	一端面或一角	45
91~272	183	机械搬运	底面	60
273~1360	不限	机械搬运	底面	45
>1360	不限	机械搬运	底面	30

对于电器、仪表、光学仪器包装件,等效跌落高度计算公式为

$$H = 300\frac{1}{\sqrt{W}} \tag{4-7}$$

式中: H 为等效跌落高度(cm); W 为包装件的重量(kg)。

（三）装备缓冲包装要求

缓冲包装的目的是在运输、装卸过程中发生振动、冲击等外力时,保护被包装产品的性能和形态。因此,结合军械装备自身特点,其缓冲包装应符合下列要求:

（1）减小传递到军械装备或装备包装件上的冲击、振动等外力;

（2）当存在外力作用时,缓冲机构应分散作用在军械装备上的应力;

（3）保护军械装备的表面及凸起部分,如发射装置瞄准机构,炮弹的尾翼等;

（4）防止军械装备的相互接触,避免装备在包装件内相互摩擦;

（5）防止军械装备在包装容器内移动,适当运用卡板等装置固定;

（6）保护其他防护包装的功能。

（四）缓冲包装机理

为了减少或防止由于外力环境造成军械装备或易损件的破损现象,在包装件采用适当技术,如在包装内布置泡沫衬垫、瓦楞纸板衬垫或蜂窝纸板衬垫等缓冲材料及其结构,从而减小装备或易损件因受冲击而产生的动应力和动变形。在包装箱(包装件)的冲击隔离系统中,缓冲衬垫(如泡沫衬垫、纸板衬垫等)具有弹性特性和阻尼特性,相当于冲击隔离器。缓冲衬垫的弹性作用是将受到的冲击激励能量先储存、再缓慢释放,以延长冲击作用时间,从而减小对产品或易损件的冲击力,而其阻尼特性具有耗能作用,即将冲击激励传递给产品的一部分能量转化为热能耗散。

二、常用缓冲包装技术

在产品外表面周围放上能吸收外力造成的振动或反作用力的材料,使产品不受物理损伤,称为缓冲(Cushioning);通过加固包装内装置以防止内装物产生移动而受损,并使重量分布在容器所有的面上的方法,称为加固(Bracing)。选择缓冲包装方法要考虑到各种因素,特别是被包装产品的性质和不同应用技术所需的费用。

(一)缓冲材料包覆

缓冲材料包覆是指将缓冲衬垫置于产品周围以实现对产品的完全包覆,也称为全面缓冲技术。当使用单个独立衬垫时,它一般应在衬垫之间适当的留下一些空隙(大约3mm)防止衬垫黏合。由于该方法一般不需要模具且极少使用预制材料,所以特别有利于小批量产品的缓冲,图4-4是我军某现役弹药全面缓冲包装。

图4-4 某弹药全面缓冲包装

全面缓冲包装方法包括:压缩包装法,用缓冲材料把易碎物品填塞起来或进行加固以便吸收振动或冲击的能量;浮动包装法,所用缓冲材料为小块衬垫,且可以位移和流动,以便有效地充满直接受力部分的间隙,分散内装物承受的冲击力;裹包包装法,采用各种类型的片材把单件内装物裹包起来放入外包装箱盒内;模盒包装法,利用模型将聚苯乙烯树脂等做成和制品形状一样的模盒,用其来包装达到缓冲作用;就地发泡包装法,是在内装物和外包装箱之间充填发泡材料的一种缓冲包装技术。

(二)面积调节技术

缓冲材料要在最佳承载范围内使用,为此常常要求缓冲衬垫尺寸不同于产品的支承面的尺寸。通常,防止轻的产品脱离缓冲衬垫、重的产品触底,以减小冲击时的最大加速度。缓冲支承面积调节一般方法如下。

1. 增加支承面积

通常用较硬的瓦楞纸板、胶合板或多层纸板作支承平板,增加缓冲衬垫对产品的支承面积,以便均匀地分担载荷。

2. 减小支承面积

减小缓冲衬垫对产品支承面积的简便方法是减小衬垫的尺寸,但同时要注意保持衬垫的理想位置,以使产品在冲击过程中不至于翻滚。可使用以下三种方法：① 角衬垫;② 将平面衬垫粘接于外包装容器的内面的合适部位;③ 用波纹缓冲衬垫全面缓冲。

（三）衬垫应用技术

1. 空隙的填塞

用各种衬垫塞满包装箱里的空隙,以防被包装产品改变方向,并防止运输可能造成的损坏。填塞空隙的材料一般为各种形状的发泡聚苯乙烯,另外有些裹包材料,如纤维素衬垫、聚氨酯泡沫、柔性网状聚丙烯泡沫塑料和薄片,也可用于包装中填塞空隙。这种填塞方法可防止运输中包装箱经受冲击和振动时,产品在箱中过分移动,但应保证封顶盖时在材料上施加一定的压力。

2. 产品凸出部位的保护

用衬垫材料对产品的凸出部位进行包裹或衬垫。除用传统的纤维素衬垫外,一些新型衬垫材料也逐渐得到应用。例如,1.6~6mm 厚的聚丙烯泡沫可有效地用作缓冲包裹材料,另一类型的包裹材料由两层聚丙烯泡沫组成,它们封接在一起,两薄层之间形成 25mm 或 6mm 的气泡。这些气泡形成小的缓冲层,使用几层材料时可使产品不受冲击。但是,必须防止这种材料过载,否则气泡会破裂并导致过高的冲击值。

设计得当的角衬垫能有效地保护有方角的产品(或封闭在一个内容器中的不规则形状的产品)。但是,特定的产品要求有特定的尺寸和形状的衬垫进行防护。因此,对许多不同类型的小批量产品进行缓冲时,使用角衬垫也许是不实际的,因为这将需要增加生产劳动成本或储存许多不同尺寸的角衬垫,且角衬垫常用于大批量产品的缓冲。产品角衬垫缓冲示意如图 4-5 所示。

（四）其他技术应用

1. 小型产品缓冲

体积小、形状类似的一系列产品可采用分层缓冲。

2. 大型产品中脆性零件的缓冲

通常,较大产品中的脆性零部件可与产品本身分离并单独包装。这种技术的主要优点在于只对实际需要保护的零部件提供专门的保护,可节省开支。但

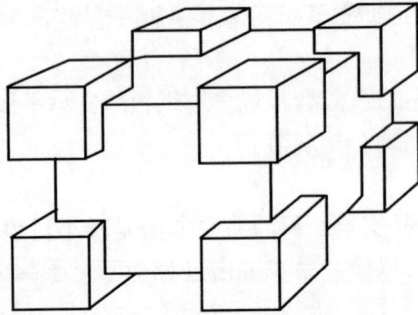

图 4 – 5 产品角衬垫缓冲示意图

是,拆下产品的零部件进行包装前,应获得适当的授权,而且所有的元件应清楚地贴上标签。

3. 不规则产品的缓冲

不规则形状产品的缓冲常有一些特殊问题,特别是产品带有凸出部分的易碎件时更是如此。可使用以下两种方法解决:① 悬浮或用缓冲材料全面缓冲;② 缓冲材料对处于固定状态的产品进行缓冲。

4. 应用缓冲材料防止产品磨损

有些产品有抛光或涂漆的表面,要求在运输中避免磨损。

5. 缓冲底座或垫木

大型的产品经常可固定在缓冲底座或垫木上。由于这些产品常常可在运输中保持正置,故只要求底部缓冲。除了起到冲击和振动隔离作用外,缓冲底座还作为整个包装容器的一个组成部分。

6. 现场发泡

许多类型的聚氨酯泡沫,无论硬质(用于填塞和加固)还是软质,都可以用液体的形式应用。两种化学材料在充填配制机器中充分混合并喷注到容器中,使产品或产品一部分的周围充满聚氨酯泡沫。

应该指出的是,无论使用何种方法,基本要求是用有足够厚度的缓冲材料来保护产品凸出部分,使其不致于碰坏或触底。因此,材料的厚度必须是从外包装容器到最外边的凸出部位,而不是到产品主体。但在实际包装中,计算最小缓冲材料有效厚度时常常忽略了产品突出部位,尤其是在缓冲模具设计上。

第三节 缓冲结构与材料

由于装备产品所处环境的复杂多变,采用的缓冲防护技术也多种多样。缓冲结构从形式简单的橡胶、弹簧、板簧等机械式减振结构,到液压式减振缓冲结构,原理各异;缓冲材料从稻壳、刨花、泡沫材料到气垫缓冲材料,也各有特色。缓冲结构和材料又是紧密结合、相互联系的。

一、缓冲结构装置

(一)缓冲结构

常见的缓冲结构包括波纹管、薄壁圆管、蜂窝结构、填充材料吸能结构、液压缓冲吸能结构等。

1. 波纹管

波纹管是将薄壁壳沿着侧面在轴向制成有波纹的褶皱而成。薄壁管的轴向折叠变形是最有效的吸能方式,但实际结构的变形很难得到。引入诱导结构,可以引导薄壁管的折叠式变形,控制其褶皱位置,防止由于材料、结构几何形状、制造及装配等因素造成不稳定的 Euler 变形模式。研究显示,管的压溃形式与诱导槽的形状关系不大,但对诱导槽的位置及尺寸大小较为敏感。通常情况下,棱上开孔和开槽都可以有效地诱导变形,当诱导孔的尺寸增加时,管变得更软,压溃距离增加,平均碰撞力及峰值载荷降低。通过正确地组合诱导孔的尺寸、位置及个数,对得到稳定、可预知的碰撞变形模式起到决定性作用。

2. 薄壁圆管

用圆柱壳构造冲击载荷的防护工程结构件,在国防和城市建设工程方面是一个新兴的领域。薄壁圆管在冲击力的作用下,其屈曲形式与静力屈曲形式是不同的。在屈曲过程中,依次形成一个个波纹形圆环,逐个折叠起来,因而其应力—行程曲线呈起伏的波纹状,如图 4-6 所示。

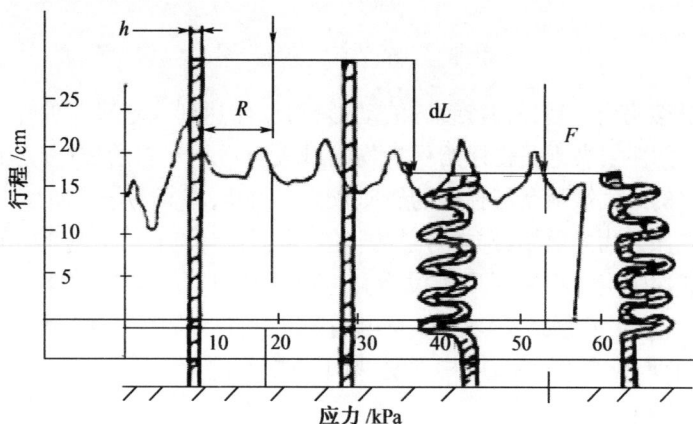

图 4-6 薄壁管在冲击载荷下的屈曲形式

使用这种方法时,要求冲击力的作用方向严格通过管子的轴线。还有一种方法不是利用薄管的屈曲性能,而是利用其破裂性能。将若干个薄管捆绑起来,轴线互相平行,在冲击力作用下破裂而吸收能量。其吸能原理为:在薄壁管受轴向压力时,发生持续的轴向渐进叠缩变形,分别形成周向折叠凸角数目不同的非轴对称和轴对称变形,如图4-7所示。

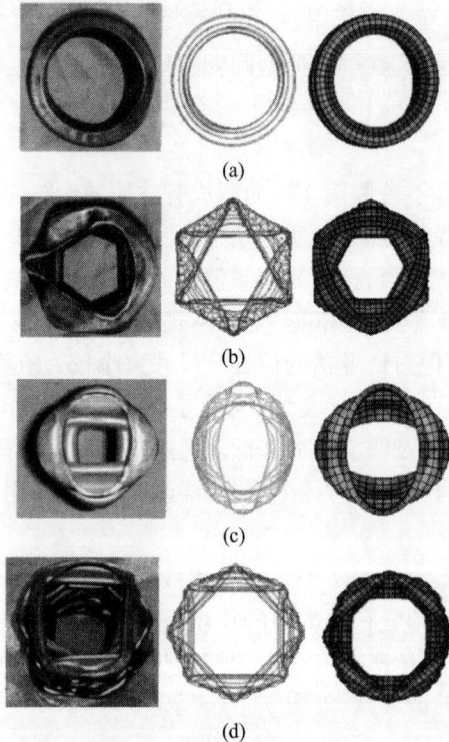

(a)

(b)

(c)

(d)

图4-7 薄壁管受压变形图

载荷位移曲线呈现一种持续的波动形态,从而达到稳定吸能的作用。薄壁圆柱壳缓冲的主要特点是传递给保护物的最大应力小于它的破坏应力,而圆柱壳可以传递的最大载荷是圆柱壳的屈曲载荷。因此,将其用作缓冲吸能结构时,可以根据被保护物的需要,选择合适的脆值,从而设计圆柱壳相应的屈曲载荷。

薄壁缓冲吸能结构主要用于设计高速碰撞情况下的缓冲和能量的吸收装置,例如在高速列车、汽车、弹药库、核电站等部件和工程中已被采用。它具有比能高、大变形承载能力稳定、取材方便、易于更换等优势。

3. 蜂窝结构

蜂窝结构是一种二维的多孔结构,相对密度都较小,作为理想的轻质结构可用作夹层的芯层材料,由于刚度质量比大、能量吸收性能好,是理想的减振缓冲结构,现在被广泛应用于各个工程领域。

蜂窝结构是一种黏弹性结构。黏弹性结构是一种兼有某些黏性液体和弹性固体特性的结构,当受到外界的载荷冲击时,产生动态应力和应变,部分能量能贮存起来,而另一部分能量则被转化成热能而被消耗掉。这种能量的转化及耗散,表现为阻尼,具有减振的作用,可有效地将能量吸收,以较小的加速度传递到运输的装备器材上,避免装备器材被冲击损坏。

蜂窝结构主要可以从几何形状和材料来区分。单就蜂窝结构的几何拓扑而言,就有对称的等边三角形、圆形、正方形、正六边形,还有不规则的多边形等;从材料上来说,又可分为金属材料、聚合物材料、陶瓷材料、复合材料等。

金属蜂窝结构是一种新型蜂窝结构,由于结构内部储藏大量气体,当结构接收到振动源的能量时,结构内部具有很大的内耗,所以具有很好的能量吸收特性,可用来制造能量吸收器、减振缓冲器等应用于机械工程和车辆工程。当它们受到突然的冲击时,由于结构吸收了大量的冲击能量,不容易造成车毁人亡的恶性事故。另外,金属蜂窝结构具有很大的比表面积,所以它在电化学中用来制造电化学电极,可以大大提高电化学反应过程中能量的释放,如泡沫镍电极电池就是一例。同样由于比表面积大,金属蜂窝结构还具有良好的换热散热能力、吸声能力、电磁波吸收特性、气体吸附特性等特点,所以在通信工程、环保工程等领域也有广泛的用途。

4. 填充材料吸能结构

如果在空心的吸能元件内填充密度低、质量小、吸能性能好的材料,就能在尽可能少地增加元件质量的情况下,极大地提高元件所能承受的平均压溃载荷,并提高吸能元件的吸能效果。例如,在薄壁管结构的基础上,将多个薄壁管并列就形成了蜂窝式的吸能结构。

5. 钢丝绳隔振器

钢丝绳隔振器是一种具有非线性特性和干摩擦阻尼的新型隔振器,采用多股钢丝按一定方向缠绕而成的钢丝绳作为弹性元件,由上下两组刚性夹板夹紧,结构示意图如图4-8所示。

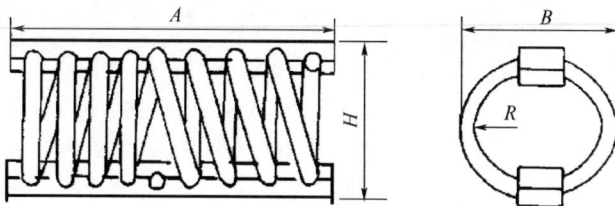

图4-8　钢丝绳隔振器结构示意图

钢丝绳隔振器由一根多段不锈钢钢丝绳穿绕在上下两块夹板上固定而成，其刚度与阻尼取决于钢丝绳的直径、股数、圈数、缠绕方式和尺寸。阻尼是由隔振器在负荷作用时多股钢丝间由于相对移动与摩擦而产生的，当激振与冲击幅度足够大时，隔振器钢丝绳各股之间发生内摩擦并与钢丝绳运动方向相反，从而消耗大量的能量，衰减摩擦而拧在一起，不产生相对滑移，从而表现出良好的线弹性，保持系统的稳定。钢丝绳隔振器适用于振动冲击情况复杂的工况，它对设备具有三向保护作用，可在高温和恶劣环境下可靠地工作，具有较宽的承载范围、无限的储存期和使用寿命。

6. 液压缓冲吸能结构

与传统的通过材料塑性变形达到能量吸收效果的吸能结构不同，液压缓冲吸能结构是利用油液的粘性阻尼作用，将大部分的冲击能量通过节流孔吸收转化为油液的热能散掉。其原理是空心活塞杆内部被浮动活塞隔成两腔，一腔充满氮气，一腔充满机械油，活塞杆外圆柱面与缓冲缸内圆柱面滑动配合，缓冲缸内机械油与活塞杆油腔相通。缓冲缸固定在受保护物上，当与障碍物碰撞时，碰撞冲击力传到活塞杆上，活塞杆推动机械油流过节流孔，压向活塞油腔，推动活塞向气腔移动，并使氮气受到压缩。这样，利用机械油通过节流孔时的粘性阻力吸收撞击能量，吸收能量的效率高达 80%，且工作特性比较稳定。撞击后靠氮气产生动力复位。液压缓冲不仅能够吸收巨大的冲击能量，而且可以通过调节节流孔来设计不同的碰撞缓冲规律，工作稳定可靠，特别适合于冲击能较大的场合。其不足是结构复杂、维修不便、密封要求高，需要经常保养，否则会产渗漏。另外，对环境温度变化也比较敏感，生产成本及保养费用较高。

(二) 缓冲装置

缓冲装置在军事领域应用较多，是实现各种装备的空投保障。缓冲装置种类比较丰富，主要有缓冲托盘、缓冲火箭、滑翔伞、缓冲气囊、收缩式制动器、机械式减振器等。针对不同载荷的冲击要求，采用不同的缓冲装置便可以避免冲击对装备的损伤。不同空投缓冲装置的减振方式各不相同，但其利用的原理主要有两种：一是在着陆前较短时间内，降低载荷的下降速度，从而降低冲击加速度峰值；二是在着陆后的有限距离内，将能量耗散或吸收掉。

采用第一种缓冲原理的机构有缓冲火箭、滑翔伞和收缩式制动器。这三种缓冲机构在载荷着陆前会为载荷提供一个竖直向上的加速度，以降低载荷着陆瞬间的动量，从而降低冲击加速度的峰值，减少冲击。缓冲托盘、缓冲气囊、机械式减振器采用的是第二种缓冲原理。缓冲气囊和机械式减振器会在载荷着陆瞬间先将冲击机械能吸收，然后再缓慢释放将能量耗散；缓冲托盘则是运用缓冲材料损坏耗能将冲击机械能耗散。

1. 缓冲火箭

缓冲火箭就是一种具有较高技术含量的主动式空投着陆缓冲装置。它是利用火箭的反推作用给载荷提供一个竖直向上的加速度,降低载荷的下降速度,从而降低空投载荷着陆时的冲击加速度,实现空投载荷的软着陆。它主要由反推火箭、智能控制电路、高度传感器、加速度传感器和速度传感器等组成。当载荷下降到一定高度时,高度传感器发出信号使反推火箭点火,速度传感器拾取载荷此时的下降速度,并上传至控制模块;控制模块综合高度与速度信息,设定反推加速度,通过加速度传感器控制火箭适时改变反推力大小,使载荷在着陆瞬间的速度不大于允许值,从而实现载荷的软着陆。理论上,缓冲火箭可实现零速度着陆。

缓冲火箭的缓冲行程相当大,可以平稳改变空投载荷的下降速度,使载荷在空投过程中受到的过载非常小,从而可以最大限度地满足各种贵重、易损、高精度、高危敏感装备器材的空投保障。但由于缓冲火箭结构复杂、成本较高,在一般空投保障中应用较少。它多用于航空飞行器登陆天体和回收返回式卫星,在部分战车的空投保障中也有运用。

2. 收缩式制动器

收缩式制动器是由美国陆军士兵中心研制的空投缓冲设备,它分为两种收缩式软着陆系统,可以显著地降低空投弹药的着陆速度。第一种为气动强力制动器,是一个硅管,用编织的聚乙烯纤维予以强化,插在物资吊索和降落伞之间。棒状触发器(高度控制器)在离地面大约4.3m处启动充气装置,制动器在撞地面前被氮气膨胀,此时直径增大而长度缩短,把所投物资向上拉近降落伞,并降低其着陆速度。第二种系统运用了钢缆收缩技术。在已装好索具的空投平台上放置车辆等物资。当空投平台脱离空投飞机时,降落伞打开,6m左右的钢缆通过滑轮系统释放出来。挂在被空投的平台下面的棒状触发器(高度控制器)撞击地面时,启动制动器的电机,并把钢缆卷起来。像制动器一样,缩短了的钢缆将所投弹药向上拉近降落伞,使其降落速度减小。

3. 缓冲气囊

缓冲气囊在空投前折叠起来放在空投装备下面。在装备乘伞下降过程中,空气从其下端进气活门充进气囊内。着陆瞬间,气囊被压缩,其内部的空气可以从排气活门或爆破气口排出,这样气囊就能吸收物体着陆时的冲击能量,达到缓冲的目的,减少着陆时的振动。

缓冲气囊视其缓冲行程是否具有排(泄)气能力,可分为无排气孔的气囊和具有排气能力的气囊两大类。而具有排气能力的气囊又分为排气孔面积固定的气囊、排气孔面积可控的气囊以及增压型气囊三种。无排气孔的气囊是最早使用、结构最简单的一种气囊。其缺点是：在受到冲击时,囊内气体受到压缩而做功。为了达到一定的缓冲效果,气囊应具有一定的高度,因此缓冲行程结束时容易反弹或倾倒。排气孔面积固定的气囊是目前应用最广、技术最成熟的缓冲气囊。此种气囊的表面有一圈排气孔,外面有排气盖片盖住。在着陆冲击时,气囊内的气体受到压缩,开始排气。气囊行程的大部分用以压缩囊内气体至其压力的峰值,但这样尚不能完全消除"空投载荷—气囊"组合质心位置较高导致的对地面风以及地面坡度的敏感性。排气孔面积可控的气囊是针对排气孔面积固定的气囊而言,其排气孔面积在着陆缓冲的过程可以进行调节。在着陆时,先将排气阀迅速开启到最大位置,然后随时间线性地减小到关闭。

4. 滑翔伞

滑翔伞的伞衣有上翼面、下翼面和数十个成型肋片构成。伞衣前缘部分有一定尺寸的进气口,而后缘则完全封闭,空气从进气口灌入,根据流体连续性原理和伯努利定理,由于上下翼面弯度不同,空气流经时产生压力差,较短直的下翼面产生向较弯长的上翼面的推力。在滑翔伞伞衣中心轴两侧对称分布有3~4组伞绳,由组带分开。这些伞绳依次控制着前缘风口、伞的主面升力中心和后缘等部位,两侧的刹车绳可以控制左右转弯、减速、刹停等运动,利用智能控制装置控制机械机构就可以准确控制载荷在空中的飞行方向和路线,将装备器材投送到预定地点。如果加装信息收发装置,甚至可以实现遥控空投。空投中用滑翔伞代替降落伞,在降落时通过对刹车绳的控制,载荷着陆时受到的冲击甚至可以比在搬运过程中受到的冲击还小。

滑翔伞也是技术含量较高的一种缓冲装置,空投时需要不断根据环境调整伞绳。相对缓冲火箭而言,它对控制系统的准确度和控制的精确度要求较高,对误差反应较为敏感,不易实现。滑翔伞单位伞衣面积承重较小,在空投重型装备器械时需要的伞衣面积较大,不利于控制;伞衣还要定期重新包装,防止粘连影响开伞性能和开伞速度。目前,在工程上,滑翔伞还没有成熟的应用,主要还是在人员空降时运用。

5. 机械式减振器

这种装置用橡胶、弹簧、板簧或液压减振器装在空投装备下面,以起到着陆缓冲的作用。这是一种最原始最简单的缓冲方法。但由于橡胶、弹簧、板簧都有回弹性,在运用这类减振器时会导致载荷在着陆后发生振动,甚至发生倾翻。所以这类缓冲装置只能辅助其他装置缓冲冲击,不能用于主要的缓冲机构。

6. 缓冲托盘

缓冲托盘是用缓冲材料制作的托盘,或者是在普通托盘的底部加装缓冲材料。托盘是装备器材在空投中的支撑装置。空投时托盘与降落伞有绳索相连,装备器材通过锁扣与托盘固连。托盘作为载荷的一部分,与降落伞一起降低装备器材的下降速度。载荷着陆时,冲击会导致缓冲材料发生非弹性形变,将冲击机械能消耗掉,从而降低装备器材受到的冲击能,保护装备器材的完好性。主要的缓冲材料有薄壁圆管、蜂窝材料、金属泡沫材料等。

　　总的来说,缓冲火箭、滑翔伞和收缩式制动装置的缓冲性能较好,可以将空投载荷着陆时的冲击降到最低,有效保护空投装备器材的完好性;但它们需要强大的控制系统,结构复杂,成本较高,在空投中应用不是很广泛。机械式减振器和缓冲气囊都是相对较简单的缓冲装置,但由于它们在缓冲过程中会造成空投载荷的不稳定,甚至倾翻坍塌,也不能得到充分的应用。缓冲托盘结构简单,无需控制,环境适应性强,可用于不同情况下的空投保障,但缓冲性能有限。

二、缓冲包装材料

　　所谓缓冲包装材料是指包装物品在流通过程中,因受外力的作用而遭受到冲击和振动时,能吸收外力产生的能量,以防止被包装物受损坏而使用的保护材料。

(一) 常用缓冲包装材料

　　在大量使用泡沫塑料做缓冲包装材料之前,人们主要将稻麦草、稻壳、刨花、纸屑、木丝和藤丝等用于包装容器内空隙填充,起限位隔离和缓冲作用。但这些材料容易吸湿而发霉、生虫,且由于零散使用,造成包装操作困难、缓冲性能难以预测,为此人们就开发了一系列的缓冲包装材料。

　　1. 泡沫塑料

　　泡沫塑料是以高分子树脂(如 PE、PS、PVC 等)为原料,经过发泡处理而制成的一种具有无数蜂窝状结构的缓冲材料。泡沫塑料的性能取决于本身材质外,还取决于发泡程度和泡沫性质。而泡沫性质又取决于气泡结构,气泡结构可分为两种状态:一种是每个薄壁气泡相互隔离而形成独立气泡泡沫;另一种是气泡之间相互连通,成为连续的气泡泡沫。当泡体受到外力冲击作用时,这些开孔或闭孔气泡中的气体通过压缩和滞留使外力的能量被耗散,泡孔起到吸收外来冲击载荷的作用,具有质轻、易于加工成型、缓冲性能好、隔热、隔音、弹性好、耐化学腐蚀性等优点。因此,泡沫塑料是目前应用最普遍的缓冲包装材料。

　　泡沫塑料根据软硬程度不同,可分为软质泡沫塑料、半硬质泡沫塑料和硬质泡沫塑料三种形式。软质泡沫塑料具有柔软、弹性好的特性,以聚氯乙烯为主。硬质泡沫塑料具有一定的刚性,以聚苯乙烯为主。通常应用的泡沫塑料有聚乙烯、聚苯乙烯、聚氯乙烯、聚氨酯、环氧树脂、酚醛树脂、硅树脂、醋酸纤维素和脲树脂。包装中最常用的是聚氨酯、聚乙烯和聚苯乙烯泡沫塑料。

1）聚苯乙烯泡沫塑料

目前市场上大量使用的是聚苯乙烯（PS）泡沫塑料,这种泡沫塑料对于大批量的产品包装具有很大优势,但对于一些不能成批量的产品却不合适,如几件、几十件的产品,人们就不可能做几套昂贵的模具作为聚苯泡沫塑料成型件。

2）聚氨酯泡沫塑料

聚氨酯（PU）泡沫塑料耐热性能好,在耐化学性方面几乎不受油类（尤其是矿物油）的侵蚀,有良好的缓冲性能及阻隔性能,可用作隔热和隔音材料。目前,用量还不是很大,主要用于衬垫、量具盒、精密仪器仪表等非批量产品。PU泡沫塑料可采用现场发泡包装方法,工艺简单、操作方便,不需要任何模具,以包装物和被包装物为模即可瞬时成型。对任何不规则的产品,特别是异形易碎物品均能按其形状、空间充填,使物品牢固地固定在包装箱内。由于其可将被包装物包裹起来,物品同包装物接触面积大,在碰撞时单位面积所受的力很小,物品不易受损。

3）聚乙烯泡沫塑料

聚乙烯（PE）泡沫塑料是近几年发展起来的新品种,是一种物美价廉的缓冲包装材料,其化学特性几乎保持原树脂的特性,而且分子交联使性能进一步提高。其缓冲性能好、隔热性好、耐化学腐蚀、吸水性小、质轻、成本低、加工性好。可用于精密仪器、玻璃及陶瓷制品等的缓冲包装材料,制成缓冲袋、缓冲箱等包装容器,还可以制成冷冻食品的保冷袋及热食品的保温容器。低发泡的聚乙烯还可以通过切、削等二次加工,制成护角、护棱等定型缓冲材料。

尽管泡沫塑料具有质量轻、易加工、保护性能好、适应性广、价廉物美等优势,但是也存在着体积大、废弃物不能自然风化、焚烧处理产生有害气体等缺点。在环境污染严重、自然界资源匮乏的情况下,泡沫塑料对环境的危害引起人们的极大重视。虽然随着科技的发展已经研制出可降解的塑料,但是这种塑料价格昂贵,处理的条件要求严格,且不能百分之百地降解,因此这种可降解塑料的大范围推广应用受到限制。所以,泡沫塑料将逐渐被其他环保缓冲材料所替代。

2. 纸质缓冲包装材料

在空隙类结构物质中,纸质材料富有一定的弹性,既能起缓冲作用,又能分隔内装产品,使之牢固、稳定。纸类材料具有加工方便、价格低、可再生、处理简单等优点,特别是可以制成具有缓冲性能的容器,应用相当广泛。纸质缓冲包装材料的使用已有一段历史。但是,由于泡沫塑料在价格和性能上的优势,纸质缓冲包装材料的发展受到了限制。近几年来,严重的环境污染问题促使人们把目光转移到环保型缓冲包装材料的发展上,纸质缓冲包装材料就是其中之一。目前市场上使用较多的纸质缓冲包装材料有瓦楞纸板和蜂窝纸板。

1) 瓦楞纸板

瓦楞纸板是用牛皮卡纸(箱板纸)作里和面,中间用瓦楞原纸(波纹纸)作夹芯黏结而成。改变夹芯、里纸的层数及瓦楞的形状、尺寸,可得到不同种类的瓦楞纸板。瓦楞纸板具有环保性能好、使用温度范围广、成本低、取材便利、生产工艺成熟、加工性能好等优点,因此广泛用于电子类、水果类等产品的缓冲包装材料,并可以制成各种形状的垫片、垫圈、隔板、衬板、护角、护棱等。但也存在一些缺点,如:表面较硬,在包装某些商品时不能直接接触内装物的表面,内装物与缓冲纸板之间出现相对移动从而损坏内装物表面;耐潮湿性能差;复原性小等。国内学者提出了一种新型缓冲包装结构——瓦楞纸板与塑料薄膜相结合的形式,它不仅克服了瓦楞纸板表面较硬这个缺点,而且对各种形状的产品都可采用相同的包装形式,省去了加工特殊形状缓冲衬垫这道工序的费用和时间。针对复原性小这个缺点,也有人提出将瓦楞纸板做成互相平行、垂直和交错的多层结构,使其形状如蜂窝,这样就能大大提高其缓冲性能。

2) 蜂窝纸板

蜂窝纸板与瓦楞纸板相似,但其纸芯不是瓦楞而是蜂窝纸芯。蜂窝纸板类似工字梁胶板的作用,空间结构优于瓦楞纸板,抗压能力强,比强度和比刚度高,材耗少、质量轻、内芯密度几乎可与发泡塑料相当。蜂窝纸板是近几年发展起来的新型包装材料,主要应用于蜂窝纸箱、缓冲衬垫和蜂窝托盘等,适用于精密仪器、仪表、家用电器及易碎物品的运输包装。由于内芯中充满空气且互不流通,因此具有良好的防震、隔热、隔音性能。蜂窝纸板的生产采用再生纸板材料和水溶胶黏剂,可以百分之百回收,符合国际包装工业材料的应用发展趋势。但由于生产自动化程度低,蜂窝制品在技术、工艺等问题上还没有得到很好地解决,再加上价格昂贵等原因,蜂窝纸板制品在包装业尚未得到广泛使用。随着蜂窝纸板的进一步研究和开发、品种增加、质量提高,将会逐渐应用到包装的各个领域,是替代木箱、塑料箱(含塑料托盘、泡沫塑料)的一种新型绿色包装材料。

瓦楞纸板和蜂窝纸板各有优势。蜂窝纸板因其独特的结构,使其较瓦楞纸板具有更强的抗压、抗折能力。蜂窝纸板质量轻这个优点使其在材料成本上比瓦楞纸板更具优势。但是,在抵挡外物侵入的能力上,瓦楞纸板却比蜂窝纸板高出几倍。在生产成本上,蜂窝纸板生产设备的生产效率远不如瓦楞纸板高,所以在材料加工费上瓦楞纸板要比蜂窝纸板低得多。为了综合瓦楞纸板和蜂窝纸板的优点,人们正致力于这两种材料复合件的研究工作,以期得到更好的缓冲包装结构。目前,一些研究结果已初步证明了瓦楞纸板和蜂窝纸板复合件的优越性能,这将是今后纸质缓冲包装材料的发展方向。

3. 纸浆模塑

纸浆模塑以纸浆(或废纸)为主要原料,经碎解制浆、调料后,注入模具中成型、干燥而得。该制品来源丰富、成本低、回收利用率高、不污染环境、使用范围广、质量轻、透气性好、可塑性和缓冲性好。纸浆模塑的应用始于20世纪60年代,我国在80年代初开始从国外引进数条各种型号的纸浆模塑生产线,目前已广泛应用于一次性快餐具、方便食品包装和鲜蛋、水果、玻璃、陶瓷、家用电器、五金工具及其他易碎产品的防振缓冲包装,是泡沫塑料的主要替换产品。但因其强度所限,纸浆模塑未能用于较重产品的缓冲包装。

4. 气垫缓冲材料

早期的气垫缓冲材料为气垫薄膜,它是用聚氯乙烯薄膜高频热压成形,内充氮气,外形类似小枕头,透明、富有弹性,适用于轻小型产品的缓冲包装。但是该气垫薄膜易受其周围气温的影响而膨胀和收缩。膨胀将导致外包装箱和被包装物的损坏,收缩则导致被包装物的移动,从而使包装失稳,最终引起产品的破损。

气泡塑料薄膜是一种在两层薄膜之间夹杂着整齐排列、大小均匀的空气泡的包装材料。多采用聚乙烯薄膜其上涂覆聚偏二氯乙烯,可以减少空气的透出。两层薄膜:一层为平面薄膜,另一层为成泡薄膜。一般情况下,基层比泡层厚一倍左右。根据缓冲要求不同,也可以制成二层的气垫薄膜。气泡的形状有圆筒形、半圆形和钟罩形三种。由于两层薄膜之间夹杂着大量的空气泡,所以能有效地吸收冲击能量,并且有良好的阻隔性和隔热性。气泡薄膜耐腐蚀、耐霉变、柔软、质轻、清洁、防潮、防尘。缺点是当内装物有突出部分时,会使气泡受到很大的压力,使空气泄露而丧失缓冲效果。因此,不适于包装重量较大、负荷集中及形状尖锐的产品,可广泛用于仪器、仪表和工艺品等产品的包装,同时也是目前唯一的透明状缓冲包装材料,因此主要用作销售包装。

新型气垫缓冲材料由具有柔性和弹性的聚氨酯材料与普通气垫缓冲材料组成,克服了气垫薄膜的上述缺点。同时,它还采用多层聚乙烯薄膜与高强度、耐磨损的尼龙布作为缓冲垫的表面材料,延长了其使用寿命,使之可以回收利用,大大减少了包装废弃物对环境的污染。日本松下公司已将该缓冲材料用于袖珍DVD机的包装,并将在小型精密仪器和大型家电的包装中使用。

5. 植物纤维类缓冲包装材料

植物纤维类缓冲包装材料是在考虑充分利用自然资源的情况下发展起来的。目前已经研制出来的这类材料有农作物秸秆缓冲包装材料、聚乳酸发泡材料、废纸和淀粉制包装用泡沫填料。

用农作物秸秆粉碎物和黏接剂作为原料,经混合、交联反应、发泡、浇铸、烘烤定型、自然干燥等工艺后,即可制成减震缓冲包装材料。这种材料在低应力条件下,具有比聚苯乙烯泡沫塑料更好的缓冲性能,而且可降解、原料价廉易得。

玉米是我国北方地区广泛种植的农作物,植物纤维类缓冲材料充分利用了这种自然资源,所以极具开发潜力。日本针纺合纤公司以从玉米中提取的聚乳酸为原料,制作出可生物降解的发泡材料。这种发泡材料的强度、缓冲性、耐药性等均与苯乙烯泡沫塑料相同,而且可以使用现有的塑料发泡材料制作设备。用后焚烧产生的热量仅是苯乙烯的 $1/3 \sim 1/2$,不会损坏焚烧炉且无污染。美国天然淀粉及化学公司开发研制出的生物分解型缓冲包装材料 ECO - Foam,也是采用玉米淀粉为原料制成的,缓冲性佳,适用于轻质商品的缓冲包装,可替代聚苯乙烯和聚氨酯等泡沫塑料。另外可降解性好,分解速度快,具有良好的抗静电性,对精密的电子产品尤其适合;但它具有吸湿性,特别是当它在相对湿度 80%以上的高湿条件下长期放置时,会因吸收水分收缩而失去实际使用价值,因此需采用防湿措施。

德国学者利用废纸和淀粉作原料,制成了缓冲包装材料。其方法是:将废纸或劣质纸张切成或粉碎成细沫,碾成独特的纤维,再与淀粉掺和在一起;然后将这种浆状物压制成颗粒,把它们放进密封的器皿中,施加高温、高热蒸汽,再急剧地减压使颗粒膨胀,从而形成多孔的小球。实验证明:用这种小球作包装用泡沫填料,能承受的冲撞优于苯乙烯泡沫塑料,且价格比苯乙烯便宜;更重要的是这种材料丢弃以后,能很快地被微生物和真菌分解,不会对环境带来不良影响。

6. 泡沫金属材料

泡沫金属材料是一种以金属和合金为基体,内部随机分布有三维多面体的固体材料。泡沫金属材料是一种高效吸收冲击机械能的材料,可以综合低密度、高刚度、高冲击吸能性、低热导率、低磁导率和良好阻尼性等性能。泡沫金属材料最主要的用途之一是作为吸能缓冲防护材料,在受保护物所能承受的极限应力范围内,吸收大量的能量,以避免受保护物发生破坏。泡沫金属材料之所以具有这样的特性,主要源于其特殊的响应特征。

泡沫金属材料的出现与应用已有 50 多年的历史,但关于泡沫金属材料在载荷作用下的力学行为和破坏机理的研究只是近年来才为人们所重视。从结构上讲,泡沫金属材料可以看成是由相互连接的固体杆或板构成的众多胞孔单元所构成的,金属泡沫材料中的胞孔单元可以是相互连通(开孔)或不连通的(闭孔)。它的应力—应变曲线响应具有明显的三个阶段特性,即初始的弹性段、中间的塑性平台段及最后的应力急剧上升的致密段。当应力较小时,它呈线弹性,材料进入屈服阶段后会出现一个屈服平台,这时应力随应变增大几乎恒定不变留在这个阶段。金属泡沫材料可在压缩变形过程中消耗大量的功,将其转变为结构中的泡孔的变形、坍塌、破裂、泡壁摩擦等各种形式所耗散的能量,从而有效地吸收冲击机械能。最后孔壁被挤压到一起,空隙被压实,进入一个应力陡然升高区。金属泡沫材料吸能减振原理示意图如图4-9所示。

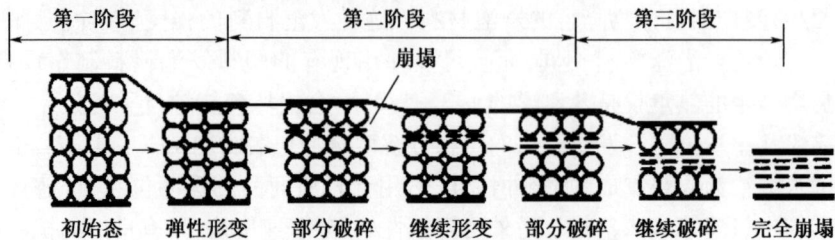

图4-9 泡沫金属材料吸能减振原理示意图

泡沫金属发展至今,已有很多种的制造工艺方法。根据金属在工艺过程中的状态,可以分为液态发泡、固态发泡、气相发泡、金属离子溶液四类方法。每种方法都能够制备一些金属体系的金属泡沫材料,这些泡沫体具有一定的相对密度范围和孔穴尺寸范围,其中一些方法可生产开孔泡沫体,另一些方法则可生产闭孔为主的泡沫体。

(二)缓冲包装材料性能

1. 抗振动特性

对于内装产品来说,缓冲材料的包装实质上是缓冲和减振装置。在流通过程中,产品振动的振源来自运输工具的振动。缓冲材料的弹性是衡量缓冲材料抗振能力的基本要素之一;在共振条件下,阻尼是影响产品振动的唯一因素,增大阻尼,传递率会减少,进而起到减振作用。

2. 缓冲性能

缓冲材料对冲击能量应具有良好的吸收性能,从而有效地减少传递到内装产品上的冲击。不同的缓冲材料,其弹性特性不同,对冲击能量的吸收能力也不同。如果不计冲击过程中的能量损失,且假设最大冲击的全部机械能都转变为缓冲材料的变形能,那么单位体积吸收能量越大的缓冲材料,其缓冲效果就越好。工业上常用缓冲系数 C 来表示材料的缓冲性能,它是缓冲效率的倒数。缓冲系数越小,表示缓冲材料单位体积吸收的能量越多,因而缓冲效率越高,用材也就越经济,缓冲系数的最小值一般表示缓冲材料的最佳使用状态。

3. 弹性系数

在包装力学模型中,一般都把缓冲材料视为理想的弹性体,认为它在长时间反复振动和多次冲击下,弹性仍然均匀、无变化。材料的弹性特性,通常用材料

的弹性系数 K 来表征,它是表征材料缓冲能力的一个重要参数。缓冲材料就是要选定一个 K 值合适的材料,使产品因受外界冲击而产生的最大加速度小于产品可能承受的许用加速度(脆值)。实际缓冲材料的弹性,从它们的应力—形变曲线来看相当复杂。根据应力—应变($\delta-\varepsilon$)曲线,缓冲材料分为线性弹性材料和非线性弹性材料两大类。非线性弹性材料又分为正切型弹性材料、双曲正切型弹性材料、三次函数型弹性材料与规则型弹性材料。

4. 抗蠕变性

蠕变是指缓冲材料在受到静外力作用下,随着时间的延长变形相应增大的一种现象。产品长期储存,缓冲材料就会发生蠕变,结果导致产品与衬垫间发生空隙,造成不利影响。因此,缓冲材料应有良好的抗蠕变性。缓冲材料的抗蠕变能力通常由蠕变率用 C_r 表示。

$$C_r = (T_o - T_u)/T_o \times 100\% \qquad (4-8)$$

式中:T_o 为材料压缩前厚度;T_u 为材料变形后厚度。

5. 回弹性

缓冲材料具备的恢复原来尺寸和形状的能力称为回弹性。缓冲材料在每一次变形之后不可能完全恢复到原来的形状与尺寸。缓冲材料经过几次冲击作用后,结构尺寸变化较大,一方面导致材料的应力—应变曲线发生变化,影响缓冲性能;另一方面材料尺寸变小,在外包装容器内部产生空隙,容易发生二次冲击,这两种情况都可能增大产品破损的可能性。产品的回弹性能用回弹率 k 描述。为了加大缓冲材料的回弹性,在使用前应对材料进行预压力处理,使之发生塑性变形。这在一定程度上补偿了缓冲材料在初始冲击外力作用下的永久变形,从而给缓冲材料尺寸设计和充分保护产品带来了更大的可靠性。

(三)缓冲包装材料力学性能测试方法

1. 正交试验、曲线拟合法

近年来,大部分学者都通过静态压缩试验对材料力学强度的影响因素进行分析,通过正交试验探讨各组分及工艺条件对材料性能及降解性能的影响,并对植物秸秆纤维材料本构关系框架进行扩充,建立非线性本构关系模型,利用实验数据成功识别模型参数。此种描述植物纤维类材料非线性力学行为的方法,为进一步研究和开发植物纤维聚苯乙烯材料提供了理论基础。

2. 计算机仿真设计

冲击和振动包装件在流通过程的时间不能完全用数学公式计算。冲击波的形状是复杂的,也没有明确的冲击作用时间。为了便于研究包装件在动态负荷作用下的力学特性,经常采用模型或模拟的方法,对实际的冲击负荷进行必要的简化,从而建立相应的力学模型和数学模型。

计算机仿真是基于模型的活动,模型是对实际系统的一种抽象,是系统本质的表述,包括物理仿真、数字仿真和动态仿真。仿真的基本框架是"建模—试验—分析"。它是将一个能够近似描述实际系统的数字模型经过二次模型转化为仿真模型,再利用计算机进行模型运行、分析处理的过程。在缓冲包装系统的仿真技术应用研究中主要采用数字模型,用数字语言描述系统行为的特征。

Matlab 语言的出现将数值计算技术与应用带入了一个新的阶段,与之配套的 Simulink 仿真环境又为系统仿真技术提供了新的解决方案,它用模块组合的方法使用户能够快速、准确地创建动态系统的计算机模型,可用来模拟线性或非线性的系统,以及连续或离散的或者两者混合的动态系统的强有力的工具。通过仿真不断优化和改善设计,特别对于复杂的非线性系统,具有更好的效果。

3. 数字相关测量方法

数字相关测量方法(DICM)首先由 Peters 和 Sutton 等提出,是根据物体表面随机分布的粒子的反射光强分布在变形前后的概率统计相关性来确定物体表面位移和应变。根据统计学原理,计算处理变形前后的数字散斑图的参考图像与目标图像之间的相关性,其中需应用 Newton – Raphson 迭代方法。数字相关测量方法的测量系统主要由光学成像系统、CCD 摄像机、数字图像处理系统组成。

由于纸浆模塑材料单向拉伸时横向变形非常小,对温度、湿度等环境因素影响敏感,变形测量比较困难,不宜采用接触式变形测量方法,所以利用这种技术测量纸浆模塑材料横向变形,较好地解决了纸浆模塑材料的横向变形系数测量和全场变形测量问题。实验时,连接好数字相关测量系统,调整光源及 CCD 摄像头的位置,达到成像区域尺寸和合适位置;同时设置自动控制电子万能材料实验机加载参数,在加载实验过程中通过数字相关测量系统记录加载前后的散斑图,将其存储于计算机硬盘上,利用数字相关分析软件对散斑图中的变形数据进行提取。这一测量方法可直接计算出测试区的全场应变,由此可以非常方便地得到材料的弹性模量和泊松比。从而为纸浆模塑缓冲包装结构的有限元分析和设计打下基础。

4. 应用有限元理论和有限元方法

产品在运输过程中,损坏的主要原因是冲击与振动。为了避免损坏的发生,事先需对包装件进行测试,但这种测试对产品来说往往是破坏性的,且试验费用昂贵,因此必需对包装件做跌落仿真分析,进而完善产品内部结构及缓冲包装的优化设计。利用有限元理论可对自由跌落、空投试验的仿真验证,进行跌落问题的有效性和可靠性分析。国内学者应用有限元理论和 ANSYS/LS – DYNA 对仪器类运输包装件进行了跌落冲击响应仿真分析,讨论了跌落高度、跌落方向和结构形状对包装系统动态响应的影响,并结合以往试验结果,得出了缓冲包装的可靠性和包装件内部无法检测部件的环境适应性结论。可见,依据仿真结果进行结构强度评定和包装设计优化的方法是可行的。

(四) 缓冲包装材料性能研究进展

表征缓冲包装材料缓冲特性最经典的方法是采用静态或动态材料本构关系。1952 年,Jansen 提出基于变形能的缓冲系数概念来表征缓冲包装材料的性能,后来又扩展为动态缓冲系数概念。1961 年,Franklin 和 Hatae 提出了最大加速度—静应力曲线,根据这些经验曲线,可简便地设计计算单自由度系统跌落缓冲包装设计,但误差较大。1974 年,Cost、Mc Daniel 和 Wyskida 分别建立了某种包装材料下物品最大加速度的数学表达式,根据不同静应力、厚度、跌落高度和环境温度,从这个表达式直接计算最大加速度值。人们对缓冲材料的性能研究主要集中在泡沫塑料、瓦楞纸板、蜂窝纸板和纸浆模塑。

1. 泡沫塑料缓冲性能研究

在大量使用泡沫塑料作为缓冲包装材料之前,人们就开始研究其缓冲性能。研究内容涉及低密度闭孔泡沫塑料的应力—应变曲线和动特性、多冲击对闭孔泡沫塑料缓冲性能的影响等。通过对聚苯乙烯泡沫塑料、聚乙烯泡沫塑料、聚氨酯泡沫塑料这三种缓冲材料进行动态压缩试验,研究缓冲材料的动态压缩性能,绘制出动态压缩特性曲线,找出其规律性及材料的密度、厚度、跌落高度对动态压缩特性曲线的影响,指出动态压缩对缓冲包装设计的影响。国内学者对泡沫塑料衬垫提出了 29 个参数的非线性粘弹塑性模型,并用于物品缓冲包装的优化设计;开发了一种用于聚氨酯泡沫塑料衬垫的粘弹性有限元分析程序,利用积分本构关系计算了轴对称衬垫中的应力松弛。也有学者对带结构的 EPS 防震包装材料的动特性进行了研究,在材料的粘弹性非线性本构方程中引入了一个加权函数来表示材料形状特性。

2. 瓦楞纸板缓冲性能研究

对瓦楞纸板力学性能的研究,国内外许多学者做了不少工作。Cox 在 1954 年研究瓦楞纸箱侧板的受力分析时,得到一个半经验公式,指出纸箱侧板的压损强度与临界载荷及材料的边压强度有一个幂函数关系;Mckee 在 1963 年导出了纸箱抗压强度(BCS)的 Mc – kee 简化公式;J. Marcondes 研究了瓦楞纸板的缓冲性能及湿度对其缓冲性能的影响;F. Rousserie 和 J. Pouyet 对瓦楞纸板夹芯结构进行了试验研究,并建立了夹芯结构的模型。近年来,国内对瓦楞纸板也进行了大量的研究,包括:对瓦楞纸板的平压冲击、边压及侧压性能研究,相应的应力应变曲线测试,并初步探讨了纸板非线性粘弹塑性模型的建立方法;对常用结构形式的瓦楞纸板衬垫进行了动态性能测试,得出了其相应的最大加速度—静应力曲线。由于瓦楞纸板的缓冲性能涉及非线性、塑性变形等,规律性十分复杂,为了进一步对其进行研究,可通过测试和应用非线性粘弹性理论对瓦楞纸板衬垫的压缩性能进行了理论性描述,在此基础上建立多参数瓦楞纸板衬垫平压时的非线性粘弹塑性模型,解决瓦楞纸板衬垫的平压动力学计算问题,为缓冲包装优化设计提供理论支持。

3. 蜂窝纸板缓冲性能研究

对蜂窝纸板的研究始于20世纪40年代。目前,国外的研究已经深入到蜂窝结构的力学模型、蜂窝芯的平面压缩数值模拟等,还研究了蜂窝结构隔热、隔音、吸震性能,研究出的蜂窝新产品包括具有双向强度的蜂窝板、用碳纤维加强的蜂窝结构等。国内对蜂窝纸板的研究大多处于试验研究阶段。例如,通过对蜂窝纸板的静态压缩性能试验,对比研究不同厚度的蜂窝纸板的静态曲线,分析纸厚度与抗压强度的关系。资料表明,通过对蜂窝纸板进行静态压缩实验及缓冲性能研究,得到了 $\sigma—\varepsilon$、$c—\varepsilon$ 曲线,结果表明蜂窝纸板厚度对缓冲性能影响不大。

4. 纸浆模塑缓冲性能研究

近年来,纸浆模塑制品迅速发展。Danny G. Eagleton 通过比较纸浆模塑材料的缓冲曲线与聚苯乙烯的相似曲线,发现纸浆模塑在低应力和一次冲击的情况下比聚苯乙烯泡沫塑料具有更好的缓冲性能。Jorge Marcondes 等指出了纸浆模塑制品的缓冲能力是结构单元侧壁的周长的函数,而不是受力面积的函数。国内学者对纸浆模制品结构缓冲性能进行了研究,得出纸浆模制品结构对其缓冲性能影响很大的结论,研究内容还涉及根据纸浆模塑缓冲结构单元的静态压缩曲线分析纸浆模塑缓冲包装结构设计的原理。

5. 智能材料电流变流体在运输包装中的应用研究

智能材料电流变流体(Electro Rheological Fluid,ERF),在电场的作用下能产生明显的电流变效应,即在液态和类固态间进行快速可逆的转化,并保持黏度连续。这种转变极为迅速,仅需几毫秒,且转变可控,能耗极小,因此利用其阻尼可控的特性,利用 ERF 智能材料设计出的缓冲支座,不仅能有效地控制产品在运输过程中的振动冲击,而且能重复利用,对于导弹、火箭等这类大型的昂贵的仪器设备在运输过程中的振动冲击防护研究很有意义。国内学者在深入分析缓冲运输包装基本理论基础上,将研制的 ERF 阻尼器用于缓冲隔振支座的设计中,实现产品的有效振动控制,为智能材料在缓冲包装运输领域的应用打下基础。

　　总的来说,目前国内外对这些缓冲材料的研究还大都处于试验研究阶段,理论研究也仅仅是对试验结果的拟合、修正。这些研究无法很好地描述材料本身的性能,要真正掌握材料特性,就应该从材料入手,建立材料的力学模型。所以,今后对材料性能的研究,应该着眼于这个方向,并最终达到用其来指导产品缓冲设计的目的。

第五章　野战装备电磁防护技术

复杂多变的电磁环境,不仅会危及电子装备、器件和人员的安全,而且将直接影响信息化武器系统作战效能,甚至影响到部队的战场生存能力和战斗力。如何有效提高武器装备在复杂电磁环境下的生存能力,是部队作战保障亟待解决的重要课题。本章针对野战条件下装备电磁防护问题,阐述了野战条件下电磁环境效应,电磁屏蔽防护技术以及野战装备电磁防护封套封存技术。

第一节　野战条件电磁环境效应

在现代高技术战争条件下,战场电磁环境日益恶化,整个战场的空域、时域和频域呈现出信号密集、种类繁杂、对抗激烈、动态变化等复杂特性。同时,武器装备电子设备所占的比例日益增高,电子化程度越来越高,表现为更为明显的电磁环境敏感性。

一、电磁环境及其作用

电磁环境是电磁空间的一种表现形式,是指存在于给定场所的所有电磁现象的总和。"给定场所"即"空间","所有电磁现象"包括了全部"时间"与全部"频谱"。电气和电子工程师协会(IEEE)对电磁环境定义为:一个设备、分系统或系统在完成其规定任务时可能遇到的辐射或传导电磁发射电平在不同频段内功率与时间的分布,即存在于一个给定位置的电磁现象的总和。

（一）电磁环境构成

一般情况下,构成空间电磁环境的主要因素有自然环境因素和人为环境因素两大类,如表5-1所列。

当研究或关注某一局部环境时,小区域的电磁环境往往由附近作用比较明显的个别电磁辐射源所决定。按照场所大小、辐射源性质和应用目的的不同,电磁环境可分为许多具体的类型,如城市电磁环境、工业区电磁环境、舰船电磁环境、电力系统电磁环境、武器系统电磁环境、战场电磁环境等。

表 5 - 1 电磁环境的一般构成

环境	因 素
自然环境	雷电电磁辐射源
	静电电磁辐射源
	太阳系和星际电磁辐射源
	地球和大气层电磁场等
人为环境	各种电磁发射系统:电视、广播发射台,无线电台,通信导航系统,差转台,干扰台等
	工频电磁辐射系统:高电压送、变电系统,大电流工频设备,轻轨和干线电气化铁路等
	行业领域应用的有电磁辐射的各种设备或系统
	以电火花点燃内燃机为动力的各种交通工具和机器设备
	现代化办公设备、家用电器、电动工具等
	用于军事目的的强电磁脉冲源

通常所说的复杂电磁环境即战场电磁环境,是指在一定的战场空间内,由空域、时域、频域和能量上分布密集、数量繁多、样式复杂、动态交替的多种电磁信号交迭而成、严重妨碍信息系统和电子设备正常工作、显著影响武器装备的作战运用和效能发挥的战场电磁环境。战场电磁环境同样既有自然干扰源,又有强烈的人为干扰源。

1. 自然干扰源

静电放电有时是高电压、强电场和瞬时大电流的过程,在此过程中会产生上升时间极快、持续时间极短的初始大电流脉冲,并伴随强烈的电磁辐射,其辐射频带很宽(0~3GHz),往往会引起电子系统中敏感部件的损伤或产生状态翻转,使电发火装置中的电火工品误爆,造成事故。

雷电电磁脉冲是伴随雷电放电过程的电磁辐射和电流瞬变。从广义上说,雷电也可以看作是大规模静电放电,其放电电流持续时间长,产生的电磁脉冲场强大、频谱较窄、频率较低(1kHz~10MHz)。雷电电磁脉冲可以将脉冲能量耦合到武器装备上,而使其不能正常工作。

2. 无意干扰源

战场电磁环境中的无意干扰源包括系统内部和外部的电磁辐射干扰。当不同的电气设备在同一空间中同时工作时,总会在它周围产生一定强度的电磁场,这些电磁场通过一定途径(辐射、传导)把能量耦合给其他的设备,使其他设备不能正常工作。同时这些设备也会从其他的电子设备产生的电磁场中吸收能量,使自己不能正常工作。这种相互影响在小范围内存在于设备与设备、部件与部件、元件与元件之间,甚至存在于集成电路内部;在大的范围内则存在于系统与系统之间、小系统与大系统之间,如舰艇与舰艇之间、防空雷达与通信雷达之间、军用雷达与民用雷达之间等。

战场电磁环境中的无意干扰其实质是电磁兼容问题。国内外关于电磁兼容性的定义都有如下的表述:电磁兼容性是设备(分系统、系统)的一种能力,是其在共同的电磁环境中能一起执行各自功能的共存状态。电磁兼容性包括两个含义:一是该设备在它们自己所产生的电磁环境和外界电磁环境中,能按原设计要求正常运行,不会由于受到处于同一电磁环境中的其他设备的电磁发射导致或遭受不允许的降级,即它们应具有一定的抗电磁干扰能力;二是电子设备自己产生的电磁噪声必须限制在一定的水平,避免影响周围其他电子设备的正常工作,使同一电磁环境中其他设备(分系统、系统)因受其电磁发射而导致或遭受不允许的降级。

3. 有意干扰源

传统电子对抗是有意干扰的一种形式,它利用专门的电子设备或装置发射电磁干扰信号,能干扰、破坏敌方电子系统的正常工作,其目标是敌方的雷达、无线电通信、无线电导航、无线电遥测、敌我识别、武器制导等设备和系统,包括各种光电设备,可造成敌方通信中断、指挥瘫痪、雷达迷盲、武器失控或命中精度降低。电磁干扰还能欺骗敌人,隐蔽己方行动企图。

NEMP 是核爆炸产生的强电磁辐射,它的电磁脉冲强度大、覆盖区域广。传统的百万吨当量的核武器在高空爆炸时,其总能量中约万分之三是以电磁脉冲的形式辐射出去的,电磁脉冲能量约为 1×10^{11}J 级,其作用范围可以覆盖相当于整个欧洲的面积。

非 NEMP 是一种由电磁脉冲武器产生的电磁场强度非常高、波形前沿上升快、持续时间短、频谱宽、能量极高的电磁波。非 NEMP 武器可分为定向辐射的非 NEMP 武器(简称定向能武器 DEW)和非定向辐射的 NEMP 武器(又称 EMP 炸弹)。DEW 武器通过天线汇聚成方向性很强的电磁能量束,可直接杀伤、破坏目标或使目标丧失作战效能,包括高功率微波(HPM)、超宽带(UWB)以及电磁导弹等。

现代战场的电磁环境构成如图 5 - 1 所示。

(二) 电磁环境效应

电磁环境对电子设备(系统)或生物体的影响作用即电磁环境效应(Electromagnetic Environmental Effects) , 一般也称为 E^3 问题。美国政府报告(AD - A243367)中强调集成化后勤保障工作应十分重视武器系统的电磁环境效应,并明确指出在现代战场和后勤保障中应考虑的电磁环境效应有 14 种,包括静电放电(ESD)、电磁兼容性(EMC)、电磁敏感性(EMS)、电磁辐射危害、雷电(Lightning)效应、电子对抗(ECM)、干扰/阻断、电磁干扰(EMI)、电磁易损性(EMV)、电磁脉冲(EMP)、射频能的威胁、电子战(EW)、高能微波(HPM)和元器件间的干扰。美国国防部还把静电放电等电磁环境效应规定为武器系统可靠性与维修性研究的指标之一。

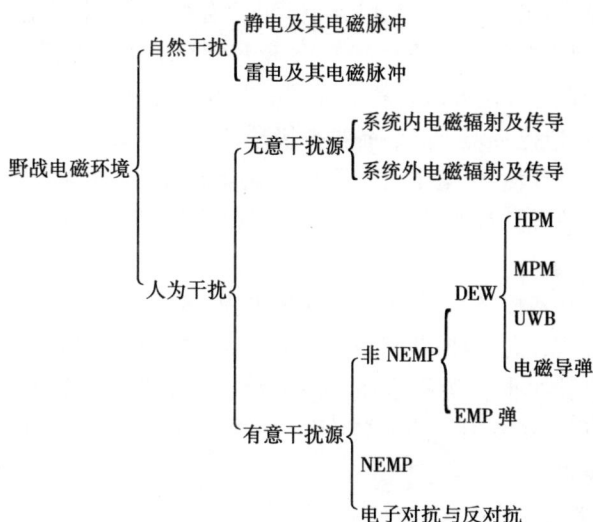

图 5 - 1　现代战场电磁环境构成

　　复杂电磁环境作用的本质就是电磁能量通过传导耦合和辐射(场)耦合对电子装备、燃油和人员的影响。具体表现为以下几个方面：

　　1. 热效应

　　电磁能量与燃油、人员、电子装备等发生相互作用,将电磁能量转换为热能而造成影响,尤其是脉冲电磁场产生的热效应一般是在纳秒或微秒量级完成的,是一种绝热过程。作为点火源、引爆源,瞬时可引起易燃、易爆气体或电火工品爆炸;可使系统中的微电子器件、电磁敏感电路过热,造成局部热损伤,电路性能变坏或失效,甚至导致库存物资燃烧爆炸。

　　2. 强电场效应

　　电磁能量作用到系统内部的电子元器件上产生的强电场,不仅可使 MOS 场效应器件的栅氧化层击穿或金属化线间介质击穿,造成电路失效。而且,强电场效应可造成载流子在器件表面态或缺陷态的迁移,从而形成潜在性损伤,对许多微电子器件和敏感电路的工作可靠性造成影响。

　　3. 电磁辐射场效应

　　静电放电和高功率微波的电磁辐射对信息化设备造成电磁干扰,使其产生误动作或功能失效,甚至使武器装备中电爆装置意外发火,造成恶性事故;强电磁脉冲及其浪涌效应对设备还可以造成硬损伤,既可以造成器件或电路的性能参数劣化或完全失效,也可以形成累积效应。

4. 磁效应

静电放电、雷击闪电等引起的强电流可产生强磁场,电磁能量可直接耦合到系统内部,从而干扰电子设备的正常工作。由于对磁场的屏蔽更加困难,因此对信息化设备的设计和磁屏蔽材料的选择都提出了更为苛刻的要求。

(三) 复杂电磁环境下的装备损伤机理

在复杂电磁环境下,电子信号干扰对武器装备的正常使用构成威胁。高强度的电磁干扰信号易对电子、电气设备造成损伤,主要存在以下损伤机理。

1. 高压击穿

电磁能被装备接受后,可以转化成大电流,或者在高电阻处产生高电压,引起装备内部接点、部件或回路间的电击穿及器件的损坏或瞬时失效。例如,雷达接收机对电磁脉冲非常敏感,设备中高度灵敏的小型高频晶体三极管易被瞬态高压击穿,当进入系统内部的外加功率超过标称最大允许功耗时,雷达内部多数电子器件都将损坏。

2. 器件烧毁

在现代武器装备中,含有大量的半导体器件。这些器件在受到电磁影响后,易造成接点烧蚀、金属连线熔断等,使设备受到永久性损伤。例如,对于通信设备,电磁脉冲不仅可以破坏通信源,还能够通过通信线路进入通信设备内部,从而造成综合性的损坏。根据实验,微波功率密度达到 $0.01 \sim 1 \mu W/cm^2$ 时,就会对通信设备产生强烈的干扰,可使通信设备的电子元器件失效或烧毁,使得设备不能正常工作。

3. 电涌冲击

对于已经进行了金属屏蔽的电子设备系统,虽然电磁脉冲无法直接辐射到设备内部,但是可以在屏蔽壳体上产生感应脉冲电流,就像浪涌一样在壳体上流动。当遇到缝隙、孔洞时,电涌就会进入系统内部,导致敏感器件的损坏。

4. 瞬时干扰

瞬时干扰是指当电磁脉冲冲击出现在电路的某一输入点时,其他的输入点仍然固定在原定的逻辑上,而输出暂时改变。在这种情况下,电磁脉冲的瞬时变化产生的干扰信号进入放大电路,使系统失灵。对于瞬时干扰来说,数字电路的输入线是最敏感的部位,其次是直流电源线和地线。电子战装备中的低功率和高速数字处理系统、飞行导航控制系统等,都是易受瞬态干扰影响的部位。

5. 微波加热

电磁波都带有能量,可以使金属、水等物质温度升高,尤其是高功率电磁脉冲产生的热效应一般在纳秒或秒量级完成的。装备长时间的工作在电磁辐射环境下,会造成装备的局部温度过高,电路性能变坏或失效,导致装备无法正常工作。

6. 强电场效应

电磁辐射源形成的强电场不仅可以致使武器装备的电路失效,而且还可能对武器装备的自检仪器和敏感器件的工作可靠性造成影响。

7. 磁效应

电磁脉冲引起的强电流可以产生强磁场,使电磁能量直接耦合到武器系统内部,干扰电子设备的正常工作。

（四）复杂电磁环境下装备的失效模式

在复杂电磁环境下,装备受到电子信号的干扰,往往不能正常工作。常见的失效模式有以下三种。

1. 工作失灵

电子设备在受到敌方电磁干扰以及与己方其他电子设备之间的因电磁兼容问题而不能正常工作的情况,通常称为工作失灵。当雷达等重要的电子装备无法正常工作时,往往会造成严重的影响。在英阿马岛(福克兰群岛)海战中,英国驱逐舰"谢菲尔德"号因为本身的雷达系统与电子设备不兼容,导致电子设备工作时雷达系统无法工作,结果被阿根廷的"飞鱼"导弹击中,损失惨重。

2. 功能损坏

功能损坏是指电磁脉冲波进入到电子设备内部后,其能量可能造成设备某些部位器件的永久性失效,最严重的就是烧毁设备内部半导体器件,导致装备无法发挥全部功能,降低装备的战斗力。自然环境中的雷电干扰也可以造成电磁环境的复杂化,高速飞行中的导弹易受到雷电电磁干扰。雷电放电形成的电磁脉冲进入到导弹内部后,容易损坏导弹上的电子控制设备、制导设备等,引起弹载计算机功能紊乱、控制系统工作失效,甚至诱发弹上的火工品引爆,导致恶性事故的发生。

3. 系统瘫痪

在现代战争中,进攻方通常首先采取电子攻击,使得敌方的指挥控制系统处于瘫痪状态,导致敌方指挥机关无法及时地对部队进行指控。在海湾战争中,以美国为首的多国部队首先采用电子战打击,使得伊拉克的指挥控制和通信设备遭到毁灭性打击,主要表现就是:电子控制系统受到了电磁信号的干扰;雷达网被假信号所覆盖;防卫系统受到了严重的影响;通信系统遭到电磁炸弹的袭击,整个指挥系统处于瘫痪状态,直接导致伊拉克处于全面被动挨打的局面。

二、静电效应

静电放电(Electro‑Static Discharge,ESD)是一种常见的近场电磁脉冲危害源,对各种微电子元器件危害极大。它不仅可以造成电子设备的严重干扰和损伤,而且还可能形成潜在性危害,使电子设备的工作寿命降低,引发重大工程事故。历史上曾多次报道静电放电使火箭发射失败的事例,如表 5–2 所列。另外,ESD 也会引燃油料、弹药等易燃、易爆物质,进而给武器装备带来危害。

表 5–2　历史上因静电导致火箭飞行失败统计资料

火箭名称	试验代号	发射年度	故障高度/km	故障出现时真空度/Pa	故障简况及原因
"民兵"Ⅰ	FTM–502	1962	7.6	0.4213	静电放电造成制导计算机故障,Ⅰ级发动机关闭前自毁,发射失败
"民兵"Ⅰ	FTM–503	1962	21.8	0.0574	静电放电造成制导计算机故障,Ⅰ级发动机关闭前自毁,发射失败
"欧罗尼"Ⅱ	F–11	1971	27	0.0106	静电放电使制导计算机阻塞,姿态失控,火箭Ⅰ、Ⅱ级过载自毁,发射失败
"侦察兵"	S–112	1964	38~42	0.0039~0.0025	电爆管桥丝和壳体之间因电弧击穿,Ⅱ级发动机自毁系统爆炸,发射失败
"侦察兵"	S–128	1964	38~42	0.0039~0.0025	电爆管桥丝和壳体之间因电弧击穿,Ⅱ级发动机自毁系统爆炸,发射失败
"大力神"ⅢC	C–10	1967	26	0.0119	静电放电使制导计算机故障后,自动转移到应急后备状态
"大力神"ⅢC	C–14	1967	17	0.0693	静电放电使制导计算机故障后,经地面发射指令,修正到预定轨道
"德尔安"	2313	1974	—		制导系统控制器件故障,火箭翻滚,发射失败

(一)静电简述

1. 静电起电

静电产生的方式一般有两种:摩擦起电和感应起电。摩擦起电是指两种固体物质紧密接触后再分离开来而产生静电的起电方式。感应起电是指导体在静电电场的作用下,其表面不同部位感应出不同电荷或导体上原有电荷重新分布的现象。

2. 静电特点

静电具有高电位、小电量、低能量、作用时间短等特点。武器装备生产中设备、工装、人体上的静电位最高可达数万伏甚至数十万伏,在正常操作条件下也常达数百至数千伏。但因静电容很小,物体上的带电量很低,一般为微库或纳库量级,静电电流多为微安级,作用时间多为微秒级,带电体的静电能量也很小。但这些都是相对于电流而言的,从引发静电危害的角度看,静电电量和能量并不小。

静电在观测时重复性差、瞬态现象多。静电现象受物体的材料、表面状态、环境条件和加工工艺条件的影响显著,特别是环境湿度的影响更大。当湿度提高时,物体的带电程度将明显降低。我国大部分地区春冬等季节气候干燥,湿度低,极易产生静电。

3. 静电领域材料的分类

凡体电阻率小于 $10^4 \Omega \cdot cm$ 的物质或表面电阻率小于 $10^5 \Omega/sq$ 的材料,具有较强的静电泄漏的能力,视作静电导体;反之,对于体电阻率大于 $10^{11} \Omega \cdot cm$ 的物质或表面电阻率大于 $10^{12} \Omega/sq$ 的材料,其泄漏静电的能力极弱,容易积聚起足够的可以致害的静电荷,称为静电绝缘材料;而把体电阻率 $10^4 \sim 10^{11} \Omega \cdot cm$ 之间或表面电阻率介于 $10^5 \sim 10^{12} \Omega/sq$ 之间的材料称为静电耗散材料。显然,这些概念与通常意义上的导体、绝缘体完全不同。

4. 静电放电

静电放电是指带电体周围的场强超过周围介质的绝缘击穿场强时,因介质产生电离而使带电体上的静电荷部分或全部消失的现象。大多数情况下,静电放电过程往往会产生瞬时脉冲大电流,尤其是带电导体或手持小金属物体(如钥匙或螺丝刀等)的带电人体对接地体产生火花放电时,产生的瞬时脉冲电流强度可达到几十至上百安。在 ESD 过程中还会产生上升时间极快、持续时间极短的初始大电流脉冲,并产生强烈的电磁辐射形成静电放电电磁脉冲(Electro-Static Discharge Electro – Magnetic Pulse,ESD EMP),它的电磁能量往往会引起电子系统中敏感部件的损坏、翻转,使某些装置中的电火工品误爆,造成事故。

(二) 静电危害

1. 力学效应

无论带电体带有何种极性电荷,带电体对于原来不带电的尘埃颗粒都具有吸引作用,因此悬浮在空气中的尘埃容易被吸附在物体上造成污染。例如,由于半导体芯片对浮游尘埃的吸附,可使其在生产过程中积累很强的静电。有关资料表明,在芯片上可检测到 5kV 的静电位,在石英托盘上可检测到 15kV 的静电位。而在制作芯片的每个工序几乎都会产生粉尘,这些粉尘因受静电力作用被吸附在芯片或载体上,使这些芯片在封装时潜伏下短路击穿的隐患。再如,在印刷行业和塑料薄膜包装生产中,由于静电的吸引力或排斥力,影响正常的纸张分离、叠放,塑料膜不能正常包装和印花,甚至出现"静电墨斑",使自动化生产遇到困难。

2. 静电放电造成的危害

静电放电造成的危害分为击穿损害和电磁脉冲损害。

1)ESD 对电子器件的击穿效应

ESD 对武器装备电子器件的击穿效应可分为硬击穿和软击穿。所谓硬击穿是指 ESD 造成电子器件自身短路、断路或绝缘层击穿,使其永久性失去工作能力,又称突发性完全失效。当 ESD 能量较小时,一次静电放电不足以使元器件完全失效,而是在其内部造成轻度损伤。这种损伤具有累加性,随着放电次数的增加,最终导致元器件完全丧失工作能力,这种损害称为静电软击穿或潜在性失效。有关资料表明,在 ESD 电子器件失效中,软击穿约占 90%。因此,静电软击穿比硬击穿更为普遍,危害性更大。

2)ESD 的电磁脉冲效应

ESD 过程中产生强烈的电磁辐射形成静电放电电磁脉冲(ESD EMP),该脉冲属于宽带脉冲,频带从低频到几个兆赫以上,其能量可通过多种途径耦合到计算机系统和其他电子设备的数字电路中,导致电路电平发生翻转、出现误动作、信息漏失等故障。具体可分为以下三种:

(1)程序运行故障。计算机接受 ESD EMP 耦合后,造成微处理器内寄存器的内容发生变化或程序指令变化,导致程序执行失效。

(2)输入输出故障。ESD EMP 尖峰干扰使计算机输入或输出瞬态错误信号,造成错误信息内容或超出系统进行通信,并通过互联进行错误信息的传递。

(3)数据存储故障。ESD EMP 干扰造成存储器内数据变化,作为潜存隐患,影响系统的正常工作。

ESD 引发的电磁干扰以及放电电流产生的热量会造成器件的内伤,产生间歇的故障。以 MOS 器件为例,ESD 会诱发 MOS 电路内部发生锁定效应,使器件内部电流大增,电路出现不稳定现象。只要不切断电源,电路将一直死锁下去,时间一长就有可能烧坏电路。事实上,ESD 使电子组件完全损坏而使仪器在最后测试中失效的情况只占 10%,其他 90% 的情况是 ESD 只引起部分的降级,表现为电路的抗 EOS(过度电应力)的能力削弱,性能劣化,使用寿命缩短,可靠性变差,在高温下性能不稳定。如加以使用,会对以后发生的 ESD 或传导性瞬态冲击表现出更大的敏感性。

（三）静电危害形成条件

静电危害的形成应具备三个基本条件：危险静电源、危险物质和能量耦合途径。

1. 危险静电源

所谓危险静电源即某处产生并积累足够的静电荷，导致局部电场强度达到或超过周围电介质的击穿场强，发生静电放电。实际上带电体的性质不同，其放电能力也不同。导体放电时，一般可将其储存的能量一次几乎全部释放，故导体上的电位或电量等于或大于危险电位或危险电荷时，则该导体为危险静电源。绝缘体放电时，电荷不能在一次放电中全部释放，因而危险性较小，但仍然具有火灾和爆炸的危险性。可以肯定，静电电位达30kV的绝缘体在空气中放电时，放电能量可达数百微焦，足以引起某些起爆药、电雷管和爆炸性混合物发生爆炸。

一般认为，对于最小点火能为数十微焦者，静电电压1kV以上或电荷密度$10^{-7}C/m^2$以上是危险的；对于最小点火能为数百微焦者，静电电压5kV以上，或电荷密度$10^{-6}C/m^2$以上是危险的；当直径3mm的接地金属球接近绝缘体会发生伴有声光的放电时，也认为是有危险的。在带电很不均匀的场合下带电量和带电的极性出现特别变化、绝缘体中含有明显的低电阻率区域以及在带电的绝缘体里或近旁有接地导体时，要特别注意，防止强烈放电引起危险。

2. 危险物质

静电源周围存在静电敏感器件及电子装置或者电火工品等易燃、易爆物质，是发生静电危害的必要条件。另外，还要考虑所需静电能量的大小，因为不同的物质所需的静电能量是不同的。

最小静电点火能是判断弹药是否会发生火灾和爆炸事故的重要数据之一。所谓最小静电点火能是指能够点燃或引爆某种危险物质所需的最小静电能量。影响最小静电点火能的因素很多，如危险物质的种类、危险物质的物理状态、静电放电的形式、放电间隙的大小，放电回路的电阻等。因此，为了比较不同危险物质的最小静电点火能，规定使危险物质处于最敏感状态下被放电能量或放电火花点燃或引爆的最小能量为该危险物质的最小静电点火能。所谓最敏感状态是指各种影响因素都处于各自的敏感条件下，只有在这种条件下点火能才能达到最小。

3. 能量耦合途径

仅有危险物质和危险静电源并不一定就会发生静电事故，二者之间必须形成能量耦合通路，同时分配到危险物质上的能量大于其最小静电点火能。当静电场强达到空气击穿场强时，即形成火花放电，物体上积聚的静电能量通过火花释放出来。当在电火花通道上存在爆炸性混合物和易燃易爆的火炸药时,则带电体的全部或部分能量通过电火花耦合给危险物质。若电火花能量大于或等于危险物质的最小静电点火能,就可能引燃或引爆危险物质而形成静电火灾或爆炸。爆炸性混合物、散露的火炸药、带有已解除保险的火花式电雷管或薄膜式电雷管的引信、已短路的桥丝式电火工品脚壳之间都可能通过这种耦合方式获得电火花能量而点燃或起爆。而带有桥丝式电点火具的炮弹、火箭弹则可能通过流经桥丝的静电放电电流产生的热能而发火。这两者能量耦合的方式是不同的。在整个的放电回路中,在电火花和桥丝上分配的静电能量,取决于放电回路中电阻的大小。电阻越小,电火花和桥丝上获得的静电能量越大。由于金属物体和人体电阻很小,它们的放电是最危险的,应特别注意。

(四)典型装备静电作用机理

静电对装备的作用主要表现为对装备机电系统特别是各种微电子元器件危害的作用。国内外报道的由 ESD 导致卫星失控、飞机失事、导弹发射失败等恶性事故有数十起之多。在这里重点探讨对导弹和电发火弹药的作用机理。

1. 导弹阵地静电形成及作用机理

导弹武器系统就是典型的机—电—仪一体化技术与自动控制技术紧密结合的产物,电力与电子设备互相结合,强电与弱电交叉工作。导弹武器系统电子仪器设备数量多,而且分布密集。很小的能量和电压即可能击穿电介质、击毁元器件,从而造成相关设备性能的下降甚至失效。

1)形成机理

导弹阵地的静电源有多种存在形式,可简单归纳为自然界的沉积静电和人为静电。自然界的沉积静电主要是指空气中的带电小颗粒(如灰尘、云、雨等)吸附于导弹表面或与导弹表面碰撞形成的静电。例如,晴天天气条件下,竖立在导弹发射车上的30m长的导弹,如果不接地,可以带上 2.5×10^{-6} C 的静电。人为静电主要是导弹阵地地面测发控设备、装置的电磁不兼容(如孔缝屏蔽、接地不当等)以及操作号手的误操作(如服装未有效接地等)引发的静电。静电放电可以发生在不同电压下,研究表明,低电压和高电压静电放电会比中间值电压放电带来更多问题,而阵地操作号手操作时很有可能发生多次低电压静电放电。例如,1964 年肯尼迪发射场,“德尔塔”运载火箭的三级 X–248 发动机发生的意外点火事故就是由于操作人员的误动作引起的。

2)作用机理

导弹阵地静电的作用机理可以分为两类:静电放电电流的作用和静电放电电磁脉冲的作用。静电放电产生的瞬时大电流可以对弹上电火工品、电子器件造成恶劣影响。对于电阻桥丝式和电容放电式电爆管,静电放电电流可以从插针通过炸药到达外壳,引爆电爆管,引发诸如发动机误点火、导弹误自毁、导弹误解爆等恶性事故。静电放电电磁脉冲效应是另一种危害效应。静电放电产生的电磁脉冲频谱很宽,与导弹阵地很多测试设备工作频段相重叠。因此,如果设备的电磁兼容措施不当(如系统的有效选择、合理的屏蔽方式等),脉冲就可能耦合至设备内,干扰设备的正常工作。同时,弹体上有很多开口窗(如各种航空插座),尽管由于孔缝的趋肤效应会衰减一定的脉冲耦合量,但只要发生的电磁脉冲能量足够大,仍有造成弹上设备故障的可能。例如,1962 年美国"民兵"Ⅰ型导弹飞行试验时就发生过由于静电放电电磁脉冲干扰制导计算机,引发导弹炸毁。

2. 电发火弹药作用机理

电发火弹药是电子技术与弹药相结合的产物,具有威力大、命中精度高的特点,在现代战争中得到广泛应用。但由于其中存在电火工品和电子线路,电发火弹药在储运过程中也容易受到静电作用发生燃烧爆炸事故。

1) 对电火工品作用

在复杂的电磁环境中,无论是感生电流还是感应电压,都有可能对电发火弹药的电火工品(EED)产生直接影响而将其引爆。不同的是,感生电流主要作用于装有桥丝式电火工品的电发火弹药,感应电压主要作用于装有火花式和间隙式电火工品的电发火弹药。从快上升沿的电磁脉冲电流在电火工品中形成的绝热效应的分析和实验结果中,可看出电磁能量热效应对系统安全性的影响。表5-3 是实验研究得出的 5 种电火工品的静电放电感度数据。

表 5 - 3　静电放电对电爆火工品作用的真实静电感度

型号名称	电阻/Ω	发火条件	安全条件		50% 发火能量/mJ
			I, C, V	t/s	
电点火具 1	1.25 ~ 2.25	700mA	180mA	5 ~ 10	1.730
电点火具 2	0.15 ~ 0.80	6V	150mA	300	12.000
电点火管 1	2.5 ~ 4.5	400mA	50mA	300	1.000
电点火管 2	12 ~ 17	500mA	25mA	30	0.225
电火帽	15 ~ 60	24V 串 4Ω	0.1μF,45V		0.270

从表 5 - 3 所列数据可以看出,5 种电火工品的真实静电感度比美军标 MIL - I - 23659C 和国军标 GJB 736.11—90 规定的实验方法得出的相对静电感度要高得多。以电点火具 1 为例,其相对静电感度为 200mJ 左右,按照表 5 - 3 中数据:

电阻为 $1.25 \sim 2.25\Omega$，通电电流 180mA，在 $5 \sim 10s$ 中不应发火（安全条件所要求），据此可计算出电点火具 1 吸收的电能量为 $202.5 \sim 729$mJ 时，仍不应发火。但是实验表明，50% 发火概率的静电放电能量仅为 1.73mJ，两者相差几个数量级。这说明在快上升沿窄脉冲作用下的发火机理与通常意义上的电发火机理有本质的不同，前者为"绝热过程"，后者为热平衡过程。前者发火所需要的能量比后者发火所需的能量要小得多。

2）对电子线路作用

电发火弹药的中枢神经系统为电子线路，自电子技术从 20 世纪 60 年代的电子管元器件发展到大型集成电路以来，电子元器件的耐受能量已由 $0.1 \sim 10$J 降至 $10^{-8} \sim 10^{-6}$J，因而电子设备损坏率骤然升高。半导体器件损伤阈值一般为 $10^{-5} \sim 10^{-2}$ J/cm^2，若只引起瞬时失效或干扰，其能量值还要低 $2 \sim 3$ 个量级。电发火弹药中的功能电路依靠低电平电磁信号工作，在有限的时间和空间内要完成大量信息与能量的交换。这样就使得电发火弹药工作过程中的电磁敏感性（EMS）非常高，在作战使用过程中可能受到射频电磁干扰而造成工作失败。国内外曾多次出现射频电磁干扰导致电发火弹药爆炸的事故。

三、雷电效应

雷电是大气中的放电现象，发生频率很高，据统计全球平均每秒发生 100 次雷电。雷电过程产生强大电流、炽热的高温、猛烈的冲击波、剧变的静电场和强烈的电磁辐射等物理效应，具有很大的破坏力，往往带来多种危害。例如，雷电能造成人员伤亡，使建筑物倒坍，破坏电力、通信设施，酿成空难事故，引起森林起火和油库、火药爆炸等。

（一）雷电危害方式及破坏效应

1. 雷电危害方式

雷电危害方式分为直击雷、雷电波侵入和雷电感应。

1）直击雷

直击雷是雷云和大地间的直接放电。当雷电直接击在建筑物和构筑物上时，它的高电压、大电流产生的电效应、热效应和机械力会造成许多危害，如房屋倒坍、烟囱崩毁、森林起火、油库和火炸药爆炸等。

2）雷电波侵入

雷电波是在对地绝缘的架空线路、金属导管上，雷击产生高电压冲击波，沿雷击点向线路、管道的各个方面，以极高的速度（架空线路中的传播速度为 300m/μs，在电缆中为 150m/μs）侵入建筑物内或引起电气设备的过电压，危及人身安全或损坏设备。

3）雷电感应

雷电感应又称雷电的二次作用，即雷电流产生的静电感应和电磁感应。静电有两种：一是摩擦生电；二是只要有带电体靠近，就会感应相反电荷。由于雷雨云的先导作用，闪电的强大脉冲电流使云中电荷与地中和，从而引起静电场的强烈变化，使附近导体上感应出与先导通道符号相反的电荷。雷雨云主放电时，先导通道中的电荷迅速中和，在导体上的感应电荷得到释放，如不就近泄入地中，就会产生很高的电位，造成火灾，损坏设备。由于雷电流迅速变化，在其周围空气产生瞬变的强电磁场，使导体上感应出很高的电动势，产生强大的电磁感应和电磁辐射现象。闪电能辐射出从几赫的极低频率直至几千兆赫的特高频率，其中以 5～10kHz 的电磁辐射强度为最大。电磁辐射的影响比较大，轻则干扰无线电通信，重则损坏仪器设备。

2. 雷电的破坏作用

雷电的破坏作用是多方面的，就其破坏因素来看，主要有以下三个方面。

1）热性质的破坏作用

热性质的破坏作用，表现在雷电放电通道温度很高，高温虽然维持时间极短，但它碰到可燃物时，能迅速引燃起火。当巨大的雷电流通过导体时，在极短的时间内转换出大量的热量，造成易燃品燃烧或金属熔化、飞溅，引起火灾或爆炸。

2）机械性质的破坏作用

机械性质的破坏作用，表现在被击物直接遭到破坏，甚至爆裂成碎片。这是因为最大值可达 200～300kA 的雷电流通过被击物时，使之产生高温，引起水分极快蒸发和周围气体剧烈膨胀，产生与爆炸一样的效果。这种爆炸引起巨大的冲击波，对被击物附近的物体和人员造成很大的破坏和伤亡。

3）电性质的破坏作用

电性质的破坏作用，主要表现在：一是雷击形成的数十万乃至数百万伏的冲击电压，产生过电压作用，可击穿电气设备的绝缘，烧断电线而发生短路放电，其放电火花、电弧可能造成火灾或爆炸；二是巨大的雷电流，在通过防雷装置时会产生很高的电位，当防雷装置与建筑物内部的电气设备、线路或其他金属管线的绝缘距离太小时，它们之间就会发生放电现象，即出现反击电压；三是由于雷电流的迅速变化，在它的周围空间里会产生强大而变化的电磁场，处于这一磁场中间的导体会感应出强大的电动势，电磁感应可以使闭合回路的金属物产生感应电流，如果回路间导体接触不良，就会产生局部发热，这对于可燃物品，尤其是易燃易爆物品的建筑物也是危险的；四是当雷电流经过雷击点或者接地装置流入到周围土壤中时，由于土壤有一定的电阻，在其周围 5～10m 形成电位差，称为跨步电压,如果人畜经过,就可能触电身亡。

按照雷电灾害的形成方式和科技工作者对闪电的研究方向,可以分为两个阶段:在 20 世纪 70 年代以前,主要集中于直击雷及其防护的研究;20 世纪 70 年代以后,以雷电电磁脉冲及其防护的研究为主。在这里探讨雷电电磁脉冲作用效应。

(二) 雷电电磁脉冲及其危害

雷击电磁脉冲是非直击雷带来的二次效应,通常称为感应雷,可源于任何的闪电形式,危害的范围远大于直击雷。雷电电磁脉冲对装备造成的灾害在国内外时有发生,特别是随着武器装备电子化程度的提高,这一现象表现得尤为突出。1961 年秋,意大利发生了因雷击使"丘比特"导弹系统多次遭到严重破坏的事件;1967 年,由于雷云感应,美国的山迪亚实验室发生了弹药爆炸事故;1977 年 7 月,苏联某弹药库受雷击,弹药爆炸持续几小时之久,死亡达 340 人;1984 年 5 月,我国某火箭炮阵地上,由于雷电电磁感应致使二枚火箭弹自行飞出阵地;1987 年,肯尼迪航天中心的火箭发射场上有三枚小型火箭在一声雷响之后,自行点火升空。这些事故主要是雷电电磁脉冲所造成的。

1. 静电感应脉冲

大气电离层带正电荷,与大地之间形成了大气静电场,电离层和地面构成一个球形电容器,如令地面的电位为零,则电离层的电位平均约为 +300kV。通常情况下,地面附近电场强度约为 120V/m。当有积雨云形成时,积雨云下层的电荷将较为集中,电位较高,致使局部静电场强度远大于大气在稳态下的静电场。在积雨云与大地之间形成的强电场中,在地面的物体表面将感应出大量的异性电荷,其电荷密度和电位随着附近的场强变化,电场强度以地面的尖凸物附近为甚。例如,地面上 10m 处的架空线,可感应出 100 ~ 300kV 的电位。落雷的瞬间,大气静电场急剧减小,地面物体表面因感应生成的大量自由电荷失去束缚,将沿电阻最低的通路流向大地,形成瞬时的大电流、高电压,这称为静电感应脉冲。对于接地良好的导体而言,静电感应脉冲是极小的,在很多时候是可以忽略的。若物体的接地电阻较大,其放电的时间常数将大于雷电持续时间,则静电感应脉冲对它的危害尤为明显。

静电感应放电脉冲的具体危害形式,主要表现为以下三个方面。

1) 电压(流)的冲击

输电线路上由静电感应产生的高压脉冲会沿电线向两边传播,形成高压冲击,对与之相连的电气设备、电子设备等造成危害,这是它的主要危害方式。

2) 高压电击

垂直安放的导体,如果接地电阻较大,会在尖端出现火花放电,能点燃易燃易爆物品。

3）束缚电荷二次火花放电

处于雷电高电压场中的油类，由于其电阻率高，内部电荷不易流动，经过一段时间将建立静电平衡。落雷后，下部的电荷较快地通过容器壁流散；而油品的上部会出现大量高电位的自由电荷且消散慢。如果有金属物品接近油面，就可能发生火花放电，导致燃烧以至于爆炸。这种放电发生时间可以与落雷时刻相差较远，故称为二次火花放电。

2. 地电流脉冲

地电流脉冲是由落雷点附近区域的地面电荷中和过程形成的。以常见的负极性雷为例，主放电通道建立以后，产生回击电流，即积雨云中的负电荷会流向大地，同时地面的感应正电荷也流向落雷点与负电荷中和，形成地电流脉冲。地电流流过的地方，会出现瞬态高压电位；不同位置之间也会有瞬态高电压，即跨步电压。

地电流脉冲的危害形式包括以下三种。

1）地电位反击

地电位的瞬时高压会使接地的仪器外壳与电路板之间出现火花放电，它还可能通过地阻抗耦合至武器机电系统中，造成微电子设备的击穿、烧毁等故障。

2）跨步电压电击

附近的直击雷可能会造成站在地面上的人、畜被跨步电压电击致死。

3）传导和感应电压

埋于地下的金属管道、电缆或其他导体，构成电荷流动的低阻通道，在雷击时其表面将有瞬变大电流流过，造成导体两端出现电压冲击。对屏蔽线而言，地电流只流经屏蔽层表面，根据互感原理，其内芯导线上会感应出暂态电压。由于地电流上升沿很陡峭，故感应电压峰值可能极大，形成浪涌，不但会干扰信息传输，还可能造成电路硬件损伤。

3. 电磁脉冲辐射

雷电是一种典型的强电磁干扰源。发生闪击时，云层电荷迅速与大地或云层异性感应电荷中和，雷电通道中会有高达数兆伏的脉冲电压、数十千安的脉冲电流，电流上升率会达到数十千安每微秒，在通道周围的空间会产生强烈的电磁脉冲辐射（LEMP）。无论闪电在空间的先导通道或回击通道中产生瞬变电磁场，还是闪电电流流入建筑物的避雷系统以后由引下线所产生的瞬变电磁场，都会在一定范围内对各种电子信息设备产生干扰和破坏作用。

用阶跃电流偶极子天线模型计算闪电回击电流的电磁脉冲效应，可证明LEMP在一定区域内的输电线、数据通信线及其他导线上感应出高电压。计算表明,11.5kA 的云地回击电流,可在50m处产生40kV/m的垂直电场,在距离地面 10m 输电线上的感应电压可高达 82kV。1980 年,Erickson 实测 30kA 直击雷放电通道 150m 处的一根 1000m 长的输电线,感应电压值为 70kV,这也验证了理论计算结果。

LEMP 是脉冲大电流产生的,其磁场部分危害不容忽视。它能在导体环路中感应生成浪涌电流,或者在环形导体的断开处感应出高电压,甚至击穿空气出现火花放电,引发火灾、爆炸等灾害。1989 年的黄油岛油库火灾事故,起因就是 LEMP 引起混泥土内钢筋断头处的火花放电。

(三)雷电电磁脉冲对电火工品的损伤机理

电火工品(EED)强度好,作用可靠,具有低功率要求和快速响应特性,广泛地应用于爆破器材包括烟火装置起爆。但 EED 非常敏感,任何频率的多种电能输入,可通过对起爆材料某部位的加热引起作用直接使 EED 起爆,也可通过使发火电路开关过早动作而间接使 EED 起爆。含 EED 的电路包括直接与 EED 发火电路有关的独立电子线路、微电子装置、微处理机以及相关软件。这些电子元器件对 LEMP 非常敏感,只需要很小的能量就能对其造成损伤,而导致 EED 提前作用或敏感度发生变化等事故。美国通用研究所的研究表明,当闪电磁场脉冲达到 0.07Gs 时就可以引起计算机失效,当闪电磁场脉冲达到 2.4Gs 时就可以使晶体管、集成电路等遭到永久损坏。

LEMP 对 EED 的能量耦合方式有两种:一是传导方式,即通过直接的电气通道向火工品注入 LEMP 能量;二是 LEMP 通过空中电磁辐射,向火工品输入 LEMP 能量,这时火工品的发火线就起着接收天线的作用。不同的发火线结构有不同的接收模式。当 EED 的一个端子与地(整体尺寸比 EED 电路本身大的任何导电结构,它们可以是运载装置、子弹药、整弹、装备或地球自身)相连且连接点距 EED 本身小于 10mm 时,不管该结构是否用作回路,都认为该电路是单极的,其他所有连接形式都被认为是双极。其中典型 EED 如导电药式、薄膜桥式和电雷管都是带有金属外壳或本体的,一般它们都属于单极性的。

1. 传导耦合

雷电可以在 EED 及其发火线等附件上感应出相当大的雷电电流。单极屏蔽线虽然可以通过采用屏蔽和滤波的方法,把单极发火系统设计成在规定辐射环境中能保持安全和可使用,但安全开关仍然易于由武器结构内因 LEMP 或其他形式的 EMI(电磁干扰)感应的大电流而产生电压击穿,如图 5 - 2 所示。双极屏蔽系统可以避免这一问题。对于与 EED 并联的单极发火系统,因为 EED 的发火线路能够形成电路的回路,在该回路中安全开关与感应的电流也不能防护,LEMP 照样能对其造成破坏。

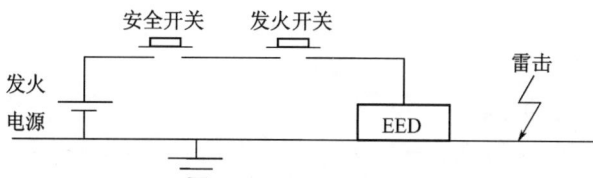

图 5-2　单极地线回路系统

雷击在金属构件上的放电主要由雷击产生的放电电流确定,该电流在几微秒内可以上升到 200kA 并经几十或几百微秒下降到零。高电流沿着最简单的通道入地,在这种情况下,能够熔断导线并烧毁电气设备。该电流通路中的任何电阻或电感可能产生足够幅度的高压,击穿绝缘体和使附近接地体或电路短路。此外,由第一次电流流动产生的磁场可以感应出足够幅度的第二次电流进入相临发火线路,直接使 EED 发火,或由于过早通电使安全断路开关和发火开关工作而使 EED 发火。这种电流在武器结构上的各个接地点之间可以形成很高的电压,因此对单电极地线回路系统尤为危险。

2. 辐射耦合

当 EED 的发火线处于辐射场中时,能起天线作用,并能从辐射场中接收能量,接收能量的大小将取决于接收线与辐射场的有关物理参数和电参数。高于地面的单极电路起一个单极天线的作用,独立的双极电路起偶极天线的作用。位于均匀电磁场中的完全隔离的两根导线 EED 电路,其脚线中能感应出振幅与相位几乎相同的电流。

如果电路的任何部分接地或接触地,则会提供共模式电流的通路,使电荷泄放;如果该通道具有高阻抗(如在桥丝式 EED 脚线和接地的包层金属壳体之间的阻抗),则可能会积累很高的电压,在 EED 中引起电压击穿而导致非正常的起爆(脚—壳起爆)。如果电磁辐射是脉冲的,这种效应就特别重要,因为可能存在极高的瞬时电压。对于双导线 EED 而言,如果存在因两导线弯曲或打卷而造成不对称,则不对称两边的网络电流不同将使平衡模式的电流加强,对 EED 构成更大的威胁,所以一般应采用双极电路。双极电路在共模式中也可以呈现辐射接受特性,它可能通过直接的脚—壳击穿效应或通过由电路的不对称而引起的共模式向平衡模式接受的转换而使 EED 起爆。

四、电磁脉冲效应

电磁脉冲是电磁环境的组成部分。现代战争中,不论地面、空中、海上武器系统都处在强烈和复杂的电磁环境中工作,其中尤以电磁脉冲最为突出。这些电磁环境干扰耦合到武器系统内部,使电路性能遭到破坏,危及到系统作战任务的完成。如果电磁脉冲作为杀伤武器使用，其破坏力将大大超过一般的电磁环境。

（一）电磁脉冲特点

电磁脉冲波是电磁波的一种波形，传播方式主要以电磁辐射为主，遇到物体后可转化为传导方式。电磁脉冲波传播的距离较远，一般可达数十千米以至数千千米，而脉冲的传导仅为数千米，总的来说脉冲波的作用范围是比较大的。

电磁脉冲的特点是电磁能量可以在短时间内聚集。例如：核电磁脉冲宽度为几十纳秒；雷电脉冲宽度为几十至几百微秒。电磁脉冲的平均能量或功率并不非常大，但所产生的瞬态脉冲功率可达数十兆瓦，雷电场强度可达 100kV/m，雷击电流达 150kA。常见的电磁脉冲峰值可达 1500 ~ 2500V/m，最大可达 50kV/m 以上。电磁脉冲侵入电子或电气系统后，由于其脉冲特性，可对电子、电气系统产生不同程度的影响。与连续波不同的是，脉冲幅度高，瞬态电磁能量大，造成的破坏作用大；由于脉冲电路对脉冲信号的敏感特性，较小的电磁脉冲能量就能引起电路的敏感；电磁脉冲所占的频段和频率范围不同，电磁脉冲效应也不同。所以，电磁脉冲的危害和作用范围是比较广泛的。

电磁脉冲干扰源主要有自然界干扰源和人为干扰源。最典型的自然界电磁干扰源是雷电及雷电波，它是低频（频率为几十千赫）无调制高强度干扰源；人为干扰源有雷达产生的脉冲调制波，利用化学、核能产生的无调制脉冲波和电子对抗干扰机产生的多种波形干扰。以下主要针对人为电磁脉冲进行探讨。

（二）电磁脉冲危害

根据电磁脉冲所造成的影响，按其危害程度可以分为以下三种类型。

1. 器件损坏和功能损失

器件损坏是指器件的物理、化学特性遭到破坏。例如，半导体器件的过电应力击穿，或过热使 PN 结烧毁。系统的功能损失是指系统内重要器件损坏和系统集成连接部件的损坏、系统特性改变。

这一类危害是最严重的一种破坏方式，也是电磁脉冲最主要的一种电磁效应。为了降低或减少电磁脉冲破坏，主要通过外壳体的屏蔽和端口的隔离，使侵入系统的电磁脉冲能量减少，把危害程度降到最低。

2. 短期失效和短期回避

这类危害是指系统内的器件和系统本身在电磁脉冲作用期间的损失功能，但脉冲过后，过一段时间又能恢复功能。例如，某些半导体器件在电冲击后，过一段时间器件又恢复正常工作。

与一般短期失效概念不同的是可以预设保护装置，在电磁脉冲侵入期间，实现保护装置对系统进行保护。例如，在接收系统前端装保护放电管或保护装置，就能达到这个目的。还有一种称作回避技术,就是在预定时间内系统暂停工作,并处于电磁脉冲保护状态。例如,用耐压开关或继电器把接收天线、接口信号、电源等输入信号切断,就可以避免电子设备受电应力冲击损害。上述对短期失效采用回避技术,使电子或电气系统在电磁脉冲期间能生存下来,也是电磁脉冲防护的另一种重要技术。

3. 部分功能下降

当电磁脉冲能量较小,系统内器件未损坏,但由于电磁脉冲信号侵入系统内部,只对部分功能和系统精度产生不良影响,这种影响认为电磁脉冲是较低功能干扰脉冲串。它类似于噪声对系统产生的影响,但与噪声又有区别。例如,雷达脉冲波侵入到系统内,对飞行器的控制精度会产生较大影响,因此抑制雷达脉冲波对飞行器的影响,也成为电磁脉冲效应防护的重要研究内容。

对于雷电波和核(非核)电磁脉冲所产生的电磁效应主要是 1 类和 2 类电磁效应,而雷达调制脉冲波在近距离也可能产生 1 类和 2 类电磁效应,但更大程度上是产生 3 类功能下降的电磁效应。

(三) 电磁脉冲对典型装备作用效应

由于不同装备的工作特性和效应特点不同,电磁脉冲对其破坏或影响机理是不同的,分别对其分析从中可以找到更有效的防护方法。

1. 对电子元器件的作用效应

在电磁脉冲环境中,脉冲能量可能造成电子元器件的永久性损坏,最典型的是半导体器件烧毁,还有可能是电阻器、电容器、电感、继电器以及变压器烧毁。半导体器件损伤原因大多数是由于 PN 结过热,或者过电应力击穿,损坏与电磁脉冲能量阈值有关。这种使器件永久性损坏属于 1 类危害。而对电子线路而言,使电路产生敏感的阈值就低得多,大约为 $10^{-8} \sim 10^{-6}$J,比烧毁阈值低 $1 \sim 2$ 个数量级,对不同电子逻辑电路,其损坏或敏感机理也有所区别,因而阈值也不相同。

1) 计算机存储器

所有只读存储器(ROM)电路结构都包含有地址译码器、存储单元矩阵和输出缓冲器,地址译码器输出线称为字选线,缓冲器输出线称为数据线,其交叉点装有存储单元,即接有二极管或三级管时相当于 1,不接半导体器件时相当于 0。编程只读存储器(PROM)交叉点是接三极管,在它的发射极上串接一个快速熔断丝,采用某种方法使较大脉冲电流流过熔断丝,使熔丝断开,该交叉点就存储。当上述二、三极管通过比工作电压、电流大得多的电磁脉冲,这些电磁脉冲主要来自数据端口和电源端口,可使二极管、三极管损坏或者产生不必要的熔断丝断开,使原有存储数据或程序混乱。

2）触发器

用两个或非门或者用两个与非门,一个门的输出端连到另一个门的输入端,形成对称电路,其中:一个门的输入端称为置位端,而另一个门的输入端称为复位端。这种最基本的触发器电路,只要存在电磁脉冲干扰,特别是电磁脉冲与原触发脉冲不一致时,就引起误触发,也就是触发器对电磁脉冲敏感。如果使用三态门,引入同步脉冲或称为封闭门,就可以在很大程度上抑制电磁脉冲。按此原理,在计算机数据线上引入称作"看门狗"的电路,可以提高计算机抗电磁干扰能力。

3）可控硅

可控硅是四层半导体器件,引出阳极 A、阴极 K 和控制极 G。与一般晶体管相比,可控硅不具有阳极电流随控制极电流按比例增大的电流放大作用,只是控制极电流增大到某一数值时,完成阳极到阴极电流的导通突变,而且一旦导通,不受控制极控制,直到通过电流减小到某一维持电流,才能恢复阻断状态。如上所述,当触发电压和触发电流达到一定数值,可控硅导通,如果在控制极电路上存在电磁脉冲干扰,可控硅产生误触发;如果在可控硅阴极和阳极两端加上正极性电磁脉冲,当幅度足够大时,由于 PN 结电容作用,电磁脉冲形成充电电流,所产生的瞬态电压变化率超过一定值,也可引发可控硅误触发。

4）电子器件的截止频率和反应时间

模拟电路使用的器件由于结电容存在,在高频时阻抗变得很小,在器件电极上难以建立正常的工作电压,因而出现了器件的临界频率,即截止频率,一般器件工作的最高频率为截止频率的 $1/3 \sim 1/2$。当电磁脉冲侵入模拟电路,如果电磁脉冲频率高于截止频率,模拟电路对电磁脉冲不敏感。在数字电器中应用的半导体器件由于结电容和存储时间,使器件的输出波形有延时,脉冲前沿如果与后沿相接,就形成三角波。当脉冲很窄时,前后沿靠得很近,使三角波幅度下降,直至电路不能工作。这种效应表明,当电磁脉冲非常窄时,也会出现对电磁脉冲不敏感。利用这种模拟电路器件对高频不敏感、数字电路器件对很窄脉冲不敏感的特性,可以提高电子线路的抗电磁干扰的能力。

2. 对地下传输电缆的影响

电磁脉冲波通过空间传播,到达埋设电缆的土壤,并通过土壤和电缆接触的屏蔽层,耦合到电缆芯线引起感应电流。从大地表面到地下电缆芯线单位长度的阻抗为

$$Z = Z_g + Z_i + \mathrm{j}\omega L \tag{5-1}$$

式中: Z_g 为大地内阻抗; Z_i 为电缆屏蔽层的内阻抗; $\mathrm{j}\omega L$ 为绝缘层的感抗(屏蔽层到芯线的耦合电感)。

在实际应用中,大地内阻抗 Z_g 远大于电缆屏蔽层内阻抗 Z_i 和感抗 $j\omega L$,由此可对阻抗进行近似计算。

假设电缆两端是匹配的,则电缆上电压、电流与长度无关,也不存在驻波。电缆埋深与电磁场在地中的渗透深度相关性不大,土壤衰减可以忽略,所以电缆附近的场强与地表面电磁场强基本相同。由此经过计算可知,对于指数脉冲入射场,电缆中感应电流的峰值为

$$I_p = 0.61I_0 \qquad\qquad (5-2)$$

式中: I_0 为入射场电流。

峰值电流出现的时间为

$$t_p = 0.85\tau \qquad\qquad (5-3)$$

式中: τ 为入射波指数的时间常数。

3. 对供电线的影响

电磁脉冲对供电线的影响首先表现为感应产生大的电压和电流;其次对大的脉冲电流而言,还会引起供电线间的相互吸引的冲击力,导致供电线因冲击而断开。对雷电而言,雷电流在放电通道产生了强大的脉冲磁场,这一脉冲磁场也会在供电线上产生感应电压。当闪电落地点与供电线距离大于 65m 时,测试表明供电导线上感应电压最大值可达 300~400kV,这对 35kV 以下供电线可引起闪络,但对 110kV 以上供电线路,由于绝缘水平较高,一般不会引起闪络。

4. 对无线通信的影响

雷达脉冲波可使通信系统、角度观测器的跟踪性能指标下降,直接影响系统的效能。这里所说的通信是指电子设备之间的信息交换,包括有线通信和无线通信。电磁脉冲干扰可能引起误码率,影响交换信息的正确性,并且还影响转换为图像或声音的质量。

从传输特性方面看到的误码率问题,在 PCM 中继器内,当信号峰值对瞬时噪声幅度值之比所构成的瞬时信号噪声比 S/N 小于识别电平时,就产生误码。考虑到误码是由增码错误和漏码错误组成的,而噪声一般不包含直流成分,假定脉冲出现的概率为 1/2,则识别电平即识别时门限值的最佳值,为信号波峰值的 1/2。因此,瞬时 S/N 为 2,即 6dB 是发生误码的临界值。

5. 对幅相跟踪无线电设备的影响

幅相跟踪体制的无线电接收设备应用在无线电测角、跟踪雷达和主动、半主动导引头。该接收设备的特点是多路接收,并通过相位检测器输出,设备具有零点和过零点的误差斜率曲线,与伺服控制系统配合实现零点跟踪。

研究表明,单个电磁脉冲对偏离角误差影响不大;相反,如果电磁干扰是脉

冲串,并可由接收机输出,那么引起的偏离角误差就较大,一般可以把外界的电磁干扰当作系统内部的噪声。如果接收机输入端干扰或噪声的功率谱密度为固定值时,接收机等效带宽和伺服(闭合)回路的等效带宽越窄,偏离角就越小,但此时伺服系统的动态性能也会变差。如果电磁脉冲干扰的频谱大部分落在接收机等效带宽以外,其值要通过接收机带外抑制度修正,修正值比原来要小得多,电磁干扰对偏离角影响就不大了。

第二节　电磁屏蔽防护

现代武器装备对电子设备的依赖性和电子设备的电磁敏感性,使得武器装备防电磁危害的能力成为保证其有效发挥性能的一个重要因素。屏蔽、滤波器、优化布线及线路设计、保护电路是目前几种常用的抗电磁危害加固技术,它们在一定程度上起到了抗电磁环境危害的作用。其中,电磁屏蔽能有效地将电磁波能量转变成热能或使电磁波相干扰消失,进而消除电磁污染,因此成为电磁领域研究的热点问题。

一、电磁屏蔽理论

在电磁场工程中,用于减弱由某些源产生的在空间某个区域内(不包含这些源)的电磁场的结构,称为电磁屏蔽。屏蔽是电磁干扰防护控制的最基本方法之一。其目的有两个:一是控制内部辐射区域的电磁场,使其不越出某一区域;二是防止外来的辐射进入某一区域。度量电磁波屏蔽的好坏,通常是用屏蔽效能(Shielding Effectiveness,SE)来表示,单位为 dB。屏蔽效能定义为

$$SE = 10\lg(入射功率密度 / 透入功率密度) \tag{5-4}$$

式中:入射功率密度为加屏蔽前测量点的功率密度;透入功率密度为加屏蔽后同一测量点的功率密度。

只要两种场是在具有同一波阻抗的同一介质中进行测量,上述方程就可以用场强来定义,即

$$SE = 20\lg(E_b/E_a) \tag{5-5}$$

$$SE = 20\lg(H_b/H_a) \tag{5-6}$$

式中:E_b 为安装屏蔽体前的电场强度;E_a 为安装屏蔽体后的电场强度;H_b 为安装屏蔽体前的磁场强度;H_a 为安装屏蔽体后的磁场强度。

SE 越大,表明材料的电磁屏蔽效果越好。

电磁波屏蔽中的电场屏蔽是为了消除或抑制由于电场耦合引起的干扰。电

场包括静电场和交变电场,其中静电场如图 5-3 所示,A 带正电,通过静电感应,使得 B 带上负电。对此,采用金属屏蔽体,使 A 发出的电力线不能到达 B,达到了屏蔽的效果。而对于交变电场,也是采用金属屏蔽体进行屏蔽,使电场局限在导体与屏蔽体之间。

图 5-3　静电感应示意图

电磁波屏蔽中的磁场屏蔽是为了消除或抑制由于磁场耦合引起的干扰。其中,静磁场是电磁铁或直流线圈产生的,它在空间散布磁力线,磁力线主要集中于低磁阻的磁路。针对这些特点,利用高磁导率的材料,如 Fe、Ni、钢、坡莫合金等,将磁力线封闭在屏蔽体内,不外泄,从而起到磁屏蔽的作用。对于低频交变磁场的屏蔽原理基本上同静磁场。低频磁场干扰是一种最难对付的干扰,这种干扰是由直流电流或交流电流产生的,为了保护对磁场敏感设备的正常工作,磁旁路是另一种很有效的屏蔽方法。根据电磁屏蔽的传输线理论,低频磁场由于其频率低,趋肤效应很小,吸收损耗很小,并且由于其波阻抗很低,反射损耗也很小,因此单纯靠吸收和反射很难获得需要的屏蔽效能。只有使用磁导率高的屏蔽材料,为磁场提供一条磁阻很低的通路,将磁力线约束在这条低磁阻通路中,才能使敏感器件免受磁场的干扰。而高频磁场会在屏蔽体表面产生感生涡流,从而产生反磁场来抵消穿过屏蔽体的原来磁场,同时增加屏蔽体旁边的磁场,使磁力线绕行而过。高频磁场主要靠屏蔽壳体上感生的涡流所产生的反磁场起排斥原磁场作用,所产生的涡流越大,其效果越好,故可选用良导体材料,如 Ag、Cu、Al 等。频率越高,涡流越大,效果越好,但当涡流产生的反磁场足以完全排斥干扰磁场时,涡流就不再增大,保持一个定值。此外,由于趋肤效应,涡流只在材料表面产生,所以只需很薄的金属材料即可。

辐射源产生电场和磁场交互变化,能量以波动形式由近向远传播,形成电磁波。当外来的电磁波遇到屏蔽材料时,就会被吸收、反射和折射,电磁波能量的继续传递受到妨碍,以至削弱到不干扰仪器正常工作的程度即为屏蔽,如图 5-4 所示。

根据电磁屏蔽的传输线理论(Schelkunoff),屏蔽效能分为反射消耗、吸收消耗和多重反射消耗三部分。屏蔽材料的屏蔽效果总和 SE 可表示为

$$SE = A + R + M \tag{5-7}$$

式中：A 为吸收损耗；R 为反射损耗；M 为多重反射损耗。

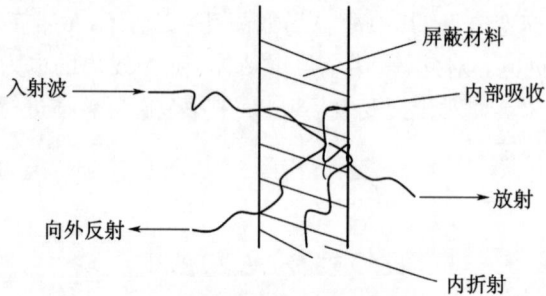

图 5-4　电磁波屏蔽示意图

1. 电磁波吸收损耗

工程中实用的表征材料吸收损耗 A 的公式为

$$A = 131.4t(\mu_r \cdot f \cdot \sigma_r)^{1/2} \tag{5-8}$$

式中：t 为屏蔽材料厚度；μ_r 为屏蔽材料的相对磁导率；σ_r 为屏蔽材料相对于铜的电导率；f 为电磁波频率。

由此可见，吸收损耗与屏蔽材料的电导率、磁导率、厚度、工作频率有关。

2. 电磁波反射损耗

反射衰减 R 很大程度上依赖于入射波与屏蔽材料表面阻抗的匹配程度，同时也与电磁波的类型有关，主要分为三种类型。

平面波反射衰减为

$$R_P = 108.1 - 10\lg\frac{\mu_r f}{\sigma_r} \tag{5-9}$$

电场（高阻抗场）反射衰减为

$$R_E = 141.7 - 10\lg\frac{\mu_r f^3 r^2}{\sigma_r} \tag{5-10}$$

磁场（低阻抗场）反射衰减为

$$R_H = 74.6 - 10\lg\frac{\mu_r}{f\sigma_r r^2} \tag{5-11}$$

式中：r 为辐射源到屏蔽材料的距离。

金属屏蔽体的反射损耗不仅与材料本身的特性（电导率、磁导率）有关，而且与金属屏蔽体所在的位置及场源特性有关。

3. 多重反射损耗

在屏蔽材料比较薄或电磁波频率低的情况下，通常考虑屏蔽材料的内部损

耗 M,即

$$M = 20\lg(1 - e^{-2d/\delta})(dB) \tag{5-12}$$

式中:δ 为材料的集肤深度;$\delta = (\pi f \mu_r \sigma_r)^{1/2}$。

在屏蔽材料厚或频率高的情况下,由于导体的吸收损失很大($A > 10dB$),M 可忽略,故式(5-7)可简化为

$$SE = A + R \tag{5-13}$$

由以上屏蔽机理分析中可以看出,电磁波不但有电场分量,还有磁场分量,因此在宽频率范围内具有较强适应性且性能优异的屏蔽材料应同时具有良好的导电性和导磁性。

哪些材料能提供最好的屏蔽效能是一个相当复杂的问题。很明显这种材料必须具有良好的导电性,所以未处理过的塑料是无用的,因为电磁波能直接通过它。然而不能只考虑导电性,其原因如前所述,电磁波不但有电场分量,还有磁场分量。因此,高导磁率和高导电率同样重要,高导磁率是指磁力线的高导通性。钢是一种良导体,其磁导率的量级也令人满意同时还是相对廉价并能提供很大机械强度的材料,所以有理由利用钢材,廉价地获得满意的屏蔽效能。应当注意,低频电磁波比高频电磁波有更高的磁场分量,因此,对于非常低的干扰频率,屏蔽材料的导磁率远比高频时更为重要。用于屏蔽外场直接耦合的机壳或机柜的材料是很重要的。由于是高反射屏蔽,通常采用提供电场屏蔽的薄导电材料。对于30MHz以上更高的频率,通常应主要考虑电场分量,在后一种情况下,非铁磁性材料如 Al 或 Cu,能提供更好的屏蔽,因为这种材料的表面阻抗很低。

二、电磁屏蔽材料

电磁屏蔽材料是电磁辐射防护领域的研究热点。可用于电磁屏蔽的材料很多。传统的电磁屏蔽材料主要为具有高导电性及优良力学性能的铜、铁、铝等金属材料,但金属材料具有密度大、脆弱、易腐蚀、生产与加工难度大、价格昂贵等缺点,在实际应用中受到了很大限制。为克服刚性材料使用不便的缺点,各国均投入了大量的人力和物力对新型电磁屏蔽材料进行了深入的研究,相继开发了金属敷层屏蔽材料、导电高分子材料和导电织物类材料等柔性材料,它们大多具有质轻、柔软的特点,因而使用起来比较方便。新型电磁屏蔽材料种类繁多,各有特点和优势。

(一)金属敷层屏蔽材料

金属敷层屏蔽材料是通过金属熔射法、真空镀金法、阴极溅射法、非电解电

165

镀法等,使高分子绝缘材料的表面获得很薄的导电金属层,从而达到电磁屏蔽的目的,属于以反射损耗为主的屏蔽材料。这类材料导电性能好,屏蔽效果明显,但工艺复杂,技术要求高,受各种条件限制,价格昂贵,且表层导电敷层附着力不高,容易产生剥离,二次加工性能较差。

（1）金属熔射法是将金属 Zn 经电弧高温熔化后用高速气流将其以极细的颗粒状粉末吹到塑料表面,形成一层极薄的金属层,厚度约 $50\mu m$,具有良好的导电性,体电阻率可达 $1 \times 10^{-2}\Omega \cdot cm$ 以下,屏蔽效果约为 $60 \sim 120dB$。金属熔射法的缺点是镀 Zn 层与塑料之间的粘附力较差,镀层容易脱落,并需要特殊的熔射装置。

（2）真空镀金法是在真空容器中将铝等低沸点的金属气化,并使之在塑料表面凝结成薄膜。这种金属薄膜导电性好,适用于各种塑料,镀层导电性好、沉积速度快,但是真空容器大小限制了塑料制品的大小;对平坦表面处理效果较好,但对于复杂形状表面的成膜厚度的均匀性难于控制。为了提高镀层与塑料的粘附力,必须使塑料表面保持高度清洁,不受污染。

（3）阴极溅射法是在真空溅射设备中将氩离子用高能量冲击到金属铜、镍上使金属气化,然后在塑料表面形成金属薄膜。这种金属薄膜导电性好,适用于各种塑料,但其设备费用昂贵,生产成本也高。

（4）非电解电镀法是把金属 Ni、Fe – Ni 或 Cu – Ni 等镀到 ABS 等工程塑料表面。该方法是目前塑料表面金属化用得最多、效果最好的一种方法,也是目前唯一不受壳体材料形状及大小限制且能获得厚度均匀导电层的方法。目前常用的塑料是电镀级 ABS 工程塑料,镀层采用镍或铜镍复合镀层。其优点是效果好,不受壳体形状和大小的限制,镀层均匀附着力强,可批量生产且成本低;缺点是适宜电镀的塑料品种较少。

（二）结构型导电材料

结构型屏蔽材料是以结构型导电高分子为成膜物质所制成的导电涂料,主要有聚乙炔、聚苯硫醚、聚吡咯、聚噻吩、聚苯胺等。目前,导电高分子用于导电涂料的制备方法大多集中在以下几个方面:① 直接利用导电高分子作成膜树脂;② 导电高分子与其他树脂混合使用;③ 导电高分子材料作为导电填料使用等。然而,这些导电高分子存在难溶、难熔,加工和涂装施工困难且价格昂贵等问题;且在与其他树脂溶液聚合时,树脂会对导电高分子的结构产生影响,甚至破坏其共轭结构。因而,用导电高分子制备导电涂料目前只处于实验研究及小规模采用阶段,其性能还有待检验。

1. 本征型导电涂料

本征型导电涂料是指以本征型导电聚合物为成膜物质所制成的导电涂料。

其中,最典型的代表有聚吡咯、聚苯胺等。

(1)聚吡咯导电涂料。聚吡咯(PPy)是一种具有广泛应用前景的导电高分子材料,与其他导电高分子相比具有电导率高、易成膜、无毒等优点。吡咯(Py)单体在氧化剂的作用下能比较迅速地氧化聚合成PPy,但纯PPy即不经过掺杂时导电性较差。PPy只有经过合适掺杂剂掺杂后,才能表现出较好的导电性。由于PPy不易加工,所以研究主要集中在改性研究上。由于其电导率高,PPy可用作导静电涂料。同传统的复合导电涂料相比,其具有质轻、环境稳定性好等特点,在诸多领域都有潜在应用价值,极具发展前景。

用聚吡咯和有机蒙脱土制成的纳米复合材料作为导电添加剂,聚酰胺作为固化剂,制备了水性的环氧抗静电涂料。当导电添加剂用量为4%时,涂层电导率达到了3.2×10^{-8}S/cm,而且在用量小于12%时,涂层的附着力、耐水性、冲击强度等均很好。在聚氨酯树脂中添加聚吡咯制备涂料的实验表明:没有加导电聚吡咯的涂膜很快降解;加入导电聚吡咯的涂膜具有很好的耐酸耐碱性,对碳钢有很好的保护性。采用相分离原位聚合法在醋酸纤维素(CA)基体中合成聚吡咯可制成均匀的PPy/CA导电复合薄膜,成膜后朝向玻璃的膜面(反面)是绝缘的,而朝向溶液的膜面(正面)却是导电的。研究表明,膜中吡咯/醋酸纤维素的投料比为0.091时,导电复合膜的表面电阻约为$20\Omega/cm$。

(2)聚苯胺导电涂料。在众多导电聚合物材料中,聚苯胺由于原料价格低、合成简单、导电率高、耐高温及抗氧化性好、环境稳定性好等优点,成为研究的热点,被认为是最具有应用前景的导电高分子材料。本征态的聚苯胺是不导电的,只有经过质子酸掺杂后才具有导电性,而用大分子质子酸掺杂的聚苯胺导电性能则更加优异。一方面,大分子质子酸具有表面活化作用,相当于表面活性剂,掺杂到聚苯胺当中可以提高其溶解性;另一方面,大分子质子酸掺杂到聚苯胺中,使聚苯胺分子内及分子间的构象更有利于分子链上电荷的离域化,电导率得到大幅度提高。

2. 掺杂型导电涂料

掺杂型导电涂料是指以高分子聚合物为基础加入导电物质,利用导电物质的导电作用,来达到涂层电导率在10^{-12}S/m以上。它既具有导电功能,同时又具有高分子聚合物的许多优异特性,可以在较大范围内根据使用需要调节涂料的电学和力学性能,并且成本较低,简单易行,因而获得较为广泛的应用。掺杂型导电涂料由高分子聚合物、导电填料、溶剂及助剂等组成。常用的导电涂料有金属系导电涂料、碳系导电涂料、金属氧化物系导电涂料、复合填料、新型纳米导电填料等。

(1)碳系导电涂料。碳系导电涂料是目前用量较大的一种功能涂料,具有成本低、质轻、结构高、无毒无害等优点。用作碳系导电涂料的导电填料主要有石墨、石墨纤维、碳纤维、高温煅烧石油焦、各种炭黑以及碳化硅等。其中,炭黑填充导电聚合物已被广泛应用,因为导电炭黑具有价格便宜、密度小、不易沉降、耐腐蚀性强等优点,但导电性相对较差;同时由于表面含有大量的极性基团,存在难分散、易絮凝等缺点,最简便而有效的解决方法之一是加入分散剂降低炭黑粒子间的吸引力及凝聚力,从而使其能均匀稳定地分散在基质中。

石墨与导电聚合物复合可制备出导电性能优良的聚合物基复合材料。石墨涂料以其良好的导电性、低廉的价格及操作工艺简单的特点得到广泛应用。为使涂料涂层有良好的导电性,须经深加工制备高纯超微细石墨,才能满足需要。天然石墨的晶体结构可分为晶质(鳞片状)和隐晶质(土状)两种。在高倍镜下观察可以发现鳞片石墨制成的涂片,石墨粒子之间相互重叠,粒子间无空隙,因此导电性能好;土状石墨粒子间虽排列紧密,但粒子外形很不规则,表面粗糙,与鳞片石墨相比导电性稍差,但仍可满足低阻内导电石墨涂料的要求。近年来,随着纳米技术的发展,将石墨纳米材料与基体复合制得导电高分子材料正日益兴起;膨胀石墨作为新型导电填料,具有导电性好、摩擦损耗小、污染小等优点,而且膨胀石墨的加入可以大大提高高分子材料的导电性,降低其导电渗域滤值,因此在防静电涂料及导电高分子复合材料中具有重要的应用价值。

(2) 金属系导电涂料。金属系导电涂料的导电性能取决于金属填料的种类、数量、金属纤维和金属粉末的种类、数量、填料的形状。金属系涂料主要有银粉、镍粉和铜粉等,银粉的化学稳定性良好,防腐性能优异,导电性高。但由于银粉的价格比较昂贵,多应用于航空等特殊领域,在民用上应用较少,有人研究采用纳米技术降低银作为涂料时的成本,或通过在银粉中掺杂带有聚合物乳化粒子的金属粒子,来降低渗滤阈值,从而减少银粉的用量。铜粉具有低廉的价格,具有与银相近的导电性,其缺点是铜容易氧化,导电性也不稳定,但对其经过特殊表面处理,可获得稳定性的铜基导电涂料,随着铜粉防氧化技术的提高,铜系导电涂料的研究必将受到进一步的关注。一般选择铜粉粒径为 $10 \sim 100 \mu m$,可制得导电性良好的导电涂层。国内报道用二月桂酸丁基锡活化处理纳米铜粉表面,然后采用置换反应法制备与原来铜粉大小大致相同的核壳形铜 – 银双金属粉末,既降低了成本又解决了铜粉易氧化的问题。其中,铜粉还原银氨溶液中的 Ag^+ 生成的 Cu^{2+} 与 NH_3 形成络合物 $[Cu(NH_3)_4]^{2+}$,吸附于铜粉表面而阻碍还原反应的继续进行,使制备的镀银铜粉表层的银含量降低,用氨水提高银氨溶液的 pH 值,可增加制备的镀银铜粉表层的银含量,提高其抗氧化性能。当用氨水调节银氨溶液的 pH 值至 11.50 时,可制得表层银的质量分数高达 47.91%,且具有常温抗氧化性能的镀银铜粉。镍系导电填料由于价格适中,化学稳定性能良好,具有有效的抗电磁干扰的性能,已经被应用于电磁屏蔽等很多领域。据报道采用钛酸酯偶联剂改性镍系电磁屏蔽涂料后,镍系电磁屏蔽涂料屏蔽效能在9kHz~1.3GHz 范围 SE≥35dB。

（3）金属氧化物系导电涂料。目前金属氧化物系导电涂料产品主要是纳米ATO 和纳米 ZAO。纳米 ATO 导电粉表面能高,在涂料制备与储存过程中易凝聚而导致性能劣化,可采用物理与化学结合的分散方法对纳米 ATO 进行预处理,解决纳米粒子的分散与团聚的难题。对纳米 ATO 导电粉为填料、醇酸树脂为基体的复合导电涂料研究表明:当纳米 ATO 含量为 60%~65% 时,涂料的导电性能较好,表面电阻率能够达到 $10^3\Omega/cm^2$。目前,有关纳米 ZAO 的研究主要集中在薄膜制备及相关性能研究上,关于粉体研究的报道较少,其合成方法也仅局限于共沉淀法。国内报道采用超声—膜板法可高效合成分散好、导电性能优良的白色掺铝 ZAO 纳米晶,将制得的导电纳米晶加入到抗静电涂料体系中,不仅导电性好,而且还大大提高了涂料的抗紫外光等性能。金属氧化物系导电填料具有导电性能好、密度小、颜色浅、在空气中稳定和装饰效果好等优点,极具发展潜力。

（三）复合型屏蔽材料

复合型屏蔽材料是将具有优良导电性能的导电填料与聚合物基体复合,以其为成膜物质制成添加型导电涂料,或将其以注射成型、挤出成型等方法加工成各种电磁屏蔽材料制品。按导电填料的不同,可将其分为碳系复合型屏蔽材料、金属系复合型屏蔽材料和金属氧化物系复合型屏蔽材料。

（1）碳系复合型屏蔽材料。主要以石墨、炭黑或碳纤维为主,按形状可分为粉体和纤维两种。该类材料具有价格低廉、密度小、不易沉降、耐腐蚀性强等优点,但导电性相对较差,所形成的复合材料电导率远小于金属系填料形成的复合材料的电导率,而且其表面含有大量的极性基团,存在难分散、易絮凝等缺点。石墨的导电性能不稳定,作为电磁屏蔽剂使用时间很短。炭黑具有容易加工、控制添加量能得任意的导电率、对材料有补强作用等特点,因此在电磁屏蔽领域应用较为广泛。大量研究表明,炭黑粒子的尺寸越小,结构越复杂,比表面积越大,表面活性基团越少,极性越强,所制备的导电复合材料的导电性就越好。碳纤维具有密度小、长径比大、化学稳定性好等优点,易形成导电网络,同时还具有强化材料等功能。相同填充量的碳纤维屏蔽材料,长径比越大,材料的屏蔽效果越好。一般来说,碳系导电填料的粒子越小,复合材料的导电性就越好,片状填料也比球状填料的导电性要好。

（2）金属系复合型屏蔽材料。所用导电填料主要集中在银、铜、镍以及铁合金等导电填料上。目前,银是金属系材料中导电性能最好的金属,而且由于银粒子有高塑性和高抗氧化性,对高温水分以及对其他的配合材料具有较高的稳定性,进而相互形成牢固的接触。但是,由于银的价格高,故其应用受到限制,一般只应用于特殊的领域。铜的导电性能仅次于银,其导电性和价格均优于镍,因而常用于导电材料的制备,但是铜粉在空气中极易氧化而在其表面生成绝缘性氧化物,从而导致铜系导电材料屏蔽性能降低。镍在空气中不易腐蚀,且具有较好的导电性和导磁性,是比较理想的屏蔽材料,但镍是稀有金属,价格较铜贵,故其应用受到材料来源的限制。总之,金属填料相对而言都具有良好的导电性,制备的导电材料的电阻率比较低,主要用于要求比较高的场合。

(3)金属氧化物系复合型屏蔽材料中的导电填料主要有氧化锡、氧化锌、氧化钛、铁氧体等。金属氧化物作为导电填料,因其密度小、在空气中稳定性好、可制备透明塑料等优点而广泛应用于屏蔽领域。

(四)导电织物类屏蔽材料

导电织物就是在一般纺织品表面镀上金属,或者将金属纤维编入纺织品中,如碳纤维与普通纤维混纺织物、普通化纤络合铜纤维织物等,使织物既具有金属良好的屏蔽效能,同时又不失纺织品原有的柔韧性等特征。由于制作方便、适应性强、效果好、质量轻等优点,导电织物现在正成为研究的热点。按照制备方法的不同,电磁波屏蔽织物主要包含金属涂镀层织物、金属丝和服用纱线的混编织物、金属纤维混纺织物、共混纺丝织物和硫化铜织物等。

(1)金属涂镀层织物包括涂层织物、化学镀织物、真空镀织物和等离子镀织物等。涂层织物采用成熟的涂层技术,把导电磁性物质渗入到涂层浆内,使改良后的织物获得对电磁波的屏蔽能力。其特点是屏蔽效能一般、不透气、手感差等,因此至今还未得到广泛应用。化学镀织物是利用化学镀方法,在织物表面沉积一层导电性良好的金属(银、铜、镍等)。其特点是屏蔽效能较好,而且质地轻柔、透气性好,但工艺较为复杂,价格相对较高。真空镀织物采用真空镀(物理气相沉积)金属技术制备金属织物。其金属层的厚度一般在 $3\mu m$ 以下,屏蔽效果有限,而且结合力较差,金属很容易脱落,至今在电磁屏蔽领域内还没有得到广泛的应用。等离子镀织物是将织物以低温等离子处理后,再连续对其进行表面沉积而获得的金属化织物。该类织物具有良好的机械性能和耐热性,基布与金属层之间结合力强,具有柔软舒适、色泽均匀、除臭抗菌、耐洗、使用寿命长等优点,但手感较差,抱合困难,金属不易匀化,耐洗度不高。

(2)金属丝和服用纱线的混编织物是最早使用的电磁波屏蔽织物。金属丝主要由铜、镍和不锈钢及它们的合金制造,特殊场合还采用银丝或铅丝。该类织物防护效果尚可,但手感较硬,又厚又重,服用性能较差,主要用作带电作业服、电磁辐射防护服、保密室墙布和窗帘、精密仪器屏蔽罩和活动式屏蔽帐等。

（3）金属纤维混纺织物是把金属丝拉成纤维状，再同服用纤维混纺，织成混纺织物。所选用的金属纤维主要是镍纤维和不锈钢纤维，纤维直径可为 $2 \sim 10\mu m$。金属纤维的主要特点为屏蔽效果良好、耐高温、高强度、柔软，但弹性差、摩擦大、抱合力弱，不适合于高支纱的纺织。在一般情况下，随金属纤维含量的增加，混纺织物的电磁波屏蔽性能增加。另外，织物编织紧度和编织方法（如平纹、斜纹或锻纹等）也会对屏蔽性能有较大的影响。

（4）共混纺丝织物将具有电磁屏蔽功能的无机粒子或粉末与普通纤维切片共混后进行纺丝，可制备具有良好导电性和铁电性的纤维，又使纤维不失去原有的强度、延伸性、耐洗性和耐磨性。共混法制得的材料具有成本低、寿命长、可靠性高等优点，但屏蔽性能不高，特别是高频时屏蔽性能会下降。同时，增加填料的用量将损失材料的机械性能。因而对于电磁屏蔽纤维的共混纺丝法的研究将致力于改善填料性能、优化填料排列方式，以达到屏蔽性能、机械性能、工艺性能的和谐统一。

（5）硫化铜织物是利用聚丙烯腈纤维大分子链上的氰基和铜盐，借助还原剂、硫化剂等，发生螯合而形成的，主要是银、铜、锡等金属的硫化物和碘化物，属于具有 P 型半导体性质的导电体。织物的导电性随着温度的升高反而降低。硫化铜织物的导电性和电磁屏蔽性能一般，主要应用于抗静电，另还具有抗菌、消臭的功能。

综上所述，导电织物类屏蔽材料能够保持普通织物材料机械性能好、质地轻和柔软等特点，且能提供一定的屏蔽效能。一般而言，导电织物材料中的化纤对屏蔽效能的贡献可以忽略不计，其屏蔽性能主要由其中的金属纤维或纤维表面的金属镀层提供。

第三节 野战装备电磁防护封套

电磁环境对武器装备的综合作用已成为现代高技术战争的重要特征，武器装备的生存力和战斗力与其防电磁危害的能力紧密相连。野战条件下，对于武器装备和装备集群而言，屏蔽是众多电磁防护技术中既简单易行又行之有效的方法，而采用电磁屏蔽封套对其进行集中封存与整体防护更是一种高效、经济的电磁防护措施。

一、电磁屏蔽封套屏蔽层设计

（一）设计要求与技术指标

在电磁屏蔽实践中，传统上人们常常利用金属良导体材料构建各式各样的屏蔽腔体来对电子元件与设备进行电磁防护。金属良导体因其具有良好的导电性而能为电子设备提供优良的电磁屏蔽效能。但金属材料密度大、不可揉折的特点使得其搬运、移动比较困难，而且将金属板材加工成一个实用的屏蔽腔体更是不易。

在科技日益发达的今天，人们对电子元件与设备的电磁防护需求日益增大，单纯的金属导体材料因其使用不便而难以广泛应用，野战装备电磁防护领域更是如此。在野战装备应用中，无论是平时训练还是战时使用，武器装备都面临着复杂电磁环境下的电磁防护问题。由于军事上的特殊要求，野战电磁防护封套装置与材料必须具备使用灵活、操作简便、能够快速机动等特点，即封套复合材料必须在具有金属材料较高屏蔽效能与较好机械性能的同时，能够克服金属材料缺点，而具有密度小、可揉折的特点。

1. 设计要求

实现功能多样化和进一步提高其电磁防护性能是研究电磁屏蔽封套防护材料的基本出发点，同时在使用性能和生产成本上的考虑也是产品研制中必须考虑的因素。因此，对电磁防护复合材料的研制要求，概括起来包括以下几个方面：

（1）电磁屏蔽的高效性。面对战场上各种电磁辐射与危害，提高电子装备防护材料的电磁防护性能一直是国内外的研究重点，也是电磁屏蔽材料研究中优先考虑的一个主要因素。选用屏蔽效能更高的材料，构建更优的复合材料结构，采用先进的加工工艺，使复合材料在宽频范围内具有良好的电磁屏蔽性能，是电磁防护封套复合材料基本的设计思想。

（2）功能的多样性。在野战条件下，武器装备的储存环境非常复杂，实现其防护包装材料的多功能性，不但可以提高封套复合材料自身的环境适应性，还可以扩展材料适用范围，提高电子装备储存和使用的综合防护性能。因此，有必要通过结构设计和材料复合等技术，将不同功能的材料进行有效复合，以实现封套复合材料功能的多样性。

（3）使用的方便性。武器装备的电磁防护材料要适用于多种包装形式，小到单体包装，大至上百吨的集合封存。在野战条件下利用封套进行集合封存，那么就必须满足一定的使用性要求。野战条件下的装备防护环境复杂，条件恶劣，如果封套材料质量过大，其机动性必然会受到影响；如果复合材料的强度不满足要求，在使用过程中就容易损坏而无法实现防护目的。因此，在实现复合材料功能多样化的同时，应尽可能降低材料密度并提高其强度，使材料具有较强的使用性。

（4）技术的可行性。在电磁防护封套复合材料的研制中，必须保证其各项

172

技术工艺在生产中具有可行性和可操作性;考虑到材料研制成功后可能会投入大规模的生产使用,所以要求防护封套复合材料的原材料来源广泛;同时作为军用产品,还需考虑到大量生产的短时间动员能力。

(5)效益的经济性。军事经济成本是电磁防护封套材料研制中必须预先考虑的一项重要因素,它要求在复合材料的研制生产中尽可能采用成熟工艺技术,利用现有生产设施条件,以减少投入、节省费用。

2. 技术指标

根据以上研制要求,对电磁防护封套复合材料的技术指标归纳如下:

(1)屏蔽效能。在战场复杂电磁环境条件下,武器装备不仅受到雷电脉冲、静电脉冲、雷达辐射等电磁干扰,还可能受到核电磁脉冲、高功率微波和超宽带武器等电子战武器装备的电磁攻击。因此,防护材料必须在宽频范围内具有良好的电磁屏蔽效能。

(2)单位面积质量与厚度。用于野战武器装备封存的材料,在保证屏蔽效能的同时,必须满足人力搬运以及携运行要求。因此,降低材料单位面积质量对完成战斗任务保障具有重要意义。美军标 MIL – C – 9959 对封套材料单位面积的质量要求为1680g,GJB 2682—96 要求为1200g。目前实际应用的封存材料可以达到800g左右,即一个面积为$100m^2$的封套,总质量在80kg左右,两人即可搬运,容易实现野战环境下的机动保障。

(3)机械性能。复合材料制成防护包装封套后,在对武器装备进行封存时,不仅要满足使用方便的要求,更需要满足一定的机械性能,防止其在使用过程中出现变形、破裂等性能问题。

(4)其他技术指标。除了以上主要性能指标外,电磁防护封套材料的阻燃性、耐磨性、防潮性及其他性能指标均须满足 GJB 2682—96 包装封套通用规范的相关要求。

(二)电磁屏蔽层结构设计

根据电磁屏蔽材料分析,导电薄膜类屏蔽材料与导电织物类屏蔽材料均具有质地轻、柔软性好的特点,但仅仅由其中一种材料构成的单一屏蔽层结构复合材料却难以满足军用电磁防护封套材料的技术指标和要求。导电薄膜类材料的机械性能与高分子材料相似,其抗拉强度较低,撕裂强度较小,不能满足封套材料机械性能要求;而导电织物类材料虽具有较好的机械性能,但其防潮性、耐磨性和耐候性都不理想,也不能很好地满足封套材料的使用要求。此外,单一的导电薄膜类材料低频时屏蔽效能不高,而高频时则有可能大幅上升(电导率很高、厚度较大时);反之,单一的导电织物低频时屏蔽效能较高,而高频时却迅速降低。因此,无论从拉升强度、防潮性等使用性能来说,还是从不同频率范围的屏蔽效能来看,导电薄膜和导电织物的各项性能指标具有一定程度的互补性。可以推测,综合运用这两种柔性材料构成封套材料的电磁屏蔽层复合结构将大大提升电磁防护封套材料的综合使用性能和宽频范围内的屏蔽效能。

为保证封套复合材料在较宽频率范围内具有较高的屏蔽效能,设计了电磁屏蔽层为双层结构和三层结构时的封套材料,并对由导电织物和导电薄膜构成的不同电磁屏蔽层结构方案在1MHz~18GHz内的屏蔽效能进行了研究。

1. 双层结构电磁屏蔽层

以导电织物和导电薄膜组成的双层结构,构成封套复合材料中的电磁屏蔽层。"导电织物—导电薄膜"双层结构的屏蔽效能如图5-5所示。

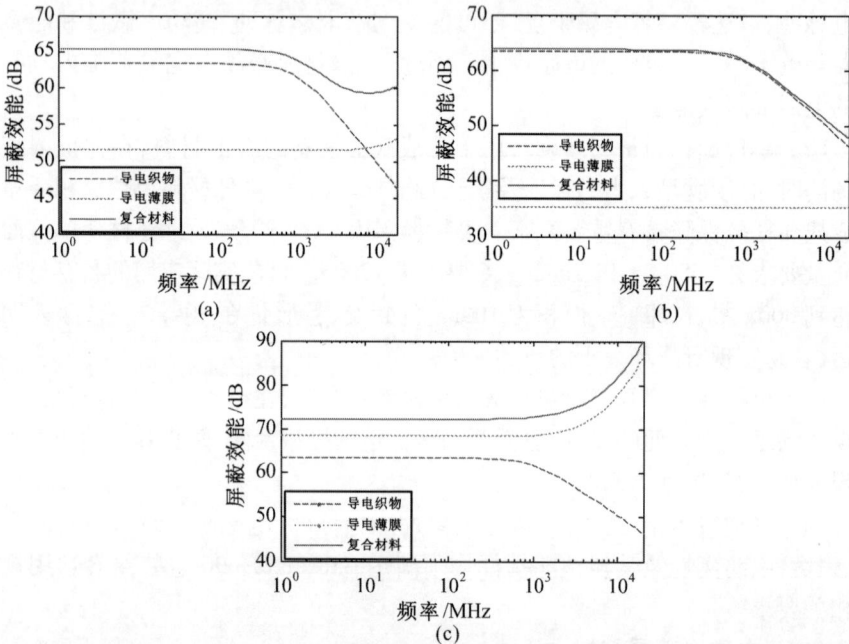

图5-5 双层结构电磁屏蔽层屏蔽效能

(1)当导电薄膜材料的屏蔽效能较好,且在低频段小于导电织物而高频段大于导电织物的屏蔽效能时,双层结构电磁屏蔽层的屏蔽效能如图5-5(a)所示。在低频段,屏蔽效能提升不大;在高频段,屏蔽效能有较大提高。当频率很高时,屏蔽效能随频率呈增大趋势。

(2)当导电薄膜材料的屏蔽效能较低,且在整个频段均小于导电织物的屏蔽效能时,双层结构电磁屏蔽层总体屏蔽效能如图5-5(b)所示。与导电织物材料相比,双层结构的屏蔽效能基本不变。

(3)当导电薄膜的屏蔽效能很高,且在整个频段均大于导电织物时,双层结构电磁屏蔽层的屏蔽效能如图 5-5(c)所示。双层结构的屏蔽效能与导电薄膜相似。

由此可知,"导电织物—导电薄膜"双层结构电磁屏蔽层的屏蔽效能主要取决于其组成成分中屏蔽效能较大者。若导电织物低频屏蔽效能较好,而导电薄膜高频屏蔽效能较好,则该结构可大大提升材料在宽频范围的屏蔽效能。

2. 三层结构电磁屏蔽层

为研究由三层导电材料构成的三层结构电磁屏蔽层的屏蔽效能,对"导电织物—导电薄膜—导电织物"三层结构(A)、"导电织物—导电织物—导电薄膜"三层结构(B)、"导电薄膜—导电织物—导电薄膜"三层结构(C)和"导电薄膜—导电薄膜—导电织物"三层结构(D)的屏蔽效能进行计算,其随频率变化规律如图 5-6 所示。

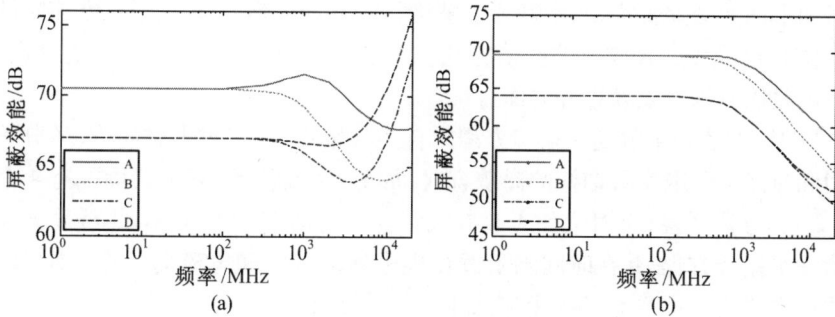

图 5-6　三层结构电磁屏蔽层的屏蔽效能比较

(1) 当导电薄膜和导电织物的屏蔽效能如图 5-5(a)所示时,即导电薄膜的屏蔽效能较好时,A、B、C、D 四种电磁屏蔽层的屏蔽效能如图 5-6(a)所示。在低频段时,A 和 B 的屏蔽效能要好于 C 和 D;在高频段时,A 好于 B,D 好于 C;当频率很高时,D 和 C 要好于 A 和 B。总体来看,电磁屏蔽层 A、D 的屏蔽效能好于电磁屏蔽层 B、C 的屏蔽效能。在电磁屏蔽实践中,通常要求屏蔽材料在宽频内具有较高的屏蔽效能,而且人们常常以屏蔽效能最低点来评价材料的屏蔽效果,因此可以认为电磁屏蔽层 A 要优于电磁屏蔽层 D。

(2) 当导电薄膜和导电织物的屏蔽效能如图 5-5(b)所示时,即导电薄膜的屏蔽效能较低时,四种电磁屏蔽层的屏蔽效能如图 5-6(b)所示。在整个频率范围内,屏蔽效能由高到低的排序为 A、B、D、C,即电磁屏蔽层 A 屏蔽效能最好。

综合以上分析可以认为,"导电织物—导电薄膜—导电织物"电磁屏蔽层在所有三层结构电磁屏蔽层中屏蔽效能最好。

综合以上对双层结构电磁屏蔽层和三层结构屏蔽层的分析可知:"导电织

物—导电薄膜"电磁屏蔽层和"导电织物—导电薄膜—导电织物"电磁屏蔽层分别是双层结构和三层结构电磁屏蔽层的最优方案。由于三层结构电磁屏蔽层的屏蔽性能要好于双层结构,以"导电织物—导电薄膜—导电织物"三层结构作为封套材料电磁屏蔽层的基本方案进行研究,并以"导电织物—导电薄膜"双层结构作为电磁屏蔽层的备选方案。

(三) 复合屏蔽材料效能评估

为了预先评估封套复合材料的屏蔽效能,采用时域有限差分(FDTD)方法对其屏蔽效能进行数值计算。

1. 时域有限差分方法概述

在计算电磁学各种方法中,时域有限差分(FDTD)方法以简单灵活而著称。在这种方法中,电磁波传播以及电磁波与物质的作用是通过电场和磁场在空间和时间上的差分递推实现,不需要求解格林函数和矩阵方程。经过30多年的发展,FDTD 已成为一种成熟的数值方法,广泛应用于微带传输、天线、电磁成像、地下电磁探测和电磁兼容等方面。

FDTD 方法是求解麦克斯韦方程的直接时域方法,它对电磁场 E、H 分量在空间和时间上采取交替抽样的离散方式,每个 E(或者 H)场分量周围有 4 个 H(或 E)场分量环绕,应用这种离散方式将含有时间变量的 Maxwell 旋度方程转化为一组差分方程,并在时间轴上逐步推进地求解空间电磁场。Yee 提出的这种抽样方式后来被称为 Yee 元胞,如图 5-7 所示。

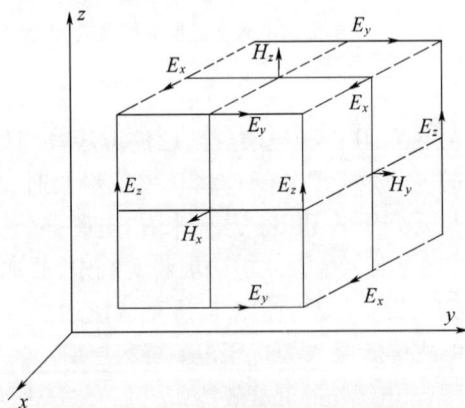

图 5-7 FDTD 离散中的 Yee 元胞

FDTD 方法把各类问题都作为初值问题来处理,因此能直接反映电磁波的时域特性,是求解麦克斯韦方程的直接时域方法。在计算中将空间某一样本点的电场(或磁场)与周围格点的磁场(或电场)直接相关联,且介质参数已赋值给空间每一个元胞,因此这一方法可以处理复杂目标和非均匀介质物体的电磁散射、辐射等问题。通过计算每一时间步空间网格中各点的电场和磁场,能直接模拟电磁波的传播及其与物体的相互作用过程。在计算机上以伪彩色方式显示,这种电磁场可视化结果清楚地显示了物理过程,便于分析和设计。如果需要频域结果,只需对时域信息进行傅里叶变换即可。如果需要宽频带的信息,只需在宽频谱的脉冲激励下进行一次计算即可。

2. 屏蔽效能评估

在采用 FDTD 方法进行计算之前,首先需对电磁屏蔽层方案中的导电薄膜和导电织物材料进行选择。所选择的铝塑复合薄膜是以铝箔为基膜,采用挤出层压法与塑料薄膜紧密贴合而成的一种高阻隔复合薄膜,其基本组成为"PET/铝箔/CPP",铝箔的厚度为几微米,薄膜总厚度约 0.08mm。由于铝塑薄膜中含有一层铝箔,故其具有一定的电磁屏蔽效能,约 30 ~ 40dB 左右。此外,铝塑薄膜的一个突出的特点是透湿率低(低于 $1g/m^2 \cdot 24h$),故从阻隔性的角度来看,它是一种比较理想的阻隔材料。但它存在的不足是机械性能不好,拉伸强度和撕裂强度都很低,而且其揉折后易产生裂纹,使其阻隔性和屏蔽性能下降。由于铝塑薄膜属于匀质平板材料的一种,可以直接采用解析方法对其屏蔽效能进行计算。所选择的导电织物由 PET 织物进行化学镀 Cu 和 Ni 而成,具有柔软、透气、手感好等特点。该导电织物的基本参数为:

(1)幅宽:1.08m;

(2)颜色:金灰色;

(3)纤维成分:PET/Ni + Cu + Ni;

(4)密度:80 ~ 90g/m²;

(5)厚度:0.09 ± 0.01mm;

(6)拉伸强度:经向850N,纬向680N;

(7)表面电阻:≤0.25Ω/sq;

(8)屏蔽效能:>60dB(1MHz ~ 1.5GHz)。

由以上参数可知,该导电织物密度小,厚度薄,机械强度较高,导电性和屏蔽性较好,基本符合设计方案中对导电织物的要求。但它也存在一些不足,揉搓、洗刷、使用都会在一定程度上造成其导电性和屏蔽效能下降。

按照 FDTD 方法计算步骤,对双层结构电磁屏蔽层"导电织物—导电薄膜"和三层结构电磁屏蔽层"导电织物—导电薄膜—导电织物"分别进行 FDTD 数值计算,计算结果分别如图 5 - 8 和图 5 - 9 所示。"导电织物—导电薄膜—导电织物"电磁屏蔽层的屏蔽效能要好于"导电织物—导电薄膜"电磁屏蔽层的屏蔽效能,它们都能在 1MHz ~ 18GHz 频率范围提供较高的屏蔽效能,从而满足多层复合封套材料电磁屏蔽层的性能要求。

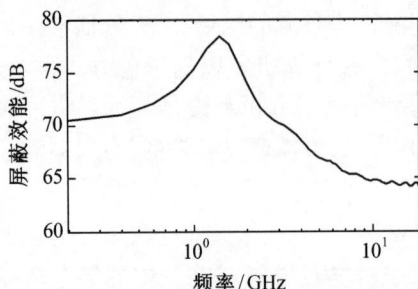

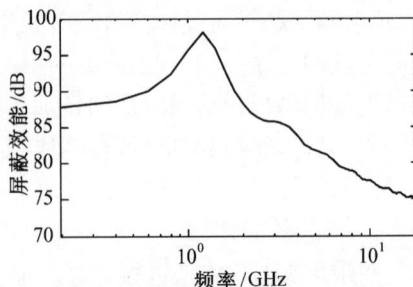

图 5-8　双层结构电磁屏蔽层的屏蔽效能　　图 5-9　三层结构电磁屏蔽层的屏蔽效能

二、电磁防护封套复合材料制备

(一) 整体性能设计

一般封套材料的结构构成包括基材层、阻隔层、热封层和黏合层等。基材层能够给复合材料提供良好的机械性能,克服塑料膜材机械强度较低的缺点,如聚酯或尼龙、涤纶等质量较轻、强度较高的织物。另外,作为封套材料,基材还需具备柔软、易折叠和耐高温等特点。阻隔层是复合材料的重要组成部分,要求它对水蒸气必须具有较强的阻隔作用,以提高封套整体的防潮性能。热封层的主要作用是使复合材料可以与其他材料或部件能够采用热合的方法焊接在一起,制成完整包装,同时还兼有保护阻隔层的功能。黏合层主要作用是连接复合材料的基材层、阻隔层和热封层,使它们成为一个功能整体。

1. 基材层与阻隔层

如前所述,化学镀导电织物不仅具有良好的电磁屏蔽性能,还具有较好的柔韧性和机械性能,在封套材料的基本结构中既可起电磁屏蔽层的作用,又可起到基材层的作用。由于前面选择铝塑薄膜作为电磁屏蔽层中的导电塑料,铝塑薄膜中含有的铝箔不仅可提供一定的电磁波屏蔽能力,还可以提供较强的阻隔性能,因此电磁屏蔽层中的铝塑薄膜可认为是封套材料的阻隔层。为了使复合材料具有双面热封性能和保护电磁屏蔽结构层,在电磁屏蔽复结构的两侧复合热封层,各层之间采用胶黏剂作为黏合层基本材料。因此,以"导电织物—导电薄膜—导电织物"作为电磁屏蔽层的封套复合材料的整体结构如图 5-10 所示。

图 5-10　封套复合材料结构示意图

2. 热封层

热封层材料的热封性是封套材料一个重要的性能要求,封套的制作主要是材料之间的热合过程,材料热封性能的好坏对封套的密封性有很大的影响。由于热封层处于封套材料的外层,所以要求它必须具有较好的耐油、耐低温、耐热老化和防水等特性。常用的热封材料主要有 PE、PVC、PU、PP 等。由于 PE 具有很好的焊接性和适用性,且价格低廉,可采用 PE 作为封套复合材料的热封层。通常,PE 具有以下特性:

(1) 良好的热封合性能。PE 可以采用便捷、价廉的普通热封合工艺进行热封。

(2) 较好的力学性能。PE 膜的拉伸强度大于 10MPa,某些品级可达 20MPa以上。

(3) 广阔的使用温度范围。PE 具有优良的耐低温性,可在 -40℃以下的低温环境中长期使用;同时,它也具有较好的耐热性,长期使用温度在 60℃以上。

(4) 较好的抗水、防潮性能。PE 具有较好的抗水和防潮性能,且具有一定的阻氧、耐油性。

(5) 良好的化学稳定性。除了少数几种强氧化性酸之外,PE 对常见的各种酸、碱、盐及多种化学物质均具有很强的抗御能力。

(6) 优良的卫生性能。PE 本身无毒、无臭、无味,卫生性能可靠,对使用人员身体不会产生不良影响。

虽然 PE 具有以上优异性能,但也存在耐冲击不强、阻燃性差和抗静电性不好等不足。因此,在复合 PE 之前,首先需对其进行改性处理,以增强其耐应力、耐冲击、阻燃和抗静电性。

3. 黏合层

黏合层胶黏剂是连接复合材料各层之间的关键物质,也是影响复合工艺好坏的重要因素。通常要求胶黏剂具有较好的黏合性、柔软性、耐热性、耐寒性和抗介质性等。由于聚氨酯胶黏剂来源广泛、价格低廉、性能优越,故可作为黏合层胶黏剂。聚氨酯胶黏剂具有以下特点:

(1) 含有极性和化学活泼性很强的异氰酸酯基(—NCO)和氨酯基(—NH-COO—),与泡沫塑料、织物等多孔材料和金属、橡胶、塑料等含有活泼氢且表面光洁的材料都有优的化学黏合力。而聚氨酯与被黏合材料之间产生的氢键作用使分子内力增强,会使黏合更加牢固。

(2) 调节聚氨酯树脂的配方,可控制分子链中软段与硬段的比例及结构,制成不同硬度和伸长率的胶黏剂,其黏合层从柔性到刚性可任意调节。

(3) 聚氨酯黏接剂既可加热固化,也可室温固化,工艺简便,操作性能良好。

（4）聚氨酯黏接剂固化时没有副反应发生，因此不易使黏合层产生缺陷。

（5）多异氰酸酯黏接剂能溶于几乎所有的有机原料，而且分子体积小、易扩散，因此多异氰酸酯黏接剂能够渗入被黏材料中，从而提高粘附力。

（6）聚氨酯具有优异的低温和超低温性能。

（7）聚氨酯具有良好的耐磨、耐水、耐油、耐溶剂、耐化学药品和耐细菌等性能。

（二）封套复合材料制备

1. 制备方法

复合材料的复合方法有压延复合、流延复合、涂布复合、共挤复合和干法复合等。在这里选择干法复合作为电磁屏蔽封套材料的基本复合方法。这是因为化学镀导电织物与铝塑薄膜之间难以通过压延法、流延法、涂布法或是共挤法进行复合，只能采用干法复合；在研究中，为了节省材料、节约经费，也需要采用机动性强的复合工艺如干法复合；此外，干法复合工艺成熟的特点，可降低研究中复合工艺对材料性能的影响，同时也为将来的规模生产奠定了基础。

2. 材料复合工艺

干法复合是把黏剂涂布到一种基材薄膜上，经烘箱蒸发干燥去除溶剂后与另一层薄膜压紧贴合成复合膜的方式。采用干法复合可将多种材料复合在一起，因而应用比较广泛，是制造复合包装材料的主要方法之一。干法复合基本工艺过程如图 5-11 所示，主要包括放卷、表面处理、涂胶、干燥、贴合、冷却、收卷、熟化等过程。结合工艺流程与参数，分别论述如下：

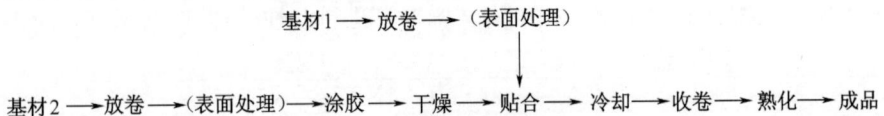

基材1 ──→ 放卷 ──→ （表面处理）
　　　　　　　　　　　　　│
　　　　　　　　　　　　　↓
基材2 ──→ 放卷 ──→ （表面处理）──→ 涂胶 ──→ 干燥 ──→ 贴合 ──→ 冷却 ──→ 收卷 ──→ 熟化 ──→ 成品

图 5-11　干法复合工艺流程

（1）基材。干法复合所用的基材就是封套复合材料的基材层、阻隔层和热封层材料，这里分别是化学镀导电织物、铝塑薄膜和 PE。

（2）放卷。放卷要求稳定而平稳地将基材放出，放卷张力直接影响到基材的放卷效果。张力过小，放卷时基材的平整度差，涂胶质量难以保证；而张力过大，则可能引起基材的拉伸变形，复合后产生基材的回缩，影响成品的质量。一般而言，容易拉伸变形的基材采用较低的放卷张力，不易变形的基材采用较高的放卷张力。导电织物的放卷张力较大，控制在 80N 左右；铝塑薄膜的放卷张力其次，控制在大约 60N 左右；PE 薄膜的放卷张力最小，约 30N 左右。

（3）表面处理。复合时基材（如聚烯烃类薄膜）的表面张力，通常要低于胶黏剂的表面张力,不利于胶黏剂的展开、铺平。通过表面处理,可以使基材的表面张力大幅度提高,从而改善薄膜类基材表面的涂胶浸润性能,提升涂胶效果。可采用电晕处理以增加铝塑薄膜和 PE 的极性,使它们的表面张力提高到 40mN/m 以上;对于导电织物,由于其表面张力较好,无需进行表面处理。

(4)涂胶。干法复合工艺采用网纹辊将胶黏剂涂布到需要复合的基材上。上胶量通过网纹辊的网线数、网纹深度以及胶黏剂的浓度加以控制。当网纹辊确定以后,通过涂布液的浓度控制上胶量。封套材料复合工艺中,胶黏剂选择为酯溶性聚氨酯胶黏剂,其配方如表 5 – 4 所列。在复合过程中,将涂胶量控制在 $4.5 \sim 5.0 \mathrm{g/m^2}$。

表 5 – 4　干法复合聚氨酯胶黏剂配方及性能

项目	TAKELAC PP – 5430	TAKENATE I – 3000
成分	聚酯多元醇混合物	芳香族异氰酸盐类固化剂
固含量/%	60 ± 2	75 ± 2
黏度(25℃)/(mPa · s)	200 ~1500	600 ~3000
溶剂	乙酸乙酯	乙酸乙酯
配合比	9	1

(5)干燥。干燥温度与速度,因干法复合生产线的不同以及胶黏剂的不同而不尽相同,但都以能将胶黏剂中的溶剂彻底烘干为原则。适当提高温度可以加快干燥速度,但过高的温度可能引起基材的收缩、变形以及出现气泡等弊病。在这里采用的干法复合生产线,其生产速度约 150m/min,干燥时温度控制在 50℃左右。

(6)贴合。干法复合的贴合工艺在一对刚辊和橡胶辊之间通过加热加压进行。两基材贴合时,在高于室温下进行,可以使干燥后已经冷却到室温的胶黏剂重新激活,对未涂胶基材产生浸润,得到良好的黏合效果,因此通常将复合刚辊的表面温度控制在 65℃以上。例如,将贴合温度控制在 70℃,复合压力控制在 $65 \mathrm{N/cm^2}$ 左右。

(7)冷却。冷却在紧接复合辊处的一个冷却用刚辊上完成。从复合辊出来的刚贴合好的材料温度较高,由于复合薄膜在高温下刚性较低,容易变形,且刚复合后胶黏剂尚未熟化,粘结力不强,不易收卷,故需使用冷却辊使复合材料的温度降低,使两基材间产生较大的表观初粘力,改善卷取性能,然后进入卷取工位进行卷取。

(8)卷取。在干法复合工艺中,适当增大卷取张力卷得紧一些,有助于使两种基材间咬牢,防止两基材不同收缩所产生的横向皱纹,以期得到平整度良好的复合材料。

(9) 熟化。复合好的膜卷在熟化室里进行熟化。熟化目的是使复合好的材料在较高的温度下,较快地完成化学反应,从而达到良好的层间黏合,得到较高的层间剥离强度。一般而言,提高熟化温度有助于加快熟化速度,缩短熟化时间,但过高的熟化温度可能导致复合材料产生较大的收缩变形,甚至引起耐高温性能差的基材产生融化、粘连等弊病。在封套材料的复合工艺中,熟化温度控制在 50℃,熟化时间为 48h。

在对封套材料加工成型时,为减少工序,可首先对导电织物与热封层进行复合得到复合材料 1(双层);然后将材料 1 与铝塑薄膜进行复合,得到复合材料 2(三层);最后将材料 2 分别与 PE 热封层和材料 1 复合,得到封套复合材料。

(三)封套复合材料性能测试

1. 屏蔽效能测试

为验证封套材料是否达到设计时提出的各项技术指标,并验证设计方案的准确性,运用法兰同轴法和屏蔽室窗口法对封套复合材料在 30MHz ~ 1.5GHz 和 1.5 ~ 18GHz 频率范围内的电磁屏蔽效能分别进行测试,并对测试结果进行分析。

1) 法兰同轴法对 30MHz ~ 1.5GHz 屏蔽效能测试

按照 GJB 6190—2008《电磁屏蔽材料屏蔽效能测量方法》规定,根据适用频率范围的不同,电磁屏蔽材料屏蔽效能测量方法主要可分为法兰同轴法和屏蔽室法。这里运用法兰同轴法,对封套复合材料在 30MHz ~ 1.5GHz 频率范围内的屏蔽效能进行测试。

法兰同轴法根据电磁波在同轴传输线内传播的主模是横电磁波这一原理,模拟自由空间远场的传输过程,对平面材料进行平面波的测定。采用此装置测试样品的参考试样屏蔽效能值与负载屏蔽效能值之差,即为被测样品的屏蔽效能。法兰同轴法的优点是:同轴线内传输的平面波电磁场与被测试样表面相切,可较好地模拟平面波,具有较高的动态范围,可达 90 ~ 100dB,适应范围的频率为 30MHz ~ 1.5GHz;不依赖于试样的电接触,克服了接触阻抗的影响,依靠位移电流通过法兰传输信号,可以对表面非导电材料以及单面或两面有绝缘覆盖层的薄膜材料的屏蔽效能进行测试;测试快速简便,不需建立昂贵的屏蔽室及其他辅助设备,且接触阻抗小,重复性好。

2) 屏蔽室法对 1.5 ~ 18GHz 屏蔽效能测试

参照 GJB 6190—2008《电磁屏蔽材料屏蔽效能测量方法》的规定,采用屏蔽室窗口法对封套复合材料在 1 ~ 18GHz 频率范围内的屏蔽效能进行测试。

屏蔽室窗口法的测试原理是通过对屏蔽室窗口覆盖电磁屏蔽材料前后接收端信号的场强和功率值进行测量,并以它们之间的差值作为材料的屏蔽效能。

屏蔽室窗口法的动态范围可到 120dB,能对 10kHz～40GHz 频率范围内的屏蔽效能进行测试,测试结果较为准确,且对被测材料的厚度没有太大的要求。其缺点是屏蔽材料样品与屏蔽室窗口连接处的接触阻抗会对测试结果产生一定的影响。

采用屏蔽室窗口法测试时,其对测试设备与试样的要求为:屏蔽室屏蔽效能应大于被测材料屏蔽效能至少 6dB;屏蔽室测试窗口为正方形,边长不小于 0.6m,方形孔中心距屏蔽室地面高度不小于 1m,孔边界距侧墙不小于 0.5m,孔边沿法兰宽度不小于 25mm,法兰应做导电处理;试样的面积应大于屏蔽室窗口的尺寸,试样表面平整,如试样表面不导电,应将试样边沿不导电表面部分除去,露出导电表面,保证试样安装时试样四周边沿与测试窗有良好的导电连接;将试样放置在屏蔽室测试窗上时,测试窗的法兰面上应安装导电衬垫,导电衬垫的屏蔽效能应大于试样屏蔽效能 10dB 以上;试样的边沿用导电胶带封贴在测试窗上,用用螺钉固定试样,保证试样与屏蔽室测试窗良好的电连接,避免因电接触不良引入测量偏差。

3)测试结果

根据以上法兰同轴法和屏蔽室窗口法对多层复合封套材料在 30MHz～18GHz 频率范围内的测试数据,对它们进行降噪处理,可得它们的屏蔽效能如图 5－12 实线所示,并与前面屏蔽效能计算的预先评估值进行比较,如图 5－12 虚线所示。

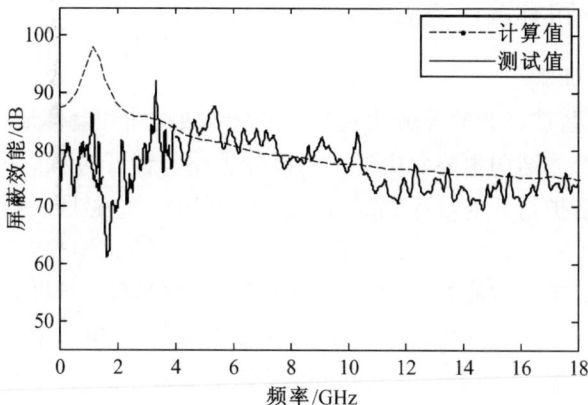

图 5－12 复合材料屏蔽效能对比图

2. 其他性能测试

为对复合材料的其他性能进行评估,以确定它们是否达到了封套材料的设计要求,对复合材料的单位面积质量、厚度、拉伸强度、撕裂强度、剥离强度和透湿率等进行了测试。测试结果如表 5-5 所列。

表 5-5　封套复合材料基本性能测试

测试项目		复合材料 B	测试方法
厚度/mm		0.37	GB/T 4669—2008
单位面积质量/(g/m²)		658	GB/T 4669—2008
拉伸强度 /(N/5cm)	经向	2180	HG/T 2580—1994
	纬向	1940	
撕裂强度 /N	经向	439	GB/T 3917.3—2009
	纬向	439	
剥离强度 /N	经向	34	GB/T 2358—1998
	纬向	28	
透湿率(23℃)/(g/m²·24h)		0.93	GB 1037—1988
表面电阻率/Ω		4.7×10^8	GB/T 12703—1991

由表 5-5 可知,多层复合封套材料的各项基本性能测试结果良好,由于多层复合封套材料屏蔽效能大于 60dB,对照前面材料的设计要求与技术指标,上述材料达到了封套材料的设计要求,可以作为野战环境下武器装备的电磁防护封套材料加以应用。

三、电磁防护封套设计与应用

(一) 设计原则

通常,电磁防护封套的屏蔽性能是由封套组成材料和套体形状结构决定的,而封套材料与套体结构主要取决封套的设计思路与设计过程。因此,有必要对野战装备电磁防护封套的设计原则与方法进行研究。电磁屏蔽封套的设计应遵循以下原则:

(1) 选择高屏蔽效能的封套材料。虽然防护封套整体的屏蔽效能不仅仅取决于封套材料,但是当封套材料本身的屏蔽效能不高时,电磁辐射将很容易通过套体材料进行传播,从而大幅度降低封套整体的屏蔽效能。因此,在确保野战装备封套材料的柔韧性、机械性和防潮性等使用性能满足要求的前提下,尽量选择屏蔽效能较高的电磁屏蔽材料作为野战防护封套的套体材料。

(2) 优化封套腔体的尺寸。开孔腔体屏蔽效能在其谐振频率处迅速降低,甚至为负。腔体谐振频率与腔体本身的尺寸大小密切相关。腔体尺寸越大,其最小谐振频率越低;而腔体尺寸越小,其最小谐振频率越高。因此,设计时应针对主要的电磁防护频段,如电磁辐射源的主要辐射频段或被保护电磁敏感装备的敏感频段,优化封套腔体的尺寸。当主要的电磁防护频段未知或太宽时,应在保证封套使用体积满足需求的前提下,尽量减小封套的尺寸,以提高其最小谐振频率。

(3)优化孔缝大小、数量和类型。当封套材料本身屏蔽效能较好时,封套整体的屏蔽效能取决于封套腔体上存在的开口和孔缝。通常,封套开口是为了方便人员进出、装备收发和通风换气等需要,而孔缝则主要存在于封套各面之间的连接处或封套材料本身存在的砂眼、裂纹等缺陷。对用于人员进出和装备收发的封套开口,应当在不影响正常使用的情况下,尽可能减小开口的尺寸和数量;对用于通风换气的封套开口,在保持开口面积不变的条件下,将单一开口换成多个开口,且开口形状选择优先顺序依次为圆形、正方形和矩形。对于封套连接处存在的孔缝,应尽量减小其尺寸大小;对于封套材料本身存在的孔缝缺陷,应采取一定的措施如贴导电膜等对其进行补救。

(4)对封套开口加装防电磁泄漏装置。对于高频电磁波,腔体开口有无覆盖门帘其电磁屏蔽效能相差非常大,因而封套开口处安装防电磁泄露装置极为重要。在设计防电磁泄露装置时,可选择在开口处安装导电密封拉锁以连接开口面和套体表面,或是在封套开口上方覆盖由套体材料制成的门帘以阻挡电磁波传播,门帘面积应大于开口面积,且门帘面积越大,开口处的电磁泄漏越小。无论对于密封拉锁还是门帘,都应尽可能提高它们与套体材料的电接触性能,降低接触电阻。

(5)必要时可选择在封套内安装金属支架。通常,当腔体尺寸确定后,腔体内的谐振频率也就确定了。当封套的主要电磁防护频段处于腔体的谐振频率处时,为了改善封套对主要防护频段的防护性能,可以选择在腔体内部安装金属支架。当封套腔体内部存在金属支架时,腔体内部耦合场的结构会发生改变,同时腔体内部的谐振频率也会因此发生改变。针对特定的问题,金属支架的数量、大小以及在封套内的位置需要进一步地计算分析。

(二)装备电磁屏蔽封套使用要求

一般而言,野战装备电磁防护封套整体的屏蔽效能在其设计时就已基本确定,但使用方法得当与否更直接影响到封套实际使用时的屏蔽性能。使用方法得当,可以充分发挥封套的屏蔽性能,达到较好的电磁防护效果;而使用不当,则可能使设计时屏蔽效能较高的封套使用时屏蔽效能却很差。因此,需要对电磁屏蔽封套的使用方法与要求进行研究。根据前面对开孔腔体的理论研究与试验分析,对使用者而言,野战电子装备电磁防护封套的使用应遵循以下原则:

(1)根据主要电磁防护频段选择尺寸合适的封套。当预先知道电磁辐射源的主要辐射频率,或被防护电子装备的敏感电磁频率时,应选择尺寸大小合适的电磁防护封套,使主要电磁防护频段尽可能避开封套腔体的谐振频率。

(2)根据使用需要选择开口尺寸小、数量少的封套。在选择封套时,应根据实际使用时人员进出、装备收发和通风换气等要求确定所需封套开口的大小。当没有完全符合要求的封套时,应在保证使用要求的情况下选择开口尺寸小、数量少的封套;在封套开口面积相同时,选择多开口结构而非单一开口结构封套。

(3)根据防护频段的需要,使用时可加装金属支架。如前所述,在封套内安装金属支架会改变封套腔体的谐振频率。因此,当主要电磁防护频段处于腔体谐振频率范围内时,可选择加装数量、大小和位置合适的金属支架,以提高封套腔体在特定频率下的防护效果。

(4)正确使用防电磁泄漏装置。通常,电磁防护封套的开口处都安装了防电磁泄漏装置,使用者须按要求对其正确操作。应尽量提高防电磁泄漏装置与封套套体之间的电接触,降低它们之间的接触阻抗。对于没有安装防电磁泄漏装置的封套,应使用导电胶布、导电薄膜等导电材料对封套上存在的开口与孔缝进行电磁密封。

(5)正确放置被防护电子装备在封套内的位置。通过对开孔腔体与电磁场的耦合场数值分析可知,腔体内孔缝处电磁耦合场很强,距孔缝一定距离后耦合电磁能量衰减很大。因此,应避免将被防护电子装备放置在封套的开口附近,而应将其置于距开口一定距离远处。对于特定频率的入射电磁波,还应对电子装备在封套内的位置点进行选择,从而避免将装备置于与该频率对应的腔内屏蔽效能最低点位置。

在实际野战装备电磁防护封套的应用中,除了遵循以上原则外,使用者还应具体情况具体分析,采用各种措施,如将封套开口背向电磁波入射方向等,以提高屏蔽封套对被防护装备的电磁防护能力。但无论是对于封套的设计者而言,还是对于封套的使用者来说,提高电磁防护封套屏蔽效能"最精确"的方法是对封套材料、结构、被保护电子装备,甚至是封套所处环境进行建模、仿真和优化,从而寻找出最优的设计方案与使用方法。然而,这在大多数情况下只是可望而不可及的理想状态而已。

第六章　野战装备伪装防护技术

现代科学技术特别是高技术的飞速发展,促使现代战争形态已经发生了并正在继续发生着全面深刻的变化,现代战争已经成为立体化战争。各种先进的侦察、打击手段的广泛运用,使现代战场具有立体透明、快速机动、大空间、大纵深的特点。在各种高技术侦察手段和精确制武器打击面前,野战环境军事目标的生存防卫显得尤为重要,伪装即是有效提高这些军事目标战场生存能力的一种重要手段。

第一节　现代侦察打击与对抗

现代高技术战争中对野战军事目标生存起直接作用的因素主要有两个:一是高技术侦察;二是精确打击。随着现代科学技术的日益发展,尤其是空间技术、航空技术、遥感技术、电子技术的飞速发展,可见光、红外、激光、雷达、电视、声呐、传感器等探测精度和深广度越来越高。这些探测技术广泛应用于各种探测器和作战平台,构成了多样化、多层次、全天候、全天时、宽领域、大纵深、多域融合的战场全时空探测和监视,目标的可识别概率越来越大,战场的透明度越来越高。随着现代精确制导武器的发展和大量使用,目标的被探测就意味着目标的被摧毁,使得现代战争中军事目标所面临的生存环境日益恶劣。据统计,多国部队在科索沃战争中使用的巡航导弹、空地导弹、制导炸弹、反坦克导弹、反舰导弹等已超过了95%。因此,如何有效地对抗高技术侦察和精确制导武器的打击,提高野战装备的生存概率,已成为世界各国高度关注和着力解决的重大问题。

一、现代战争侦察技术

侦察是军队为获取军事斗争特别是战争所需敌方或有关战区的情况(包括人员、武器装备、地形地物及作战结果等)而采取的措施,是实施正确指挥、取得作战胜利的重要保障。侦察的直接目的在于探测目标,具体地可分为发现目标、识别目标、监视目标、跟踪目标以及对目标进行定位。现代军事侦察,尤其是战场侦察,一般都要求解决上述几个问题。通常说的"发现"目标除了确定目标有无之外,往往也要提供其他方面的信息。现代侦察监视技术就是指发现、识别、监视、跟踪目标并对目标进行定位所采用的技术。

现代军事侦察与监视的能力和水平已经发生了突破性的变化,无论侦察的时域、空域还是频域,都大大地扩展了。不仅能在地面上进行侦察,而且能从空中、海上、水下、天上实施侦察;不仅能在白天侦察,而且能在夜间及恶劣气候中进行侦察;不仅能用目视和光学手段进行侦察,而且能在声频、微波、红外各个波段进行侦察。利用各种高性能的现代侦察探测系统可进行全时域、大空域甚至覆盖全球的侦察与监视,从而在战时和平时都可迅速、准确、全面地掌握敌方的情况,为实时地采取相应的对策提供依据。这也说明野战装备在现代战争中的生存环境空前恶劣。因此,只有充分了解现代侦察技术的现状及其发展趋势,才能做到知己知彼、有的放矢,这对于提高野战装备的战场生存能力具有十分重要的意义。

(一) 可见光侦察

可见光侦察应用的主要形式是可见光照相机,它是一种已大量用于空中(机载或置于气球上)、空间(星载)的常见侦察与监视手段。可见光照相机是利用普通黑白和彩色胶片作为感光元件的照相机。根据其结构的不同可分为画幅式、航线式和全景式三种。画幅式照相机摄影时光轴指向不变,利用启闭快门将镜头视场内的地物影像聚焦在感光胶片上。画幅式照相机摄得的照片几何关系较为严格,常用于目标定位和建立地形控制网。全景式照相机摄影时只应用镜头视场中心具有较高分辨率的部分,在垂直于飞行方向(轨道)上扫瞄,实现宽摄影覆盖要求,但因摄得的照片存在全景畸变,故常用于侦察、发现和识别目标。航线式照相机的光轴指向不变,胶片以掠过焦面的地物影像速度向前运行,通过相机焦面处的一个狭缝实现连续曝光,从而获得与狭缝宽度相对应的地面窄条覆盖的照片。低空高速航空侦察相机通常采用航线式和全景式相机,高空侦察通常采用画幅式或全景式长焦距相机。航天摄影通常采用多台不同功能的相机组成的相机系统,例如由画幅式航天相机进行地物影像定位,用全景式航天相机进行地物影像识别。

可见光照相机所拍图像的清晰程度通常用分辨率来评定。光学系统(包括微波系统)的角分辨率 δ_α(系统可分辨出来的相邻两物点间的最小夹角)正比于因子 λ/D。其中: λ 表示电磁波的波长; D 为光学系统的孔径。由于可见光的波长很短,所以可见光相机的分辨率很高。正是由于可见光照相机具有分辨率高、相片容易判断和理解的优点,所以至今仍然是军事侦察中的重要手段。可见光照相机的主要缺点是需要太阳作光源,只能在晴朗无云的白天工作,而且难以识别伪装。

随着电荷耦合器件(CCD)的发展,以电荷耦合器件为感光元件的可见光CCD照相机有了很大的发展。这种照相机无需感光胶片或把胶片上的影像转换成视频信号,而从CCD器件直接获得视频信号。CCD相机的出现,把航天军事成像侦察推向了一个崭新的发展阶段。它与胶卷式光学照相机相比,最大的优点是实时性强,即可向地面站实时地传输图像。另外,它的地面分辨率极高,可达到0.15～0.3m。在1990—1991年的海湾危机和以美国为首的多国部队对伊拉克所进行的海湾战争中,CCD相机发挥了举足轻重的作用。

以CCD为探测器件的航天侦察相机和以CCD航天相机为侦察遥感设备的数字传输型成像侦察卫星,在军事侦察上有其突出的优点和特长。概括起来,主要有以下几个方面:

(1)时效性好。CCD数字传输型成像卫星,能将所获侦察信息直接传回地面,或经由数据中继卫星传回地面,或将侦察信息记录在高密度磁带等磁介质上,待卫星经过地面站上空时再传回地面,从而实现了实时侦察,使情报的时效性大为提高。另外,数字传输型成像侦察卫星不同于返回型可见光照相侦察卫星,不受卫星所携带的信息记录载体胶片的限制,轨道工作寿命长,可实现在轨长期和连续侦察。

(2)信息量丰富。以CCD为探测器件的固体扫描成像系统和以CCD相机为遥感设备的数字传输型航天观测系统,除具有一般成像系统所具有的特点外,其所获取的以数字形式表示的图像信息,含有远比其他普通照片多得多的信息量。另外,CCD相机对于天时的动态范围大,在太阳高度角较低、能见度较差、一般照相胶片不能成像的情况下,仍能获得较好和较多的影像信息。相机在成像的过程中,也不会出现像照相胶片那样曝光不足或曝光过度的现象。

(3)侦察信息易于计算机处理,有利于实现情报的自动化。以CCD相机为侦察遥感设备的数字传输型成像侦察卫星,其侦察信息一般可以在卫星上实施预处理,从而减少传输回地面的信息数量和庞大的地面站系统。数字图像信息传回地面后,可以直接输入计算机进行应用技术处理,并将图像情报在计算机终端上显示出来,使情报、指挥、控制、通信构成有机的战略 C^4I 自动化指挥系统,从而大大提高军队的自动化程度和部队的快速反应能力。

(4)情报效益和经济效益高。以CCD相机为侦察遥感设备的数字传输型成像侦察卫星,不受卫星所携带胶片、返回容器数量和有效载荷的限制,工作寿命长,其军事情报效益和经济效益一般为同类返回型照相侦察卫星的几倍乃至十几倍。

（二）红外侦察

红外侦察器材特别是被动热像仪,正常工作必须具备两个条件:一是目标必须有适合探测器接收的足够强的红外辐射,即入射波长与热像仪探测器的工作波段相匹配,入射辐射量要足够大;二是目标与背景之间要有一定的对比度,也就是目标和背景辐射强度之差与目标和背景辐射强度之和的比值要达到一定的限度,对比度越大,就越容易发现目标。任何物体,只要绝对温度在零度($-273.15℃$)以上,都能不断向外辐射红外线,红外侦察的工作原理就是根据目标与背景辐射红外线的差别来探测和识别目标。在自然环境中,不同的植物、土壤、建筑物的红外辐射各有差异,构成了各自的暴露征候。由于人体和车辆发动机的表面温度较高,红外暴露征候就更为显著,很容易被红外探测仪器捕捉和识别。

红外侦察与其他侦察技术相比,具有很多优点:

（1）具有较好的天候适应性能,不受光源条件的制约,昼夜均可工作,尤其适合夜间侦察。

（2）采用无源被动式探测,与无线电、雷达、近红外主动式侦察技术相比,具有安全、隐蔽和不易受干扰的特点。

（3）能获得目标的状态信息。红外热成像仪利用温差成像,不仅能发现机动目标的位置,而且能够探测到热源的来去踪迹。例如,美军 OR-1C 机载红外热成像仪可探测出 16h 以前点燃过的炊烟和发射过的火炮位置。如果车辆和坦克刚离开不久,还可通过热痕迹判断出其去向。

（4）具有揭露和识别伪装的能力,对实施伪装欺骗行动的威胁比较大。在地面侦察时,手持热成像仪可探测到隐藏在灌木从中 60m 深处的人员。在空中侦察时,能够分辨出用植物遮蔽的人员和火炮;在空间侦察时,通过探测地表温差,可发现地雷场和自来水管。在海湾战争中,美军在夜间使用热成像仪发现了伊军埋藏在沙土下面的坦克和火炮,并探测出伊军地下工事的位置和结构。

红外侦察技术目前存在的主要问题和缺点:

（1）难以发现隐蔽在地形和隔热材料后面的目标。由于红外侦察是靠目标与背景的红外辐射差别发现目标,如果利用地形、地物将目标配置在天然遮障或红外侦察器材不能通视的区域内,或者利用制式防红外遮障和有一定厚度的就便材料隔绝遮障,采取在发热目标表面涂刷防热涂层或覆盖隔热材料等措施,就能有效地消除红外辐射差别影响,使红外侦察难以发现目标。

（2）容易受到各种发热假目标的欺骗。利用热目标模拟器或热源,模仿红外辐射差别,显示各种不同类型的热辐射特征,可有效地迷惑与欺骗敌人的红外侦察,使其难以或根本不能分辨出目标的本质特征。

(3) 远距离红外侦察易受雨、雪、雾、烟幕的影响。在不良气象条件下实施红外侦察,将大大降低侦察的效果,影响红外侦察的分辨率和清晰度。

(三) 雷达侦察

雷达侦察是利用物体对无线电波的反射特性来发现目标和测定目标状态(距离、高度、方位角和运动速度)的一种侦察手段。

雷达的工作方式通常分为两类:一类发射的雷达波是连续的,称为连续波雷达;另一类发射的雷达波是间歇的,称为脉冲雷达。脉冲雷达主要由天线、收发转换开关、发射机、接收机、定时器、显示器、伺服系统、电源等部分组成。发射机产生强功率高频震荡脉冲,由具有方向性的天线将这种高频震荡转变成束状的电磁波(简称波束),以光速在空间传播。电磁波在传播过程中遇到目标时,目标受到激励而产生二次辐射,二次辐射中的一小部分电磁波返回雷达,为天线所收集,称为回波信号。接收机将回波信号放大和变换后,送到显示器上显示,从而探测到目标的存在。为了使雷达能够在各个方向的广阔空域内搜索、发现和跟踪目标,通常采用伺服系统用机械转动天线或用电子控制方法,使天线的定向波束以一定的方式在空间扫描。定时器用于控制雷达各个部分保持同步工作。收发转换开关可使同一副天线兼作发射和接收之用。电源供给雷达各部分需要的电能。

目标的距离是根据电磁波从雷达传播到目标所需要的时间(回波信号到达时间的一半)和光速($3 \times 10^5 \text{km/s}$)相乘而得的。目标的方位角和仰角是利用天线波束的指向特性测定的。根据目标距离和仰角,可测定目标的高度。当目标与雷达之间存在径向相对运动时,雷达接收到目标回波的频率就会产生变化。这种频移称为多普勒频移,它的数值与目标运动速度的径向分量成正比。据此,即可测定目标的径向速度。

雷达种类繁多,用途各异,根据任务或用途的不同,可分为:用于警戒和引导的雷达,主要有对空情报雷达、对海警戒雷达、机载预警雷达、超视距雷达、弹道导弹预警雷达等;用于武器控制的雷达,主要有炮瞄雷达、导弹制导雷达、鱼雷攻击雷达、机载截止雷达、弹道导弹跟踪雷达等;用于侦察的雷达,主要有战场侦察雷达、炮位侦察校射雷达、活动目标侦察校射雷达、侦察与地形显示雷达等。

战场侦察雷达是陆军使用的地面活动目标侦察雷达,用于侦察和监视敌方地面兵器、车辆、人员和低空飞行器的活动情况。其技术特点是加入动目标显示器,对消固定目标。战场雷达使用厘米波段,分远程、中程、近程三种。远程战场侦察雷达安装在车辆上,可以探测 20～30km 范围内敌方部队调动、车辆和火炮等活动情况和 7km 距离内单兵活动情况。中程战场侦察雷达可以探测 8 ~ 10km 范围的坦克、车辆活动情况和 5km 以内活动的人员。近程战场侦察雷达可以探测 0.5 ~ 3km 范围的敌方活动情况,其质量在 2.5kg 以内,可安装在三角架上工作,携带方便。

战场侦察雷达的特点是体积和质量较小,结构简单、架设迅速、机动性好、便于操作,但受风吹动的植物影响较大,此时难以分辨目标,还需与其他侦察手段配合才能有良好的分辨能力。

警戒雷达配置在沿海、边界线以及国土纵深地区,用于探测远距离的敌方飞机、导弹、舰艇。其特点是探测距离远,但探测精度不高。其按探测距离可分为:近程警戒雷达,探测距离 200 ~ 300km;中程警戒雷达,探测距离 300 ~ 500km;远程警戒雷达,探测距离 500 ~ 4000km;超远程警戒雷达,探测距离在 4000km以上。

超视距雷达应用了短波波段电磁波不能穿透电离层而反射回地面产生跳跃式传播的特点,开发了不受地球曲率限制、探测不能直视(视距)目标的装备。超视距雷达能够发现刚从地面发射的弹道导弹、轨道轰炸武器,可以提供更长的预警时间,但情报的准确度有待提高。

侧视雷达是从空中侦察地面目标并绘制图像的高分辨装备。其天线安装在飞行器下方,波束很窄,覆盖两侧几十千米地带目标,因此获得"侧视"之名。雷达采用合成孔径技术,对接收信号进行处理,等效为庞大天线阵(增大几百上千倍)和极窄波束,因而分辨率非常高,图像清晰度与光学照相类似,能全天候工作。侧视雷达用于测绘战场地形图,是非常方便快捷的。

二、精确制导打击技术

精确制导武器是命中精度很高的导弹、制导炮弹、制导炸弹等制导武器的总称,而且主要是指非核弹头的高精度战役、战术制导武器,这些武器对射程内的点目标如坦克、装甲车、飞机、舰艇、雷达、桥梁、指挥中心、武器库等可以达到很高的直接命中概率。"精确"其实是一个相对的概念,一般认为直接命中率达50% 以上的制导武器就称为精确制导武器,因为这个指标基本上反映了当前精确制导武器的水平,并且基本满足了现代战争对武器精度的要求。

由于精确制导武器具有命中精度高、技术含量高、作战效能高等特点,所以在现代战争中得到了广泛的应用和发展,并进一步向高精度、高威力、远射程、灵巧型和智能型发展。1972 年 4 月至 12 月,美国在越南战争中大量使用激光和电视制导炸弹,炸毁了约 80% 的被攻击目标,同无制导的普通炸弹相比战斗效能有几十倍的提高。在 1977 年的第四次中东战争中,以色列空军发射 58 枚美制电视制导"小牛"空对地导弹,击毁了埃及 52 辆坦克。在 1991 年的海湾战争中,精确制导武器更是大显神威,充当了战场的主角。美军使用了大量精确制导武器,在摧毁伊军的战略、战役、战术目标方面发挥了重要的作用。例如,战争打响时,美 F-117A 向伊拉克防空局司令部大楼发射的一枚精确制导炸弹,是从楼顶上的一个通气道进去的,大楼在瞬间被炸毁;开战初期,美军向巴格达发射了 52 枚"战斧"巡航导弹,其中 51 枚命中目标,命中率达 98%。

精确制导武器命中精度高。从攻击地面目标来看,突击飞机携带的精确制导武器圆概率误差近距攻击为 0~2m,远距离攻击为 10~30m。实际上,由于大多数为定点攻击,误差将大大小于这些参数。因此,精确制导武器的攻击已成为未来野战装备安全的最大威胁之一。

(一) 精确制导技术

无论哪一种精确制导武器都需要通过某种技术手段随时测定它与目标之间的相对位置和相对运动,根据偏差的大小和运动的状态形成控制信号,控制制导武器的运动轨道,使之最终命中目标。制导技术很多,现在各种精确制导武器上运用的主要有以下几种。

1. 寻的制导

寻的制导系统的大部分甚至全部装置都装在精确制导武器上,精度很高,但作用距离比较短,因而多用于末制导。当寻的系统正常工作后,精确制导武器就能自己探测目标并自动地瞄准目标。探测目标的原理和方法很多,根据目标信息的某些物理特征,如目标反射的阳光和夜光以及目标反射和发出的红外线、无线电波和声波等,都可用相应的探测器发现和识别目标。因此,自动寻的制导系统的技术途径是多样的,根据目标信息的来源可分为主动、半主动和被动式寻的制导,根据探测目标的方式又可分为微波、红外和电视自动寻的。

1) 微波寻的制导

微波是指分米波和厘米波段,相应的频率范围是 30~300MHz。微波寻的制导是利用目标反射或本身辐射的微波作为精确制导武器捕获探测目标的信息,可分为主动、半主动和被动式三种制导方式。

(1) 微波主动寻的制导。微波主动寻的制导系统内的雷达发射机和接收机,全部装在精确制导武器上,发射机向目标发射电波,部分电波被目标反射后被接收机接收,再根据回波信号制导系统完成对目标的捕获、跟踪和定位。这种制导方式具有"发射后不管"的能力,并且因为信息的能源在精确制导武器上,所以能够从任何角度上向目标攻击,而且越接近目标,对目标分辨能力越强,因而命中精度高,在精确制导武器的末制导中使用较多。

(2) 微波半主动寻的制导。微波半主动寻的制导系统的电磁波能量源自设在地面、军舰或飞机上的指挥站,由指挥站的照射雷达对着目标发射强电波,精确制导武器上的接收机一方面接收目标反射的回波信号,同时还接收制导站发出的照射信号作为基准信号。经过对两种信号的处理提取出目标的位置和距离的数据,然后由计算机算出制导武器的飞行误差,控制飞行弹道。由于照射雷达的发射机可以是大功率的,所以半主动寻的制导作用距离比主动寻的制导远,并且装在制导武器上的设备较简单,成本低。微波半主动寻的制导的使用也有一定的局限,受地面杂波的影响,通常不用于攻击地面的目标,主要用于对付空中目标的导弹,少数用于对舰攻击的导弹。根据半主动寻的制导的特点,今后将主要用作中段制导。为减少受反辐射导弹攻击的可能,目标照射雷达会采用一种低功率、宽频带、低旁瓣、编码脉冲波形式的低截获概率雷达。例如,美国的"不死鸟"空对空导弹,在中段使用的半主动寻的制导,就是由 F-14 飞机上的火控系统作照射雷达,以时序转移波束的方法同时制导 6 枚导弹攻击 6 个目标。

(3) 微波被动寻的制导。微波被动寻的制导系统本身不辐射电磁波,主要用于反辐射导弹(或称反雷达导弹),微波被动寻的制导炮弹也在发展之中。微波被动寻的制导系统的关键部件是高灵敏度、宽频带的接收机和宽频带的天线,要求能在很宽的频率范围内工作,以能对付各种微波辐射源,同时又要有很高的选择性,能够从收到的不同辐射源发来的合成信号中分选出目标的信号。目前这种接收机的技术已经成熟,并且可以小型化。天线的宽频带可以由一组以上的天线来完成,但是由于天线尺寸有限,对在低频段工作的辐射源定位性比较差,命中精度较低。

2) 红外寻的制导

红外制导是利用红外探测器捕获和跟踪目标自身辐射的红外能量来实现寻的制导,由于具有制导精度高、抗干扰能力强、隐蔽性好、效费比高、结构紧凑、机动灵活等优点,已成为精确制导武器的重要技术手段。红外制导技术的研究始于第二次世界大战期间,经过几十年的发展,红外制导技术已广泛用于反坦克导弹、空地导弹、地空导弹、空空导弹、末制导炮弹、末制导子母弹以及巡航导弹等。

红外制导可分为红外半自动制导、红外点源寻的制导、红外成像寻的制导和红外末敏制导等。

(1) 红外半自动制导。红外半自动制导反坦克导弹采用光学瞄准、红外跟踪、导线传输指令、半自动制导。由于在制导系统中采用红外测角仪,构成红外半自动跟踪。这一代产品主要有:法国和德国的"米兰"(Milan)和"霍特"(Hot)及其改进型,美国的"陶"(Tow)及其改进型,瑞典的"比尔"(Bill)等。目前,这类反坦克导弹仍在服役。

(2) 红外点源寻的制导。红外点源制导导弹的研制始于美国的"响尾蛇"

(Sidewinder)。响尾蛇导弹几十年来集中在跟踪精度、灵敏度、抗干扰和封装等方面对红外寻的器进行不断的改进,已经从 AIM－9L 发展到 AIM－9P,至今仍然是极其精确的空空导弹,被誉为美国最好的武器之一。采用红外点源寻的制导的导弹还有:美国的"小槲树"、"红眼睛"及其改进型"尾刺"(Stinger POST);以色列的"怪蛇"3 和"怪蛇"4;法国的"西北风";苏联的"萨姆"系列(SA－7,SA－9,SA－13)等。

(3) 红外成像寻的制导。红外成像寻的制导的关键器件在于红外探测器,主要指在 3～5μm 和 8～14μm 波段工作的探测器。最初人们只能做出元数有限的线阵或面阵,例如 1×60、1×120、1×180、4×4、8×8 等,若要对探测的视场成像只能利用光机扫描来实现,如热像仪和某些体积允许的导弹才可能采用。20 世纪 70 年代提出了不需光机扫描便能成像的凝视焦平面阵列的概念,把成千上万的探测器做在一片 6mm×8mm 或稍大些的芯片上。80 年代末,红外电荷耦合器件 IRCCD 已经获得突破性进展。例如,1988 年美国得州仪器公司和休斯公司为竞争 AAWS－M 导弹,分别研制成功 64×64 元的碲镉汞面阵(8～14μm)和 256×256 元的硅化铂凝视面阵(3～5μm)。第一代红外成像导弹采用线阵多元红外探测器加光机扫描,其代表产品是美国的"幼畜"(Maverik)AGM－65D 空地导弹;第二代红外成像导弹采用凝视红外焦平面阵列,其代表产品是美国的"响尾蛇"AIM－9X 空空导弹和英、法、德联合研制的远程"崔格特"(Trigat)反坦克导弹。

红外制导武器的发展趋势之一,是由红外半自动制导和点源寻的制导向红外成像制导发展,并由第一代的光机扫描向第二代的凝视焦平面阵列发展,其工作波段由早期的短波红外、80 年代的中波红外向长波红外发展,并不断地提高智能化程度。红外制导武器的另一个发展趋势是由单模制导向多模制导发展,即由单一的红外制导向红外/紫外、红外/毫米波、双色红外/毫米波和红外成像/激光等复合制导方向发展。

3) 毫米波寻的制导

毫米波是指波长为 1～10mm 的电磁波,对应频率为 30～300GHz。它介于微波与红外波段之间,兼有两个波段的特性,是高性能制导系统比较理想的折中选择波段。毫米波制导既避免了电视、红外制导系统全天候能力差的弱点,又比微波制导精度高、抗干扰能力强,并且由于毫米波制导系统的天线和其他元器件尺寸小、质量轻,所以适于在弹体尺寸小的精确制导武器上使用,甚至可以装在制导炮弹的子弹头上。

毫米波主动寻的制导和半主动寻的制导的原理与微波的相应制导类同。毫米波被动寻的制导系统有一些特殊性,它虽然也可以用微波被动寻的制导那样的方式,对毫米波的雷达、通信设备和干扰机等辐射的毫米波束的能量进行接收和跟踪。但是由于目前毫米波雷达装备量很少,毫米波干扰机尚未装备,因而这种被动寻的制导目前用不上。现在用的是一种称为毫米波对比寻的制导,其原理是:由于任何处于绝对零度以上的物体,因分子和原子内部的热运动,不仅要向外辐射红外能量,还要辐射微弱的毫米波能量。这样,同红外被动寻的一样,也可以将目标同背景区分出来。毫米波对比寻的装置利用一个高灵敏度的接收机(又称毫米波辐射计)来测量毫米波辐射能量,然后由寻的装置中的计算机完成对目标和背景的对比识别,从而对目标进行定位。由于目标辐射的毫米波能量微弱,这种对比寻的制导只能在距目标很近时才能使用,所以一般都要同其他制导系统配合使用。

目前由于毫米波的元器件发展不如微波元器件成熟,成本还比较高,限制了毫米波寻的制导的广泛使用。但是近年来进展很快,毫米波主动寻的制导、被动寻的制导武器都已试验成功。例如,美国的"黄蜂"空对地导弹采用了毫米波主动寻的与被动寻的复合制导系统;美国的"萨达姆"制导炮弹的子弹头上都采用了毫米波被动寻的制导装置。随着毫米波元器件自动化生产问题的解决和目标识别技术的成熟,毫米波寻的制导将会被广泛地运用。

4)电视寻的制导

电视寻的制导是一种被动式制导。它利用装在精确制导武器头部的电视摄像机获取目标信息。由于电视的分辨率高,可提供清晰的目标景像,不仅制导精度很高,而且便于鉴别真假目标,同时不受电磁干扰。它的主要缺点是受气象影响大,在能见度低的情况下作战效能差,夜间不能使用,因此不如红外制导应用广泛。

2. 遥控制导

遥控制导是以设在精确制导武器外部的制导站来测定目标和导弹的相对位置,然后引导精确制导武器飞向目标。遥控制导又可分为指令制导和波束制导两大类。

1)指令制导

制导站根据制导武器在飞行中的误差计算出控制指令,将指令通过有线或无线的形式传输到制导武器上,控制它的飞行轨道,直至命中目标。

(1)有线指令制导系统主要用于射程为几公里的反坦克导弹,它依靠射手目视观测发现目标并进行定位和制导,在能见度良好、地形平坦开阔、射手操作熟练的情况下,有很高的命中精度。新出现的有线指令制导是"光纤制导",用光纤代替铜导线,由装在导弹上的电视摄像机获取目标的图像信号,经传输能力大的光纤把目标图像送到制导站,制导站形成的控制指令再经光纤送回导弹。

这种导弹可攻击制导站直视不到的小山坡和障碍物后面的目标。

（2）无线电指令制导的常用形式是微波雷达指令制导，由制导雷达分别测出目标和导弹的位置和速度，并根据这些数据计算出控制指令，发送出无线电遥控指令纠正导弹的飞行误差，直至命中目标。这种制导方式的作用距离比较远，弹上设备的成本较低，但是易受干扰，而且制导距离越远，精度越低。因此，一般只作为中段制导用。

2）波束制导

波束制导系统由指挥站和精确制导武器上的控制装置组成。指挥站发现目标后，对目标自动跟踪并通过雷达波束或激光波束照射目标；当制导武器进入波束后，控制装置自动测出其偏离波束中心的角度和方向，控制精确制导武器沿波束中心飞行，直至命中目标。

波束制导系统的控制装置比较简单，成本很低。为使制导的精度高，波束应当很窄，但波束窄，很难将精确制导武器射到波束中去。为解决这个矛盾，指挥站通常要发出宽窄不同的两个波束，两个波束的中心线重合，其中：宽波束用来引导精确制导武器进入波束；当精确制导武器进入窄波束后，就要用窄波束来制导。

波束制导的优点是可以同时制导数枚精确制导武器；并且由于控制装置直接接收波束能量，不易受到干扰。其缺点是在整个攻击过程中，指挥站必须不间断地以波束照射目标，这样指挥站连同载体很容易受到对方攻击；而且这种制导方式缺乏同时对付多个目标的能力。

3. 地图匹配制导

地图匹配制导系统通常用来作为修正远程惯性制导的导弹在中段和末段制导中的误差。其方法是：把选定的飞行路线中段和末段下方的若干地区的地面特征图，预先储存在弹上，当飞行到这些地区时，将导弹探测器现场实测到的地面图像同预先储存的地面图像做相关对照，检查两者的区别，根据地图对应的误差计算出导弹的飞行误差，再由弹上的计算机算出控制指令，修正导弹的航向使之沿预定的航线飞向目标。

储存在弹上的地面图像是由侦察卫星或其他飞行器预先测定的，经过计算机处理成数字信息后储存在弹上的计算机中。由于同一地域对于可见光、微波、红外、激光所表现的地面特征并不相同，从而可构成反映各种特征的地图，实现各种地图匹配制导如微波雷达图像匹配制导、可见光电视摄像匹配制导、激光雷达图像匹配制导、红外成像匹配制导等。地图匹配制导的制导精度与射程无关，即使射程达几千公里，也可达到较高的精度。

4. 惯性制导

利用惯性测量设备测量导弹运动参数的制导技术，称为惯性制导。惯性制导系统全部安装在弹体上,主要有陀螺仪、加速度表、制导计算机和控制系统。采用此类制导技术的中远程导弹,一般用于攻击固定目标,制导程序和初始条件是预先输入弹载计算机的。导弹飞行过程中,计算机根据惯性测量装置测得的数据和初始条件给出制导指令,弹上控制系统根据指令引导导弹飞向目标。

根据惯性测量装置的安装方式,惯性制导可分为平台式惯性制导和捷联式惯性制导两种。前者将陀螺仪和加速度表组合安装在平台上;后者将加速度表与陀螺仪组合直接安装在弹体上,利用计算机代替平台的作用,为加速度测量提供一个在空间稳定不变的测量基准,通过坐标变换给出制导指令,控制导弹飞行。捷联式惯性制导系统具有体积小、质量轻、成本低、可靠性高等优点,但要求弹载计算机的容量大、运算速度快、抗冲击振动性能好。

惯性制导是一种自主制导技术,它不需要弹外设备的配合,也不需要外界提供目标的直接信息,仅靠弹上设备独立工作,不与外界发生关系,因此抗干扰性强、隐蔽性好、不受气象条件的影响。

惯性制导的主要缺点是制导精度随飞行时间(距离)的增加而降低,因此工作时间较长的惯性制导系统,常采用其他制导方式来修正其积累的误差,这样就构成复合制导。

5. 全球定位系统(GPS)制导

美国为满足各军种导航需要,于 1987 年开始发展导航星全球定位系统,全称是 NAVS TAR Global Positioning System,简称 GPS 全球定位系统。

GPS 系统由空间设备、地面控制设备及用户设备三部分组成。空间设备由 24 颗导航卫星(其中 21 颗工作卫星,3 颗备用卫星)构成;地面控制设备由 5 个地面监控站、3 个上行数据发送站和 1 个主控站构成;用户设备为各种 GPS 接收机。最初的研制目的是为海上舰船、空中飞机和地面车辆等提供全天候、连续、实时、高精度的三维位置、速度和精确的时间信息,现已扩展为精确制导武器复合制导的一种手段。其工作原理是利用弹上安装的 GPS 接收机接收 4 颗以上导航卫星播发的信号来修正导弹的飞行路线,提高制导精度。

GPS 制导和惯性制导都属导航制导方式。美国陆军地地战术导弹 ATAC-MS、"联合防区外发射武器"(JSOW)、"联合直接攻击弹药"(JDAM)等都已采用 GPS 复合制导系统。

6. 复合制导

每一种制导方式都有优缺点,如能取长补短则能趋利而避害,所以远程精确制导武器一般都要用两种以上的制导方式构成复合制导系统,这样不仅提高了制导精度,而且增强了抗干扰的能力。复合制导的形式很多。例如,法国的"飞鱼"反舰导弹,发射后先按惯性制导超低空掠海飞行,在接近目标时才转为雷达主动寻的制导；又如，苏联的"SA－4"防空导弹，发射后先是作用距离远的指令制导，飞行末段用精度比较高的半主动雷达寻的制导；再如，美国的"战斧"巡航导弹，在整个飞行过程中都用惯性制导，中段用地图匹配制导来修正惯性制导的误差。

（二）精确制导武器毁伤效应

精确制导武器对野战装备的毁伤效应主要体现在以下几个方面：直接命中、冲击波作用以及对环境的破坏作用。

1. 直接命中

精确制导武器的基本特征是命中精度高，直接命中目标的概率达到50%以上。目前，近程战役战术精确制导武器的命中精度对点目标的圆概率误差在0.9m以内，对普通地域目标的圆概率误差在3m以内；中程精确制导武器命中精度小于10m；远程精确制导武器命中精度达10～50m。例如，近程（17km）"铜斑蛇"制导炮弹，命中精度为0.3～1m，击毁一辆坦克只需1～2发；再如，海湾战争中多国部队使用了大量精确制导炸弹，使投弹命中目标的平均误差从第二次世界大战时的上千米、越战时的几百米降至目前的1～10m，美军共发射了288枚"战斧"巡航导弹，命中率达75%左右。如此高的命中精度使得直接命中成为精确制导武器对野战装备的主要毁伤模式。

目前，精确制导弹药技术的发展已经历了三代，目前正在向灵巧型和智能型发展。灵巧型精确制导武器是一类能在火力网外发射、"发射后不管"、自主地识别目标和攻击目标的精确制导武器，如美国在海湾战争中使用的"石眼"集束炸弹。智能型精确制导武器是指能在多种作战条件下，自主地选择进攻目标和作战战术的精确制导武器，如美军正在研制的"黄蜂"反坦克导弹。实战和试验统计分析表明，由于精确制导武器的命中精度高，同普通弹药相比，作战效果大不相同。其中，作战效能将提高100～1000倍；作战效费比将提高10～50倍；而作战费用将降低20～100倍。

为达到首发命中，甚至命中目标的薄弱部位，各种精确制导武器都在继续提高和完善末制导技术。命中精度的提高很大程度取决于制导系统的目标探测器对目标的分辨率，而分辨率与探测器的工作波长、天线或光学透镜的孔径有关。波长越短，天线或透镜孔径越大，则分辨率越高。由于弹体直径所限，不能依赖增大天线或透镜孔径提高分辨率，因而近年来许多制导系统已从波长较长的微波工作频率转移到毫米波、红外和可见光波段。另外，精确制导武器的抗干扰能力逐渐增强，全天候作战能力也得到了提高，人工智能技术也在不断得到应用。可以预见，将来精确制导武器的命中精度与作战效能将会得到进一步提高。因此，如何对抗精确制导武器的高命中精度是野战装备所要面临的重要问题。

2. 冲击波作用

精确制导武器对野战装备的第二个毁伤效应就是冲击波作用。随着军事技术的发展,现代武器的威力发生了巨大变化,对野战装备等军事目标的综合破坏效应也大大增强。当前,一些精确制导武器已经具备了与小型核武器相比拟的毁伤威力。军界常用致命性指数来衡量武器的毁伤威力,它是武器射程、发射速率、精度、效应半径及战场机动能力的函数。现代歼轰机携带的一些制导炸弹致命性指数达 1.5 亿,重型轰炸机携带的一些制导炸弹达 2.07 亿,它们的威力已与 1000t TNT 当量的战术核弹(致命性指数为 1.7 亿)相接近或略有超过。目前,美国正在研制的第三代燃料空气弹,其爆炸威力比同等重量的 TNT 炸药高 9 ~ 10 倍,553kg 的燃料空气弹距爆心十几米处的超压峰值达 190kg/cm^2,与 50t TNT 当量的核弹头距爆心 20m 处的超压相当。2000 年,精度小于 300ft 的常规弹道洲际导弹的破坏威力可与 20 世纪 80 年代末精度为 600ft、TNT 当量为 3.3×10^5t 的核弹头洲际导弹相当。可以展望,破坏威力与小型核武器相当的精确制导武器品种还会增多。

破坏威力如此巨大的制导炸弹,爆炸时当然会产生巨大的冲击波,使野战弹药、武器装备和人员等产生不同程度的破坏和损伤。离爆炸中心小于装药半径 r_0 时(一般为 10 ~ 15m),目标受到爆炸产物和冲击波的同时作用;而超过上述距离时,只受到空气冲击波的破坏作用。

各种目标在爆炸作用下的破坏是一个极复杂的问题。它不仅与冲击波的作用情况有关,而且与目标的形状、本身的强度等因素密切相关。目标与装药有一定距离时,其破坏作用的计算由结构本身振动周期 T 与冲击波正压区作用时间 t^+ 确定。如果 $t^+ \leqslant T$,那么对目标的破坏作用取决于冲击波的冲量;反之,若 $t^+ \geqslant T$,则取决于冲击波的最大压力或称"静压"作用。通常,只有在大药量和核爆炸时,才是"静压"作用。资料表明,冲击波的作用按冲量计算时,必须满足

$$t^+ / T \leqslant 0.25$$

而按最大压力计算时,必须在

$$t^+ / T \geqslant 10$$

才能使用。在上述两个范围之间,无论按冲量或压力计算,误差都很大。

3. 对环境的破坏作用

精确制导武器对野战装备的毁伤效应还体现在对野战环境的破坏。具体表现在以下几个方面:

(1) 对道路造成破坏,从而使运输干线陷入瘫痪。

(2) 对收发、装卸、作业区等造成破坏,使正常的收发作业不能进行,并严重

影响到后勤保障。

（3）对绿化、伪装的破坏，使野战装备的暴露概率增大。

（4）对其他军事设施造成破坏，如营房、车辆及机械设备等遭受打击，也会影响到正常的装备保障。

三、战场对抗与防护手段

（一）对抗高技术侦察手段

任何侦察监视手段无论多么先进都有其局限性，例如：通信侦察易受假信号的欺骗；雷达工作时需要发射电磁波，易被发现；振动—声响传感器易受风声、雨声的干扰；侦察飞机易受攻击；可见光照相侦察卫星受气象、天气影响较大，只能发现露天部署的武器装备，无法发现室内或工事内的目标；导弹预警卫星只能监视导弹发动机工作的飞行主动段，无法跟踪关机后的惯性飞行段，也不能准确预测弹着点，不能完全排除虚警；电子侦察卫星易受假信号的欺骗和干扰，当地面电子信号过密时，难以从中筛选出有用的信号；当卫星临空时，如果地面电台和雷达关机，它就无法收到信号，等等。

侦察监视手段的这些局限性为反侦察提供了可能。海湾战争中，伊军和多国部队都使用了反情报侦察手段，并收到一定效果，特别是伊军在多国部队现代化情报侦察手段面前，运用假目标伪装、伪装器材、战术机动和地下隐蔽等措施，曾使美军上当，甚至陷入难以跟踪"飞毛腿"机动导弹发射架的困惑之中。

对抗侦察监视手段的基本措施主要有伪装、隐蔽、隐身、保密、机动、佯动、干扰、摧毁等。由于侦察监视手段的不同，所采取的对抗措施也不完全相同。

1. 伪装

利用伪装器材用来隐蔽人员、技术兵器和各种军事设施已有数十年的历史。在侦察技术不断发展的今天，正确使用伪装网、烟幕、假目标等伪装器材，仍然是提高军事目标生存能力的一种经济有效的措施。

海湾战争连续空战38天，美军平均每天空袭2600架次，投弹二三十万t。苏联卫星侦察结果显示，被摧毁的伊军指挥中枢、机场、导弹基地有80%是假目标。这是伊拉克长期重视和精心实施战场武器装备和设防工程伪装的结果。对于野战装备，伪装显得尤为重要，也是野战装备对抗高技术侦察的主要手段。伪装器材主要有以下几种：

（1）用涂料、染料或其他材料，按一定要求消除或减小目标、遮障和背景之间在反射或辐射紫外、可见光、红外和雷达波差别的伪装方法称为迷彩伪装。迷彩伪装是最基本的伪装措施，它既可单独使用，也可配合其他伪装措施提高伪装效果。它包括光学迷彩涂料、热伪装涂料、微波吸收材料等。目前，防紫外、可见光、近红外侦察的迷彩伪装技术已经成熟,实用性的光学迷彩涂料产品已较多,应用也比较广泛。热红外伪装涂料(如隔热伪装涂料和低发射率伪装涂料)已初步达到实用阶段。微波吸收涂料的研制与初步使用始于第二次世界大战期间,国外在这方面投入了很多人力和经费,获得的专利也不少,但真正能为陆军用于战场反雷达伪装的涂料还不多。迷彩涂料的代表产品有美国的醇酸型伪装瓷漆、德国的 RAL-6014 伪装涂料、英国的 Eccosorb 300 型微波吸收涂料。迷彩伪装器材的发展趋势是:进一步改进防中远红外伪装涂料,使之在整个中远红外波段形成同背景融合一致的热图斑点,既要降低中远红外波段探测器材的发现概率,又要保持现已达到的可见光和近红外伪装的效果;发展防激光探测涂料;发展轻型、薄层、宽波段,特别是包括毫米波段在内的微波吸收涂料。同时,它还应适应于陆军作战的环境条件。

(2) 妨碍敌人侦察和干扰末制导武器攻击目标的伪装遮障物称为遮障。它分为天然遮障和人工遮障两类。人工遮障是指用就便材料和制式伪装器材制作和设置的各种遮障。伪装遮障器材由成套伪装网和支撑系统组成。伪装遮障的发展趋势主要表现在:① 扩大适用波段范围,完善和提高伪装性能。典型代表为瑞典的 Barracuda 公司,该公司于 20 世纪 50 年代制成了可见光、近红外伪装网,60 年代制成了高紫外反射的雪地用伪装网、散射型雷达伪装网,80 年代制成了防可见光、防雷达、防热红外的热伪装系统,90 年代则制成了多光谱伪装网。依据探测器材和探测技术的发展,新型的伪装遮障系统应是包括紫外、可见光、近红外、热红外以及毫米波、厘米波等波段的全波段兼容的综合性器材。② 在扩大使用波段范围的同时,着力改善伪装网的使用性能,如轻型、便于架设和无挂钩等。另外,研制"内装式"伪装遮障系统代替传统的"外加式"伪装遮障也是一个发展趋势。

(3) 烟幕对激光、红外线和可见光有很大的衰减作用,因而能干扰敌人的侦察,降低敌方探测器材的效率。例如,当烟幕的纵深达到 3~10m 时,微光和红外夜视器材都难以透过浓烟而发现目标。在越南战争、中东战争、海湾战争等历次局部战争中,烟幕都曾发挥过重要作用。当前,对烟幕的研究工作主要是寻找合适的发烟材料或气溶胶材料。国外研究最多的是水雾、黄铜粉、天然矿物质、镀敷金属的聚合物小球,其中美国研究的水雾烟幕可干扰 10.6μm 波长的二氧化碳指示器和红外制导武器。此外,国外还在研究有色伪装烟幕,如彩色水雾烟幕、绿色伪装烟幕等。

2. 隐蔽

利用地形、地物和各种自然环境进行隐蔽,可以削弱甚至阻断敌方的侦察。可见光成像、红外成像和雷达波成像是通过卫星和侦察飞机实现的三种主要侦察监视手段。掩体、山洞和桥梁底下是有效的隐蔽场所,辅之以声、光、电、热屏蔽,可成功地避开敌方的侦察。海湾战争中伊拉克利用地下掩体隐蔽人员、飞机、坦克,并采取相应的热屏蔽,较有效地避开了多国部队的侦察和轰炸。此外,利用夜幕、阴天也可以获得一定的短时间隐蔽效果。

现代战争中,雷达及通信枢纽都是敌人袭击的重要目标,因而严格控制雷达和通信设备的开机或电波发射是重要的隐蔽措施。为缩短开机时间,必须努力采用雷达和通信的新技术。否则,现代指挥的需要同电波隐蔽的矛盾无法解决。

3. 隐身

隐身技术,又称隐形技术或"低可探测技术",是通过降低武器装备等目标的信号特征,使其减少被对方雷达和光电探测器材发现的可能性而采取的一系列技术。隐身技术是传统伪装技术走向高技术化的发展和延伸,是第二次世界大战以后军事技术的重大突破之一,被称为"王牌技术"。由于现代战场上的侦察监测系统主要有雷达、红外、电子、可见光及声波等探测系统,因此隐身技术也相应地发展了反雷达探测、反红外探测、反电子探测、反可见光探测和反声波探测等隐身技术,通常可简称为雷达隐身技术、红外隐身技术、电子隐身技术、可见光隐身技术、声波隐身技术等。

美国在 20 世纪 70 年代末已基本完成了隐身技术的基础研究和先期开发工作,从 80 年代开始在各军种的各种新设计的武器系统中广泛采用隐身技术。英国、法国、俄罗斯、意大利、以色列等国也着手发展舰艇隐身技术。

4. 保密

保密通信是经常采用的一种对抗无线电通信侦察的方法,它是对通信内容采取特殊措施,从而隐蔽其信息的真实内容,以防止敌人和无关人员获知的一种通信方式。电报、电话、传真等均可采用保密通信。电报保密就是将明文(通常是一个字)的符号或符号组按照某种特别的规律重新编制、排列,从而起到保密的作用。电话保密一般分为模拟保密和数字保密,其中:模拟保密是将模拟的语言信号按频域或时域进行分割、搬移、倒置等,这样处理后,输出仍为模拟信号;数字保密是将语言信号进行编码处理变成数字信号,再与密码信号重新组合,使之不能直接恢复为原始话音。数字保密比模拟保密要优越得多,因此,随着数字通信技术的日益发展,数字通信网的大量建立,以及频带压缩技术的研究和使用,它将会成为未来保密通信的主要形式。近年来,随着反电子侦察技术的发展,新的无线电通信技术手段不断涌现,大大提高了通信的保密性和抗干扰能力。例如,激光通信的光束传播几乎成一平行细束向外辐射,接收机只有对准了这一细束才能收到信息,所以保密性很强,很不容易被他人接收。保密通信在海湾战争中获得了广泛应用,以美国为首的多国部队建立的通信网,在卫星通信的支持下,从班到集团军都使用了加密通信、跳频通信和移动通信。

5. 机动

机动是对抗侦察监视的一种有效手段。提高机动性的主要方法是发展便携式设备、地面移动系统轻装化或空中自动化;除此之外,还可利用对方某些侦察设备的局限性,实施机动隐蔽。目前各国侦察卫星的研制和使用虽严加保密,但卫星上天以后必须沿轨道运行,这是无法保密的。因此,借助观测仪器,能够看出卫星的外形、结构、大小,据此判断卫星的种类、性能和用途。通过跟踪观测,可以得到卫星的轨道参数,从而精确地计算出卫星的过顶时刻。在其过顶时刻,可尽量减少处于对方卫星轨道下的地面军事活动。此外,还可利用卫星侦察的间隙和"空白"机动部队。例如,1979 年 12 月,前苏军分东西两路大举入侵阿富汗,这一行动虽很快被美国发现,但由于前苏军选择了隐蔽的机动路线,有很大一部分兵力躲过了卫星侦察;海湾战争中,伊拉克对"飞毛腿"导弹发射架实施机动,甚至按着前苏联提供的美国侦察卫星过顶的时间表出没,给多国部队的侦察带来了很大困难。

6. 佯动

佯动是制造假象以欺骗和迷惑敌人的作战行动,其目的是隐蔽企图,造成敌人的错觉和不意,钳制或调动敌人,为实现作战企图创造条件。现代军事技术给军队实施佯动提供了许多新的手段,除兵力佯动外,还有火力佯动、电子佯动及其他技术佯动。例如,实施无线电台佯动和欺骗的方法有:建立假的无线电网,设置假的联络对象;实施假的无线电通信;发假内容的密语电报(话);模拟敌台工作和转发敌台信号等。海湾战争中,由于伊拉克实施了巧妙的战术欺骗,使多国部队大大地降低了发现概率,使空袭中的巡航导弹与航空轰炸机不能准确地搜索和命中真实的目标;诱使多国部队难以准确地判断空袭的真实效果。据有关资料记载,多国部队不过摧毁伊拉克空军约 7% 的飞机、装甲部队约 32.7% 的坦克、炮兵部队约 37.5% 的火炮。美国国防部在向国会提交的报告中也承认:"伊拉克采取的欺骗和宣传措施也取得了一定的成功","给多国部队带来了一定的困难"。

7. 干扰

干扰,主要指电子干扰。它是对抗侦察监视的一种基本方法,其目的在于通过采用专门的发射信号干扰、破坏敌方电子系统,来降低或削弱敌方侦察设备的效能,使其无法发挥作用,国外称为"软杀伤"。电子干扰的分类方法很多,具体参见表 6-1。

表6-1　电子干扰技术分类

按干扰宏观类型分	按干扰专业类型分	按专用平台类型分	按干扰技术类型分	按干扰方式类型分	按干扰机组成类型分
有意干扰	雷达干扰	机载电子干扰	压制性干扰	非调制干扰	引导式干扰
无意干扰	通信干扰	地面电子干扰	阻塞噪声干扰	调制干扰	回答式干扰
有源干扰	光电干扰	舰载电子干扰	连续波干扰	正弦调制干扰	双模干扰
无源干扰	引信干扰	水下电子干扰	脉冲干扰	调幅干扰	噪声干扰
积极干扰	GPS干扰	空间电子干扰	双横干扰	调频干扰	投掷式干扰
消极干扰	敌我识别干扰		箔条干扰	调相干扰	自适应干扰
	计算机病毒干扰		协同干扰	调幅调频干扰	相控阵干扰
	导弹制导系统干扰		欺骗性干扰	噪场调制干扰	
	遥控遥测干扰		假目标干扰	脉冲调制干扰	
	组合干扰		自卫干扰	锯齿波调制干扰	
			远距离支援干扰	复合调制干扰	

8. 摧毁

摧毁是最彻底的阻止敌侦察活动的方法,也是电子对抗最彻底的作战方法,国外称为"硬杀伤"。摧毁侦察设备通常有三种手段,即常规火力、反辐射武器和核电磁脉冲。

(二) 对抗精确制导武器手段

精确制导武器是一种先进的武器,但也有弱点。首先,精确制导武器的使用需要多种技术和情报的保障,环节比较多,任何一个环节遭到破坏都有可能使其丧失作战能力;其次,精确制导武器都是利用探测器来捕获目标的,当前各类探测器所敏感的目标信息不外乎是光波、红外波、微波、毫米波,而这些都是可以干扰的。再次,除微波制导外,受天候条件影响都很大。根据这些弱点,可以有针对性地采取一些对抗手段。了解这些弱点,不仅能找到降低敌方精确制导武器作战效能的办法,而且也可以设想到敌方可能对我方精确制导武器所采取的对抗措施,以便选择合理的战术和使用时机。

1. 摧毁

在精确制导武器发射之前或者还未达到被攻击目标之前就将其摧毁,是积极的进攻性的对抗手段。要摧毁敌方的精确制导武器,首先要有实时的侦察,查明敌方有关精确制导武器的种类、射程、威胁我方的程度,以及它的防御、掩护体系;然后才能根据敌方可能采取的手段和时机,对其进行攻击。

精确制导武器的使用,有赖于侦察、通信和指挥、控制等多个环节。其中一个环节失灵,就有可能导致整个精确制导武器系统作战能力的丧失。选择其防护薄弱、容易攻击的目标,集中采用电子干扰、火力压制等措施破坏或者扰乱其正常工作,这样有可能使敌方一大批精确制导武器失去作用,从而得到良好的对抗效果。

对敌方已发射的精确制导武器用火力进行摧毁,一般来说比较困难。因为精确制导武器的弹体较小,速度又高,但是随着科学技术的发展,一些新的反精确制导武器开始出现,目前较实用的是舰艇用的反导弹系统。由于反舰导弹的速度比较低,有可能得到较好的反导效果,舰载小口径火炮与现代化的武器控制系统相结合,就能在5km以内摧毁第一代亚声速反舰导弹。英国的"海狼"、法国的"海响尾蛇"等舰对空导弹都可以用于对第二代反舰导弹的防御。

现代防空导弹通过改进制导技术,提高制导精度,实现防空武器与雷达的自动化,提高武器系统的反应速度,也可以具有一定的反导能力,如美国的"爱国者"、俄罗斯的SA-12都具有对高空、高速目标的反导能力。

随着定向能技术的发展,有些国家正在设想用激光光束的热效应摧毁来袭的精确制导武器。激光武器对付精确制导武器的方式有"软破坏"与"硬破坏"两种。"软破坏"是指以激光照射损伤制导系统中的光电传感器、光学系统等;"硬破坏"是指以强激光破坏精确制导武器的壳体,甚至将其完全烧毁。国外已进行的一系列试验表明,上述设想是有可能实现的。例如,美国于1978年用化学激光器击落了4枚"陶"式反坦克导弹,1983年用二氧化碳激光器击落了5枚"响尾蛇"空空导弹和模拟反舰巡航导弹的飞行靶机。由于激光传播速度极快,射击频率很高,变换方向非常灵活,因而可在较短的反应时间内快速拦截,激光武器将来有可能成为精确制导武器的"克星"。

2. 干扰

尽管精确制导武器的抗干扰能力在不断提高,但是抗干扰在同干扰的斗争中,总是处在被动位置。因为任何一种精确制导武器只能采取几种有限的抗干扰手段,要想对各种类型的干扰都有效是很困难的。对于一件新式的精确制导武器,一旦主要技术被对方了解,它的作战效能就会大大降低。例如,1967年问世的前苏联SA-6防空导弹,技术比较先进,可以用连续波进行制导,也可以用多种频率的脉冲体制进行工作,并能快速跳频。在1973年第四次中东战争的防空作战中,由于以色列不熟悉这种导弹,在两天内被击落的90架飞机中,竟有60%~70%是被SA-6导弹击落的。然而,在1982年的以黎战争中,以色列已掌握SA-6导弹的性能,战斗中运用了各种侦察、干扰设备,使SA-6导弹制导系统失灵,在6min内贝卡谷地的19个导弹发射阵地全部被摧毁。

干扰手段是多种多样的,有些需要先进的技术,但有些传统的方法只要运用得当也依然有效。例如,对于雷达制导的精确制导武器可以用金属箔条、诱饵和干扰机进行干扰和诱骗,其中金属箔条方法虽然原始,但至今仍是一种有效干扰手段。英阿马岛海战中,阿根廷三次使用 AM – 39"飞鱼"导弹。第一次英方无干扰措施,两枚"飞鱼"导弹中的一枚击中"谢菲尔德"号驱逐舰;第二次在英方使用箔条的情况下,两枚"飞鱼"导弹均偏离了预定目标,只有一枚误中了"大西洋运送者"号集装箱船;第三次在英方大量箔条干扰下,一枚偏离方向,一枚被拦截。

对于红外制导武器,可用曳光弹、红外干扰机、热诱饵来诱骗和吸引。对于激光制导武器,可用激光干扰机照射非目标物体来诱骗和吸引。当雷达末制导装置搜索地面目标时,角反射体假目标也能起诱骗作用。总之,在对精确制导武器的制导技术有足够的了解后,找到有效的干扰方法是不难的。

3. 防护

在敌人大规模使用精确制导武器的情况下,杀伤破坏力将空前增强,有些精确制导武器的威力已和小型核武器相差无几,并且随着精确制导武器射程不断提高,会使整个战役纵深都处于对方火力杀伤的威胁之下。这样野战装备等军事目标在战场的生存力将成为一个突出问题。而单独用加强单个工事的抗力来提高阵地生存能力已不能适应这种新情况,必须从阵地编成、工事配置、消除特异征候、适当增强工事防护能力等方面采取措施,来提高阵地的综合防护能力。这里着重谈隐蔽和伪装的问题。

1)利用地形和不良气象条件

部队和装备的隐蔽要充分利用地形、地物和各种自然环境,在高地的反斜面、谷地、地褶、大型建筑物、森林等地方疏散配置,可以削弱精确制导武器的攻击效果。各种天然障碍物的后面,往往是探测器搜索视界的"死区",精确制导武器难以进行攻击。森林也是较好的隐蔽场所,在这里不仅可以免受目视、电视等光学设备的观察,而且对无线电波的传播也有很强的衰减作用,对电磁场有严重的干涉现象,使雷达制导的精确制导武器难以精确测定目标位置。

某些远射程的精确制导武器是按地形匹配原理进行制导的,凡靠近具有突出特征地物的目标易遭到毁伤。因此,配置在纵深内的重要目标,如指挥所、通信枢纽、大型仓库等应配置于相对单一的地形上。

大多数精确制导武器不具备全天候作战能力,在不良气象条件下可以限制很多种精确制导武器的使用,因此以劣势装备对优势装备之敌作战时仍要考虑利用不良气象条件。海湾战争中,由于伊拉克和科威特地区一直多雾,多国部队的飞机难以准确地找到轰炸目标,影响了多国部队的作战行动。这说明在现代战争中,对自然条件的利用仍然是大有可为的。

2)电波隐蔽及防护

现代战争中,雷达及通信枢纽都是敌人袭击的重要目标,因而严格控制雷达和通信设备的开机或电波发射是重要的隐蔽措施。为缩短开机时间,必须努力采用雷达和通信的新技术。否则,现代指挥的需要同电波隐蔽的矛盾无法解决。

雷达站或通信站如发现正在遭受敌反辐射导弹的攻击,应停止辐射电波和采取其他相应措施,以增大反辐射导弹的命中误差。但是随着反辐射导弹质量提高和大量的应用,以关机的方式进行防护已越来越困难。海湾战争后,各国都在加速对反辐射导弹对抗措施的研究。美国空军正在试验保护 AN/TPS-75 防空雷达的反辐射导弹诱饵,该诱饵由 3 部发射机组成,用以模拟雷达信号并遮蔽雷达天线的副瓣。各发射机之间彼此相隔一定距离配置,当诱饵和雷达同时工作时,可迷惑反辐射导弹的导引头,迫使反辐射导弹转向 4 个辐射源信号的中心,从而落在偏离雷达和诱饵的地方,以保护雷达的安全。美国陆军和海军也准备以空军的诱饵系统为基础,研制适合自己使用的战场雷达保护系统。可以预见,在未来战争中防反辐射导弹的攻击将会有更多的措施出现。

3)伪装手段

伪装是为保存自己、消灭敌人而采取的各种隐真示假措施。在广泛使用精确制导武器的情况下,正确使用烟幕、伪装、假目标等伪装器材,是提高生存能力的一种经济有效的措施。

烟幕对可见光、红外线有很大衰减作用,对付雷达和热红外探测器的烟幕和遮蔽剂也正在研制。俄军已将各种烟幕器材作为坦克部队突破反坦克导弹防御的一种手段。T-72 坦克上使用的多管烟幕发射器可以单发也可以齐射,齐射时 2~3s 内便可在正面形成 90°~120° 的烟幕,总长度 100m,持续时间 2~3min。其他国家也都重视烟幕的使用,现在大面积、快速施放烟幕的装置日趋完善。例如,德国为多管火箭炮配备的烟幕子母弹,一门火箭炮一次齐射可快速设置 400m×20m×10m 的烟幕,持续时间 15min。

伪装网是一种传统的伪装器材,过去的伪装网只对可见光起伪装作用,而且比较笨重。现在的伪装网已向轻型和多波段兼容的方向发展。轻型即质量轻,美军有一种袖珍伪装网,折叠后可以装在士兵制服口袋里。多波段兼容是指一个伪装网具有防可见光、近红外、热红外和雷达侦察的综合防护能力。这种伪装网主要用于伪装价值高的军事目标,并将逐步取代性能单一的伪装网。

假目标可以分散敌人精确制导武器攻击的火力,提高真目标的生存能力。假目标种类不少,主要有充气式、装配式和膨胀式三种。充气式假目标质量轻、充放气速度快、易携带,而且向着能模拟真目标多种暴露征候的方向发展。装配式假目标由轻金属框架和塑料制成,弹片击中后伪装效果不受影响,在两伊战争中伊拉克曾使用过装配式的假坦克目标,使伊朗的许多反坦克导弹打在这些假目标上。膨胀式假目标是由泡沫塑料制成,压缩时体积为原来的 1/10,质量轻,展开迅速。海湾战争中,伊拉克军队曾大量设置假目标,诸如假坦克、假飞机以及完全用胶合板、硬纸板和塑料建成的空军基地、"飞毛腿"导弹发射场等。这种伪装欺骗耗费了多国部队的许多弹药,包括大量精确制导武器,使多国部队很长时间难以确定自己的作战效果。这是因为伊拉克花巨资向美国公司购买了有关伊拉克地面情况的卫星照片,依据图像对其军事目标进行了伪装,并不断根据最新卫星照片对伪装进行审查和改进,致使多国部队空军难以识别轰炸目标的真伪。由此可见,在高技术战争中,以伪装的方法仍能有效地对抗包括精确制导武器在内的各类高技术武器装备的攻击。

第二节 野战遮蔽伪装技术

野战遮蔽伪装技术,是指利用改变野战装备外形、结构及表面材料等方法,降低和减少装备的雷达反射截面、红外特征、可见光信号或其暴露特征的伪装技术。它是一项技术含量较高的伪装技术。随着现代高新技术在伪装领域的广泛应用,遮蔽伪装技术已由传统的可见光伪装技术拓展到红外隐身技术、雷达隐身技术等领域。

一、可见光遮蔽伪装技术

美军新版陆军野战条令《伪装》(FM20 - 3)中指出"敌人战场运用最多的、最可靠的侦察,是可见光侦察,因此,防可见光欺骗是极其重要的。可使用迷彩服、标准光学迷彩涂料、轻型光学遮障系统以及战场遮蔽剂等增强光学欺骗效果,有效地对付敌人的可见光侦察"。在武器装备的表面涂抹各种保护迷彩和变形迷彩,降低装备与背景之间颜色和亮度的反差,或歪曲装备的原有外形,使各种光学侦察器材难以发现和辨认,并对装备的闪光、发光、喷气、喷火尾迹进行处理和控制。近年来,可见光伪装技术在一般兵器上也得到了广泛应用。值得注意的是,可见光伪装技术并没有局限于对目标的迷彩伪装技术,而是随着现代光学技术和材料科学的发展不断充实和发展。

(一) 野战目标的光学特性

1. 光谱反射特性

自然界中不同物体对同一波长的电磁波反射能力并不相同;同一物体对不同波长的电磁波反射能力(光谱反射能力)也不相同。图 6 - 1 所示为三种不同材料的光谱反射特性曲线。红色颜料之所以红,是因为它在受到白光的照射时,主要反射其中 $0.69\mu m$ 的红色光波。普通绿色颜料和绿色植物对 $0.53\mu m$ 左右的绿光反射较强,所以呈绿色。而它们在红光和近红外区的反射差异,由于人眼

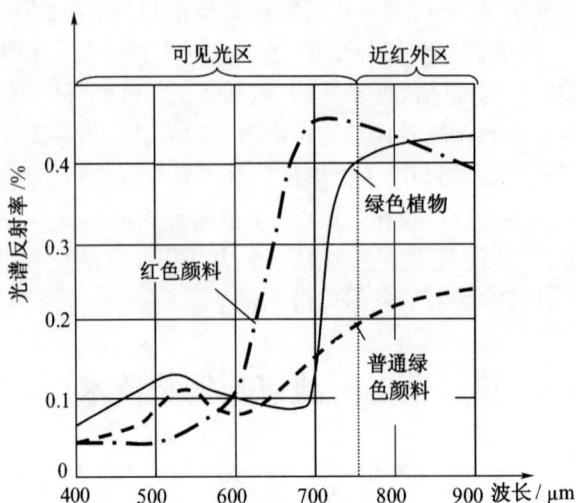

图 6-1　3 种不同材料的光谱反射特性曲线

对这些波长的灵敏度很差,所以区别不出来。

反射光通量与入射光通量之比称为漫反射率 γ。把漫反射体称为二次光源,它的亮度为 B,则有

$$B = \gamma \cdot E / \pi \qquad\qquad (6-1)$$

理想表面的最大反射率为 $\gamma = 1$,实际物体反射率介于 1～0 之间。例如,氧化镁的反射率约为 0.96,雪的反射率约为 0.78,钢板的反射率约为 0.25,混凝土反射率约为 0.38,黑土的反射率约为 0.05～0.1。

通过对大量的实验数据分析研究,一般将地物目标按不同的反射光谱特征分为 5 类。

(1) 植被类,如各种绿色植物、伪装网、绿塑料等。其特征是在 $0.55\mu m$ 附近有一个反射峰,在 $0.68\mu m$ 附近有一个反射谷,从 $0.70\mu m$ 开始反射率急剧上升,从 $0.75\mu m$ 以后到 $1.1\mu m$ 基本稳定于同一水平。

(2) 枯草类,如各种干枯植物、干燥地面、迷彩服等。这类地物的特征是短波处反射率较低,长波处反射率增加,整个反射率曲线呈指数上升趋势,没有特征反射峰。

(3) 湿土类,如纯净水体、湿土地、煤等。其特征是在 $0.4～1.1\mu m$ 整个范围内反射率基本一致,而且很低,没有特征反射峰。

(4) 雪类,如白雪、白色建筑等。其特征是在 $0.4～1.1\mu m$ 范围内反射率都很高,没有特征反射峰。

（5）花卉类（或称单色特征类），如各种花卉及用染料涂敷的物体。对这类地物没有一个统一的特征。

按平均反射率的高低，则（1）、（2）类可归于中等反射率类，（3）类属于低反射率类，（4）类属高反射率类。军事目标在昼夜环境光照明下的反射率各不相同，在选择伪装涂料或材料时必须尽量做到让目标表面的光谱反射曲线和背景相一致。

2. 表面粗糙程度

造成目标与背景差异的原因，除了它们的光谱反射特性不同以外，还有它们表面粗糙（平整）程度（也称表面组织特点）的不同。自然界的表面，按其粗糙程度可以分为光滑面、无光泽面、粗糙面和植被面4种。

（1）光滑面，如水面、冰面、玻璃、磨光的金属面及光亮的油漆面等。这类表面的亮度分布有明显的方向性，入射角方向亮度很大，其他方向表面发暗。

（2）无光泽面，如布面、纸张、胶合板、混凝土、路面、压实的土壤、积雪的表面等。这类表面向各个方向散射入射光时，各个方向亮度大致相等。

（3）粗糙面，如翻耕的土地、沙砾、煤堆、渣堆等表面。这类表面凸凹不平，容易产生阴影和二次反射，表面亮度往往小于同类材料的无光泽面。

（4）植被面，也称毛面，如草地、庄稼地、灌木丛、树林等。这类表面在各个方向上的亮度分布基本均匀。

表征各类表面的亮度分布可用亮度系数。所谓亮度系数是指某种表面在指定方向上的亮度 L_θ 与同样照明条件下理想白面的亮度 L_m 的比值，即

$$r_\theta = L_\theta/L_m \qquad (6-2)$$

表6-2列出了常见的背景和人工结构物表面的亮度系数值。

（二）野战装备天然遮蔽伪装

野战装备天然伪装是指利用地形（地物、地貌）、气象等天然条件伪装装备的方法和措施。野战装备天然伪装具有能降低野战装备显著性，有效对付敌人多种侦察手段，方便快捷，节省材料和时间等优点，是一种良好的野战装备伪装方法。俄军一项研究成果表明：地形遮蔽程度为10%时，需人工伪装器材的数量为无地形遮障时的80%；当地形遮蔽程度为40%时，需伪装器材的数量仅为无地形遮蔽时的35%。天然伪装是野战装备的首选伪装措施。

1. 利用地形伪装

利用地形的伪装性能可区分为地形的遮蔽性能和地形的景观性能。地形的遮蔽性能可以保障对光学侦察的良好隐蔽，并且能够获得对付红外辐射侦察和雷达侦察的隐蔽效果；地形的景观性能则可以不同程度地降低野战装备对于各种侦察的显著程度，减少实施人工伪装的困难。

表 6-2　常见表面的亮度系数值

名　称	亮度系数	名　称	亮度系数
鲜绿色草地	0.064	干燥的黑土	0.03
干枯中的绿草地	0.07	潮湿的黑土	0.02
已割的绿草地	0.065	海	0.068
黄色(晒枯的)草地(垂直照相时)	0.14	洋	0.035
黄色(晒枯的)草地(倾斜照相时)	0.20	新降的积雪	1.00
干燥的黄色草原	0.10	半新的积雪	0.90
绿色的庄稼	0.055	正融化的积雪	0.80
成熟的黄色庄稼(垂直照相时)	0.15	小树林稀少的积雪田野	0.60
成熟的黄色庄稼(倾斜照相时)	0.34	河川的水	0.35
收割后的田地	0.10	干的公路	0.32
长满苔藓的沼地	0.05	湿的公路	0.11
针叶树林(树冠)	0.04	干的圆石路	0.20
夏季的阔叶树林	0.05	湿的圆石路	0.07
秋季黄色的阔叶树林	0.15	砂筑的干土路	0.20
冬季的阔叶树林	0.07	砂筑的湿土路	0.07
干燥的黄沙	0.15	砂壤土筑的干土路	0.09

利用地形伪装性能主要表现为：

（1）影响伪装外形的选择。例如，对处于沟谷中的装备实施伪装时应适应沟谷的地形特点，使装备伪装后具有沟谷陡坡的外貌；而对处于居民地边缘的装备实施伪装时，则应使伪装后的装备具有当地建筑物的外形。

（2）影响伪装效果和伪装作业量。当装备配置于密林中时，不采取人工伪装措施就能达到良好的隐蔽效果；当装备配置于疏林中或林缘时，采取少量人工伪装措施即能获得较好的伪装效果；而当装备在荒原或沙漠地时，就会给伪装带来很大困难，即使花费大量的人力、器材也难以取得良好的伪装效果。

（3）影响伪装措施的选择。战区地形背景特征是实施装备伪装的依据，决定着装备伪装措施的选择和运用。在某种单调的地形背景上，采取完全隐蔽装备的伪装措施是困难的，而仅能采取降低装备显著性或改变装备外形的伪装措施；而在复杂地形背景上，则可按伪装多样性的原则，选择隐蔽、降低显著性和改变外形等多种装备伪装措施。

2. 利用特殊气象伪装

特殊气象具有一定的伪装隐蔽性能。气象条件不仅影响可见光侦察，而且对红外侦察器材和侦察雷达以及各种精确制导系统均能产生影响。正确利用气象的隐蔽性能对野战装备进行天然伪装,对于高技术条件下提高装备生存能力具有重要的意义。

在 1991 年的海湾战争中,美军集中几十颗侦察卫星对伊拉克实施了全天候、全地域的不间断侦察。但在海湾上空的 7 颗图像侦察卫星中,只有 1 颗能透过浓厚云层进行观察和照相,因此美军卫星在战争中始终无法及时发现借助不良天气四处转移的伊拉克"飞毛腿"导弹机动发射架,对其伪装和坑道、沟渠的遮掩也难以识别,最终不得不派特工人员冒着生命危险潜入伊境内进行现场侦察。1998 年 4 月,印度连续进行了 3 次大规模的核试验,而号称拥有世界一流监测设施的美国情报部门事先也一无所知。据美情报人员后来分析称,印度在其西北部的拉贾斯坦沙漠组织核试验的前几周就曾进行了各种伪装,并利用特殊天气,采用声东击西等方法,躲过了美国侦察卫星的侦察监视。

(三) 野战装备人工遮障伪装

野战装备人工遮障指遮蔽或妨碍敌人侦察和攻击野战装备的各种伪装工程结构物。人工遮障在现代战场伪装中有十分广泛的运用。

1. 人工遮障伪装器材

任何一种类型的人工遮障,通常由伪装面、骨架两部分组成。伪装面是人工遮障中起伪装作用的主要部分。通常是指制式伪装网,也可用编有伪装材料的网、草席、树枝编条等各种就便伪装材料制作。伪装面形式有密集型和通视型两种。密集型的伪装面基本上没有透光空隙,但密集的遮障面,具有一定厚度时,能隔绝热辐射和削弱雷达电波,有效对付敌人红外线侦察和雷达侦察。通视型的伪装面在保证伪装效果的前提下,具有便于观察、采光和阻力小、质量轻、节省材料等优点,所以它在人工遮障中得到较为广泛的运用。目前,各国军队使用的具有良好性能的制式迷彩伪装网是主要的遮障伪装面。骨架是人工遮障中起支撑作用的部分,用来支撑伪装面,保证伪装面的所需形状和紧张状态,通常由支撑结构、支柱、控绳和固定装置组成。

在战场范围大、情况变化快、时间紧迫而又高度机动的作战条件下,有效的新型制式遮障伪装器材应满足下列要求:

(1) 具有多谱伪装性能。

(2) 具有全时空的伪装性能,能适应各种地形背景和气候的变化,广泛运用于不同的战区,且能相互拼接伪装各种类型装备。

(3) 具有快速操作性。遮障的组成部件要易于迅速设置、撤收和包装,且结构形式不影响遮障下目标的观察和其他战斗要求。另外,要求遮障零部件数量少,整套遮障体积小、重量轻,便于携带和运输,且成本低廉。

（4）具有良好的化学、物理性能。用于遮障的材料,在具有多谱伪装性能的基础上还应具备良好的物理、化学性能,如阻燃、耐热、耐寒、抗潮以及耐久性好等特性。

人工遮障器材按使用战区和季节的不同,分为林地型、荒漠型和雪地型三种类型。林地型轻型遮障适用于非雪季节的植被地区;荒漠型轻型遮障适用于沙漠、光露地和落叶季节等背景;雪地型轻型遮障适用于冬季积雪背景。

野战装备人工遮障器材中最常使用的是具有防光学与雷达侦察性能的轻型遮障器材。轻型遮障器材主要由轻型遮障的伪装面和可伸缩支柱构成。

轻型遮障的伪装面即伪装网,由边缘增强的聚酯纤维网粘以切割的伪装布或切割的聚乙烯薄膜构成。伪装布或聚氯乙烯薄膜的两面按林地、荒漠背景的特点,采用不同的迷彩图案,用于迷彩图案的着色颜料要渗透到伪装布或薄膜内部。它们在可见光和近红外波段具有与所适用的战区背景相类似的光谱反射特性,这样就较好地解决了光学区的多谱伪装问题。

为了承托伪装面,使其与被伪装的目标保持一定距离,轻型遮障带有一定数量的可伸缩支柱(也称支撑杆)。可伸缩支柱用铝管等轻金属制作,顶部装有圆形承托装置或"8"字形铁线环,底部可根据情况装配座板。这种可伸缩支柱由一根伸缩铝杆和位于顶的两个圆形支架组成。装上圆形支架后,撑上伪装面,该支架就随着伪装面所给的角度转动,而使伪装面看不到有明显的折痕。

2. 迷彩伪装

迷彩伪装是最其本的伪装技术之一,也是装备最基本的伪装方法和广泛采用的伪装措施。迷彩伪装的特点是作业简便、收效迅速,且便于在此基础上补充其他伪装措施。传统的迷彩伪装只能在光学伪装方面起到伪装作用,然而在科学技术和材料科学不断发展的条件下,基于计算机科学的迷彩图案设计与迷彩涂料配色技术得到了长足发展,以纳米技术为核心的迷彩伪装材料技术也在不断的开发之中。现代迷彩技术在防光学波段(可见光、近红外光和近紫外光)侦察探测方面已日益成熟和完善,伪装涂料的规格化、迷彩作业的机械化和应用计算机技术设计迷彩图案及进行伪装效果检验等方面均已取得显著进展并付诸应用;在对热红外光波段和雷达波段的伪装方面,已研制出防中红外光、远红外光侦察伪装涂料和防雷达侦察的伪装涂料;在光学、中远红外光和雷达波段,相互兼容具有多谱伪装效果的伪装涂料也正在研制中,目前已有应用的报道。现代迷彩伪装的蓬勃发展必将引起军事伪装新的革命。

陆军迷彩伪装的分类方法多种多样。按照迷彩伪装的伪装形式可分为保护迷彩、变形迷彩、仿造迷彩等。按照迷彩伪装的目的和功能分为光学迷彩、红外迷彩和雷达迷彩等;按照实施迷彩的目标运动属性可将野战装备迷彩分为固定目标伪装和机动目标伪装;按照目标的具体种类可将野战装备迷彩伪装分为坦克装甲车辆迷彩、运输车辆迷彩、火炮迷彩、陆军直升机迷彩、陆军舰艇迷彩、工程机械装备迷彩等;按照野战装备的作战地理背景特征,其迷彩伪装又可分为林地型迷彩、荒漠型迷彩、城市型迷彩、雪地型迷彩等等。

数字迷彩技术以其良好的与背景融合的伪装性能逐渐引起各国军队的青睐。数字迷彩是通过计算机生成的大小不同的矩形迷彩色素组合而成复杂迷彩图案。由于这种迷彩颇像不同颜色的像素随机打印出来的结果,所以数字迷彩有时也称为像素点阵迷彩,也有军事爱好者将其称为马赛克迷彩。

数字迷彩是如何达到比传统迷彩更加优越的与背景相融合的能力的呢? 人的眼睛通过晶状体把外界的图像聚焦投影到眼睛后壁的视网膜上。在视网膜的中心有一个凹陷区——黄斑区。黄斑区视神经细胞十分丰富,是人类进行视觉识别的区域,它所接收的视觉信号直接通过分析信号通道进入大脑。在黄斑区所产生的视觉称为分析视觉。而在黄斑之外的区域视神经的感应并不是十分敏锐,它所产生的视觉信号称为感知视觉。感知视觉信号通过感觉信息通道到达大脑。通过分析视觉和感知视觉这两个通道,人眼同时实现了目标的精确识别和环境的广角感知。

作为视觉识别区域的黄斑区本身只有 6°大小,而黄斑中心最具分辨能力的区域则小到 1.2°,每个视觉神经细胞占 30′。在 50m 外,黄斑区视野覆盖的区域大约 5m,中心区域只有 1m,其外区域人眼只能感知物体是否存在。如果考虑 50m 距离上肉眼识别极限,单个视觉神经元细胞对应 7mm 的空间大小。

数字迷彩根据人类生物视觉系统的特点设计了双层图案——微观图案和宏观图案,即使用了图案之中套图案的方法。当目标距离较远或者偏离观察者眼睛的黄斑区时,观察者的眼睛对目标只有感知能力,宏观图案在迷彩中起主要作用;当目标落入观察者的黄斑区,特别是黄斑中心区,数字迷彩的微观图案将起主要作用。通过对宏观图案和微观图案分别设计,人们希望数字迷彩图案能欺骗人的视觉观察系统,既欺骗感知视觉又迷惑分析视觉。

随着数字迷彩技术的不断发展,其优越的伪装性能不断地展现出来。结合装备伪装特点,积极引入数字迷彩技术,必将对提高野战装备战场生存能力具有重要意义。

二、红外遮蔽伪装技术

(一) 野战目标的红外特性

自然界所有物体都能在一连续的波长范围内产生吸收和辐射。其吸收和辐射的波长,与物体的温度有关。辐射的电磁波在波谱中处于可见光区和微波区

215

之间的一段广阔的波段范围内,称为红外辐射。

黑体所发射的辐射按波长分布的曲线如图6-2所示,每个温度的分布曲线都有一个最大值,其对应的波长 λ_m 随温度的升高向短波方向移动,黑体辐射强度随温度的增加而迅速增加。

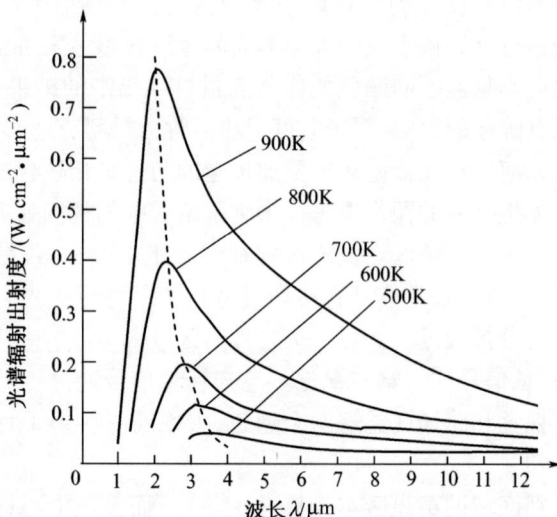

图6-2 黑体辐射曲线

从测量得到的曲线可得出两个定律。

(1)斯蒂芬—玻耳兹曼定律。

黑体单位面积辐射的总能量与它的绝对温度的4次方成正比,可表示为

$$E_{T_0} = \sigma_0 \cdot T^4 = C_0 \cdot (T/100)^4 \qquad (6-3)$$

式中: σ_0 为黑体辐射常数,其值为 $5.6697 \times 10^{-12} \mathrm{W/cm^2 \cdot K}$; C_0 为黑体辐射系数,其值为 $5.6697 \times 10^{-4} \mathrm{W/cm^2 \cdot K}$ 。

(2)维思位移定律。

黑体发出的辐射能量的峰值波长 λ_m 与黑体的绝对温度成反比, λ_m 与黑体的绝对温度的乘积为一个常数,即

$$T = 2898 \mu\mathrm{m} \cdot \mathrm{K} \qquad (6-4)$$

这两条定律总结了黑体辐射的一部分特性,但还不能够完全解释黑体辐射光谱分布。因此,普朗克推出了单色光谱辐射强度公式来反映绝对黑体的辐射能力,即

$$E_{\lambda T} = C_1 \lambda^{-5} / (e^{C_2/\lambda T} - 1) \qquad (6-5)$$

式中：C_1 为第一辐射常数，其值为 $3.742 \times 10^4 \text{W} \cdot \mu\text{m}^4/\text{cm}^2$；$C_2$ 为第二辐射常数，其值为 $1.439 \times 10^4 \mu\text{m}^4 \cdot \text{K}$。

斯蒂芬 – 玻耳兹曼定律给出了某一温度下黑体辐射的总能量，维恩定律给出了黑体辐射峰值波长与温度的对应关系，普朗克公式则可求出黑体在某一温度每个特定波长下的辐射能量。

同温度下实际物体的辐射能与黑体辐射能之比为物体的发射率 ε。一些材料的发射率如表 6 – 3 所列。

表 6 – 3　常见材料的发射率

材 料 名 称		温度/℃	发射率 ε
铝板	抛光的	100	0.05
	阳极氧化的	100	0.55
铜	抛光的	100	0.05
	严重氧化的	20	0.78
铁	抛光的	40	0.21
	氧化的	100	0.69
砖(一般红砖)		20	0.93
水泥面		20	0.92
玻璃(抛光板)		20	0.94
石墨(表面粗毛)		20	0.98
腊克	白的	100	0.92
	无光泽的黑色	100	0.97
油漆(16 色平均)		100	0.94
土壤	干燥的	20	0.92
	水份饱和的	20	0.95
水分	盐馏水	20	0.96
	光滑的冰	−10	0.96
	雪	−10	0.85
皮肤		32	0.98

1）温度特性

温度是影响物体发射红外辐射的主要因素。目标和背景的温度特性是指它的温度分布特性和随时间变化的特性。

影响目标、背景温度特性的自身性质，主要是它对太阳辐射的吸收系数、表面发射率和它本身的热特性。吸收系数是指物体表面吸收的能量与到达物体表面总能量的比值。吸收系数越大,表明物体吸收的能量越多,物体温度升高也越大。表面发射率决定物体在某一温度向外发射能量的能力。由于一般常温下的物体,96% 的能量集中在 $6\mu m$ 以上的波段范围,发射率主要是指长波部分的发射率。目标和背景的温度高低及变化规律除了自身的因素外,还受太阳辐射的影响。太阳辐射的能量到达地球前经大气的影响产生吸收、散射,一部分太阳能到达地面形成直接辐射,另一部分经大气散射后形成天空散射。气象条件、目标所处环境不同对目标背景的温度影响极大。

2)发射率特性

发射率是影响目标和背景红外辐射特性的重要因素。在温度相同的情况下,发射率大的物体辐射出更强的红外辐射。发射率大小与材料的种类、温度、表面性质等因素有关。

表 6 - 4 中列出了一些植被的光谱发射率,可知在 $3 \sim 5\mu m$ 和 $8 \sim 14\mu m$ 波段范围绝大部分树冠发射率均在 0.9 以上。

表 6 - 4　一些植被的光谱发射率

植被名称	$1.8 \sim 2.7\mu m$	$3 \sim 5\mu m$	$8 \sim 14\mu m$
绿色的山月桂	0.84	0.90	0.92
幼壮的柳树	0.82	0.94	0.96
冬青(干、顶)	0.72	0.90	0.90
绿色橡树	0.67	0.90	0.92
金线松嫩枝	0.86	0.96	0.97
草地	0.82	0.82	0.88

3)目标的红外辐射特征分析

红外探测系统的探测距离主要由目标特性、环境条件和探测系统的探测能力三方面的因素决定。

在搜索状态,由于目标可以看作是一个点,因而探测距离与目标特性的关系可以表示为

$$R = N \cdot (E_{\lambda T} \cdot \tau_a)^{1/2} \qquad (6-6)$$

式中:N 为探测系统的探测能力;τ_a 为大气透波率;$E_{\lambda T}$ 为目标的光谱辐射强度。

在跟踪状态,目标的探测距离主要与其辐射温度有关,可表示为

$$R = K \cdot (A \cdot E_T)^{1/2} = K(A \cdot \varepsilon \cdot \sigma_0 \cdot T^4)^{1/2} \qquad (6-7)$$

式中:K 为探测系统在目标辐射波长,$(\lambda_2 - \lambda_1)$ 区间的当量探测能力;A 为目标的红外辐射面积。

因此,决定目标辐射能力的主要因素是 λ、T、ε 三个参数。

（二）红外遮蔽伪装原理

在可见光侦察中一些行之有效的伪装器材往往不能有效地对付红外侦察。例如,在可见光伪装中广泛使用的迷彩涂料,可以分割、歪曲目标外形而达到隐蔽目标的目的,但是这些涂料不管在可见光区的性质怎样千差万别,到了中远红外区却都接近于黑体,因此不能再起到迷彩伪装的效果。又如,伪装网由于具有一定的通视度,目标自身所发射出的红外辐射可以通过这些网孔泄露出去,所以各种热成像系统仍可以清晰地发现这种伪装网下的目标。再如,烟幕也是可见光伪装中一项有效的手段,但由于中远红外辐射的波长要比可见光大几倍、几十倍,故对中远红外没有效果。因此,红外伪装需要新的技术和材料。

为达到红外伪装的目的,可采取以下两条技术措施。

1）改变红外辐射特征

（1）改变红外辐射波段,使目标的红外辐射波段处于红外探测器的响应波段范围之外,或者使目标的红外辐射避开大气窗口而在大气层中被吸收和散射掉,也可使对方红外探测器失效。另外,假若能使目标的红外辐射避开大气窗口,也能达到隐身的目的。

（2）调节红外辐射的传输过程,通常采用在结构上改变红外辐射的辐射方向。

2）降低红外辐射强度

这是红外隐身的主要技术手段,主要是通过降低辐射体的温度和采用有效的涂料来降低目标的辐射功率,其原理无外乎包括减热、隔热、吸热、散热、降热等。例如:尽量减少散热源;采用散热量小的设计和部件;采用闭环冷却系统;改善气动力特性;减少气动力摩擦等。

（三）红外遮蔽伪装方法

红外伪装的方法可以分为 4 个大类:遮蔽、融合、变形和示假。实现装备伪装往往需要综合应用上述 4 种方法。

（1）遮蔽。就是采用一些屏蔽手段使探测器材无法觉察军事目标存在和活动情况。也就是把目标的红外辐射屏蔽起来,使传感器接收不到目标信号,或使收到的目标信号大为减小。为了达到这一目的,常采用红外遮障和红外烟幕。

（2）融合。是一种降低对比度的伪装方法。这一方法通常涉及表面处理和地面组织结构图案、发射率控制等。在热红外伪装上常采用降低热点温度、绝热、发射率控制、能量转换等。

（3）变形。是用显示目标假外表的方法来掩盖事物的真实性,它抑制和遮蔽了原有的识别特征,或以其他特征来取代,使识别产生错误。假外表可采用目标所处环境的背景外表,或采用具有较小或毫无军事价值的目标外表,其方法有改变目标特征、运用第二目标特征、改变目标的踪迹和活动特征等。

（4）示假。制造假目标或模拟原型设备的探测特征，可以分散敌方火力，转移对真目标的注意力，也可达到伪装的目的。红外假目标的制造方式在外形上与光学伪装基本相同，其不同之处在于红外假目标必须具有与真目标一致的红外辐射特征，所以在实现起来要比光学假目标困难得多。

目前，常用的红外遮蔽伪装技术途径主要有以下几个方面：

1. 利用热红外涂料进行迷彩变形

红外涂料一般由颜料、胶黏剂和添加剂所组成。颜料除黑色的以外其发射率都较低，但由于所使用的胶黏剂的发射率很高，以致某些涂料的发射率较高。所以实际上涂层的发射率主要有涂层所使用胶黏剂决定。为了制取发射率不同的伪装涂层，需要寻求发射率不等的胶黏剂。另外，基底的发射特性也会影响涂层的发射率。

热红外涂料是实施中、远红外热图迷彩的物质和技术基础。正如光学伪装中，常用涂料在目标上实施迷彩伪装，以减少或消除目标与背景的反射可见光的差别（颜色差别），达到降低目标显著性、改变目标外形或达到隐蔽的效果。在热红外伪装中也可以采用热红外伪装涂料来降低显著性，减少目标热红外特征。正确的热图迷彩可使目标与背景融合，从而大大降低显著性。融合是一种降低对比度的伪装方法，包括目标本身各部分之间对比度和目标与背景之间的对比度降低，这一方法通常涉及表面处理和地面组织机构图案、发射率探测控制等。在热红外伪装上常采用降低热点温度、绝热、发射率控制、能量转换等方法。

目标上某些温度较高的区域称为热点，如发动机部位、排气管部分、高速摩擦部分等。热点的温度能引起目标和背景之间强烈的对比，同时在目标本身的热红外图像中形成反差，成为判别目标的依据。热点温度的降低可缩小各部分之间的温差，降低对比度，可采用的方法很多，如局部遮挡、引入冷空气、易挥发液体与废气混合降低发动机及气管道口温度等。

绝热可降低热能的聚散速度，从而防止温度发生骤变，也就是说绝热能缓和时间—温度的关系，在发热部分与外壳或其他机罩之间绝热是很有效的。例如：用泡沫塑料喷涂在发动机发热部分的外壳上形成一层隔热涂层，可减少热能的发散；目标表面涂以绝热涂层，降低表面吸收太阳能速度，而使表面温度上升缓慢。又如，使辐射源与传热介质（如空气等）分离阻止能量到达传感器，也可达到绝热作用。在绝热时应当考虑设法消散目标的热能，这可用增加对流散热的方法。

目标的红外辐射强度与表面发射率有关，通过控制发射率的大小也可降低温度对比度。例如，采用一种涂层，能在两个大气窗口中有低的发射率，而在其他区域则有高的发射率,这就改变了表面辐射的光谱分布,从而减小了在这两个窗口区传感器的探测机会。发射率控制也可通过改变表面形状和定向辐射的特性来达到。

2. 热量抑制技术

装备的红外辐射能量主要来自车体对太阳能的吸收、发动机的工作、机件(如轮胎)的摩擦等。因此必须采取技术措施,降低诸如发动机和排气等部位的红外辐射特征。

车辆发动机工作时会使车辆头部温度可达到 $600 \sim 700℃$,空中的红外侦察器材在几十公里外就能探测到目标。因此,应采取积极的隔热措施,应用新型材料技术,改善车辆发动机的强红外辐射特性。目前,国内外正在积极开发耐高温吸波材料。其中,精密陶瓷材料具有耐高温、质量轻、高硬度的优点,同时具有吸波功能,因此用途极其广泛,如用于制造绝热发动机、坦克和装甲车辆及直升机的防弹材料等。新型结构陶瓷应用研究的一个重要内容是研制各种陶瓷发动机,包括坦克及装甲车辆使用的陶瓷绝热涡轮发动机、未来的空天飞机使用的复合发动机等。新式车用发动机将采用陶瓷材料,外壳用玻璃钢并加装隔热层。美军新型战术运输车辆就采用了陶瓷发动机,既减少了发动机的热损耗,提高了发动机的燃油经济性的 $10\% \sim 20\%$,又减小了发动机的质量,还具有明显的隔热效果,大大降低了车辆发动机的红外辐射强度。

3. 覆盖红外隔热遮障

覆盖红外隔热遮障,简称热红外遮障,是具有防可见光、近红外、雷达和热红外侦察效果的多谱伪装系统。随着热红外侦察器材的发展和运用,战场热目标受到了严重的威胁。世界各国,尤其是发达国家都大力开展热红外伪装器材系统的研究试验工作,至 20 世纪 80 年代中期,美国、瑞典、德国、法国、英国等国相继研制并达到实用水平,其中具有代表性的是瑞典巴拉居达·瓦尔肖公司生产的防可见光、近红外、雷达和热红外伪装系统。该系统由隔热毯和热伪装网两部分组成,隔热毯用定距支架固定就位,然后再在其上架设热红外遮障。

1)隔热毯

隔热毯由织物增强层、金属反射层和低发射率颜色涂层构成。织物增强层主要赋予隔热毯一定的机械强度;金属反射层屏蔽来自目标的热辐射并将其均匀化;而低发射率颜色涂层则使隔热表面发射率降低,从而降低其热可见度。隔热毯开有"眼睑式"冲孔。"眼睑式"冲孔是一些直径约为 15mm 的小圆孔。这些小圆孔的冲切线不是一个整圆,而是约为 270° 的圆弧,其余未加切割的部分与隔热毯相连。从隔热毯的法向上看,并不能通过冲孔而看见目标,热空气可以从隔热毯的切向通过冲孔排出,通过通风带走一部分热量,而不致使隔热层温度过高。红外隔热遮障具有良好的热隔绝性能。在目标上覆盖红外隔热遮障,能有效隐蔽目标红外辐射特性。

2) 热伪装网

热伪装网具有综合伪装性能。它在原有的防可见光、近红外和雷达侦察性能的基础上又添加了反热红外的伪装性能。这种热红外伪装性能主要靠发射率大小不同的热斑点起热变形作用。伪装网由骨架与装饰面构成,装饰面是由多层材料复合而成。其基本组成部分包括一个织物增强层、一个金属反射层和一个吸收率(发射率)大小不同的面层。金属反射层有双重作用。在红外和雷达波段具有很高的反射率,分割后的材料具有漫反射雷达波的作用,可获得对付雷达探测的效果。该材料正反两面都可使用,在两面涂以适应不同背景的涂层以增强背景适应能力。

4. 光谱转换技术

光谱转换技术就是通过某些材料(如光谱转换复合材料)吸收目标所发出的在红外探测系统工作波段之内的红外辐射,而同时发出在此波段之外的红外辐射。这样从目标所发出的红外辐射便落在大气窗口以外,可完全被大气吸收和散射掉,从而减少目标被发现的概率。将这些技术应用于野战装备上,必将提高野战装备的红外隐身效能。

(四) 红外伪装材料技术

红外伪装材料的结构要有利于减弱目标的红外特征信号,达到隐身技术要求。红外伪装材料应具有阻隔目标红外辐射的能力,同时在大气窗口频段内,具有低的红外比辐射率和红外镜面反射率。

1. 红外伪装材料性能要求

就影响隐身性能的材料本身因素而言,一般来说应满足下述要求:

(1) 具有满意的热红外发射率(ε_{TIR})或较强的控温能力。

对于多数军用装备,因目标热于背景,往往希望尽量降低表面材料的ε_{TIR}。此外,技术困难也主要在调低ε_{TIR}值时发生。

当然,为了适合目标可能经历的多种背景,隐身材料最好有ε_{TIR}可变的自适应能力。因为这点很难实现,组配对复杂环境有一定普适性的迷彩图案,已成为一种重要的设计方法。

由于温度与热辐射亮度成4次方关系,另一类以隔热或等温吸热功能为主要特征的热隐身材料有时更加重要。

(2) 太阳热能吸收率低。

太阳是重要的环境热源,为避免目标表面吸热升温,隐身材料一般应首先在$0.75 \sim 2.5\,\mu m$的太阳热辐射频区内达到较低的吸收率。

（3）具有漫反射型的表面结构。

目标对环境热源辐射的反射是目标热辐射的组成部分。显然,目标表面的漫反射分量较高,探测器收到的目标辐射能量较少。

（4）能与其他谱段的隐身要求兼容。

这里的兼容是指能兼顾其他谱段（如可见光和雷达）的隐身要求,或至少不与之尖锐矛盾。

当然,除上述材料本身的特性外,背景与目标的热辐射特性以及探测器的情况等与材料应用设计直接相关的问题,也是伪装材料设计应当考虑的。

2. 红外伪装材料分类

按照作用原理,红外伪装材料分为控制比辐射率和控制温度两类。按照产品形式,控制比辐射率的红外伪装材料分为涂料和薄膜两大类。

1）涂料

涂料制造及施工方便、坚固耐用且成本低,是现有隐身材料中最重要的品种。迄今已研制、应用的隐身材料多属此类。涂料的主要缺点是 ε_{TIR} 一般较高。从现有报道看,在顾及可见光伪装和其他实用物理性能要求的条件下,目前有代表性的 ε_{TIR} 值水平在 0.5 左右。另外,有些人指出的某些涂料光学性能对表面污染的高敏感,无疑也成为严重缺陷。

影响涂料红外性能的主要因素主要包括:

（1）颜料的选择。一般涂料黏合剂的 ε_{TIR} 均较高,多年来主要靠高反射颜料的调节作用制备隐身涂料。金属是迄今报道最多的颜料品种。其颗粒形态、尺寸、含量和种类均显著影响涂层的光学性能。经验表明,各向异性强的颜料颗粒降低 ε_{TIR} 的作用也强。选择金属颗粒形态的优先顺序一般依次为鳞片状、小棒状和球状,且对于前两者而言,"直径/厚度"比越大效果越好。几种粒子的适宜尺寸范围为:鳞片状,直径 $1 \sim 100\mu m$,厚度约 $1\mu m$;棒状,直径 $0.1 \sim 10\mu m$,长度 $1 \sim 100\mu m$;球状,直径 $1 \sim 100\mu m$。金属颜料的用量一般不超过40%（质量）,且以 20% 左右者居多。可用金属的种类很多,但实际选择多集中于性优价廉的铝。

由于提高金属用量会使涂料的颜色和亮度不利于可见光隐身,且容易使雷达特征增强,故近年来出现的关于掺杂半导体颜料系统的研究特别值得注意。例如,经适当地选配半导体的载流子系数,可制成兼顾热红外、雷达和可见光的宽频隐身材料。这已成为极有潜力的新型隐身材料。当然,半导体除可用作涂料的非着色颜料外,更可直接成膜。

（2）黏合剂的选择。由于光学和物理机械性能均满意的黏合剂难找,选择黏合剂已成为研制反红外探测隐身涂料的关键环节。为了不使自身成为辐射源,黏合剂的热红外吸收率必须较低。因此,适宜的黏合剂应是对热红外辐射高透明或高反射的材料。物理机械性能较好的有机黏合剂是研究重点。虽然现有的高透明聚合物主要是些工艺性能很差的材料,如聚乙烯和某些橡胶,但经过适当改性后有可能满足要求。采用高反射的导电或半导体聚合物的可能性也值得注意,特别是这种聚合物不仅可起黏合剂作用,且可能直接提供隐身效果。

(3)工艺控制。涂敷工艺直接影响涂层的微结构取向和表面结构。有人曾注意到,仅涂刷操作即可使同配方涂层的发射率和反射率出现10%的偏差。

除上述配方工艺方面的影响因素外,漆膜厚度、表面粗糙度和清洁度等也显著影响涂层的热辐射特性,须谨慎选择与控制。

表6-5列举了几种公开报道的红外隐身涂料,虽不能断定它们反映了当前隐身涂料研究的真实水平,但其配方结构与所达到的性能水平有一定的代表性。

表6-5　几种隐身涂料的配方与性能

序号	研制者	基本配方(质量百分比)	隐身性能	其他性能
1	R. F. Supcoe 等	Al 粉(10~20),Co(2~15),CoO(2~5),TiO_2(7~23),有机硅醇酸树脂(65~75),其他	$\varepsilon_{2\sim15\mu m}$:0.511,$\varepsilon_{8\sim14\mu m}$:0.513,$A_{0.3\sim1.8\mu m}$:0.623	灰色,可见光隐身及一般物理性能好
2	R. F. Supcoe	Al 粉(10~20),ZnS(5~9),Sb_2S_3(8~14),Al_2O_3(3~7),有机硅醇酸树脂(40~60),有机颜料(1.3~1.8),其他	$\varepsilon_{2\sim15\mu m}$:0.512,$\varepsilon_{8\sim14\mu m}$:0.520,$A_{0.3\sim1.8\mu m}$:0.684	蓝灰色,可见光隐身及一般物理性能好
3	G. Tschulena 等	Al 箔片(10~20,$\phi10\mu m$),商业无色聚氨酯漆,炭黑	ε_{TIR}:0.5	灰色(PAL7000),一般物理性能好
4	G. Tschulena 等	Al 箔片(20~30,$\phi50\mu m$),黄橄榄色醇酸漆,颜料(PAL6015)	ε_{TIR}:0.6	橄榄色(PAL6014),一般物理性能好
5	Gerd Hugo	Al(5),J 基橡胶/溶解的颜料	$\varepsilon_{3\sim5\mu m}$:0.45,$\varepsilon_{8\sim14\mu m}$:0.55	绿色,颜色可调范围较大
6	R. L. Calvert 等	Al 箔片(50,$\phi70\mu m$),醇酸树脂	$\varepsilon_{10.6\mu m}$:0.16	
7	R. L. Calvert 等	Al 箔片(30,$\phi70\mu m$),无机磷酸盐黏合剂	$\varepsilon_{10.6\mu m}$:0.25	
8	R. L. Calvert 等	Al 箔片(38,$\phi70\mu m$),无机磷酸盐黏合剂	$\varepsilon_{10.6\mu m}$:0.18	

2)薄膜

通常厚度小于$1\mu m$、ε_{TIR}显著低于涂料的低ε薄膜是另一类最有潜力应用于红外隐身的材料,尽管与涂料相比其工艺较复杂,成本较高。20世纪70年代的世界能源危机激励了低 ε 膜的研制，迄今已在节能、隔热和太阳能利用方面涌现出许多成功的工业产品。这无疑为开发红外隐身低 ε 膜提供了良好的基础。

现有低 ε 膜可依结构成分分为金属膜，"电介质/金属"多层复合膜和半导体掺杂膜等基本类型。

（1）半导体掺杂膜。此类膜厚度多为 $0.5\mu m$ 左右，红外发射率（ε_{IR}）可达 0.2 以下。其基本组分为金属氧化物（主体）和掺加剂（载流子给予体）。掺杂是选择和改进薄膜光学性能的基本手段。决定材料隐身性能的基本宏观参数 ε_{IR} 和 ω_p（等离子体频率）主要取决于材料中载流子的密度（N）和迁移性（μ）等载流子参数。只要掺杂控制得当，使载流子的数量和活性足够大，即可获得满意的隐身效果。有实验表明，适当掺杂可使半导体膜 ε_{IR} 降低 0.1 以上。

SnO_2 和 In_2O_3 掺杂膜是两个有代表性的品种。SnO_2 膜研究最早，ε_{TIR} 可达 0.15 以下，现已广泛应用。但其掺杂有一定困难，其 N 和 μ 值最高可分别达 $6\times10^{20}/cm^3$ 和 $20cm^2/V\cdot S$ 左右。In_2O_3 膜是迄今光学性能最好的半导体热镜材料，经适当掺杂及还原处理，其 N 和 μ 值可分别达 $1\times10^{21}/cm^3$ 和 $70cm^2/V\cdot S$，ε_{TIR} 可达 0.05 左右。

（2）金属膜。这是最简单而有效的低 ε 膜，其 ε_{IR} 通常 <0.1，用作热镜材料时的厚度一般约 $10\sim20nm$。金属膜作夹层用于伪装材料已屡有报道。当然雷达发射是其严重问题。但也有人认为，当膜极薄时可能避免此缺陷。

（3）"电介质/金属"多层复合膜。其典型结构为"半透明氧化物面层/金属层/半透明氧化物低层"，总厚度多为几十到一百纳米，ε_{IR} 一般 0.1 左右。氧化物也可是多层，可通过其厚度变化控制薄膜的颜色。如其结构特征所预示的，这类膜的光学特性介于前两种膜之间。表 $6-6$ 为部分低 ε 薄膜的光学性能。

表 $6-6$　部分低 ε 薄膜的光学性能

序号	膜的结构成分	厚度	$R_{2\sim55\mu m}/\%$	$R_{0.2\sim3.6\mu m}/\%$	$A_{0.2\sim3.6\mu m}/\%$	沉积技术
1	Ag	12nm	97	64	6	溅射（实验室）
2	Cu	10nm	93	42	17	真空蒸镀（实验室）
3	$In_2O_3/Ag/\ In_2O_3$	—	90	19	18	溅射（商品）
4	$SnO_2/TiO_2/Cu/$ $TiO_2/\ SnO_2$	—	87	19	23	溅射（商品）
5	SnO_2（掺杂）	—	87	15	30	热分解（商品）
6	SnO_2（掺杂）	$0.5\mu m$	85	11	13	热分解，410℃，实验室
7	SnO_2（掺 Sb）	$0.5\mu m$	84	11	26	热分解，410℃，实验室

可见,既有满意的隐身性能,又有良好的多谱隐身兼容基础的半导体掺杂膜是应用潜力最大的薄膜材料。当然,若能以适当技术(如设置网格图案)抑制金属膜的雷达反射,另两种低 ε 薄膜的应用前景也不容忽视。

除涂料和薄膜外,控制温度原理的红外隐身材料包括隔热材料、吸热材料和高比辐射率聚合物。红外涂料伪装不仅可使伪装目标与背景色调、亮度一致,而且还可以改变其红外辐射特征,大大降低目标在背景上的显著性,从而达到伪装的目的。

三、雷达吸波伪装技术

(一) 野战目标的雷达特性

雷达侦察具有探测距离远、测定目标速度快、精度高、能全天候使用等特点,在战场上应用十分广泛,成为现代战争的一种重要侦察手段。目前雷达技术已发展到较高水平并应用于各类先进雷达之中,主要表现在以下几个方面:① 雷达工作频率继续往两个方向扩展,其中高端往毫米波、红外和激光波段方向发展,低端向 VHF、UHF 和 HF 波段发展;② 大瞬时带宽信号、合成孔径雷达和逆合成孔径雷达的使用,可获得很高分辨率的雷达成像;③ 高性能、高可靠、低成本发射/接收组件,数字波束形成技术,大时宽带宽积信号的数字产生与数字处理技术,自适应波束形成技术等正在快速发展,使得相控阵天线技术飞速发展;④ 先进的信号处理与数据处理技术。地面军事目标类型多、数量大,在不同体制、工作方式、工作波段、平台装载的雷达探测下及环境中的反射特性不一样,使得其探测识别的难度大,其抗侦察的难度相对更大。

1. 雷达目标

雷达是利用无线电波探测和跟踪目标的,当雷达发射的无线电波与物体相遇时,一部分电波被吸收,另一部分则被反射回来,这些物体都称为雷达目标。被雷达目标发射回来的且又被雷达接收机所接收的电波称为目标回波。

雷达目标按照其尺寸与入射波波长的关系可分为:

(1) 镜反射目标。目标表面的直线尺寸比入射波波长大得多,入射角等于反射角,如图 6 - 3(a)所示。光滑的金属平面、平静的水面等都属于这类目标。

(2) 漫反射目标。这种目标尺寸也远大于入射波波长,但表面不光滑,它的反射情况如图 6 - 3(b)所示。平坦地、草地、田野、森林、丛林等都属于这类目标。

(3) 二次谐振目标。这种目标的尺寸可以和波长相比拟,当目标尺寸接近于入射波长的 $n/2$ 时,能强烈地反射电波。这种现象在米波段是最常见的。

(4) 绕射目标。当目标尺寸比入射波长小得多时,就产生绕射。目标尺寸

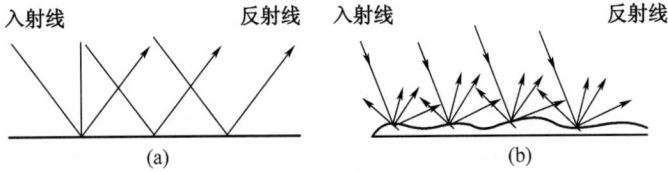

图 6 - 3 雷达目标反射情况

(a) 镜反射情况；(b) 漫反射情况。

越小,绕射作用越强,则二次辐射也就越小。

不同目标对电波的反射性能不同,在研究设计干扰雷达用的各种伪装器材时,需要很好地加以考虑。在雷达各参数一定、电波极化性质一定、雷达距目标的距离一定的情况下,回波强弱主要决定于以下关系:

(1) 回波信号与目标物理特性的关系。导体对电波吸收较少,而非导体情况恰恰相反。它们的区分就在于电导率 σ、电介系数 ε 及照射的电波角频率 ω 的不同。

(2) 回波信号与目标几何特性的关系。一般来说,目标体积越大雷达截面积越大。体积一样、外形设计不一样的目标,其雷达截面积也有很大差别。

(3) 回波信号与目标姿态角的关系。雷达与目标之间的相对方位,常用姿态角来表示这一参数。除了球体以外,目标不同方向的回波强度一般都是不一样的。

2. 雷达截面

所谓雷达截面积(Radar Cross Section,RCS)是目标受到雷达电磁波的照射后,向雷达接收方向散射电磁波能力的量度,反映了目标的散射能力。雷达截面积也被称为雷达截面、雷达目标截面积、雷达散射截面积或雷达截面,常用 σ 表示,其理论定义式为

$$\sigma = \lim_{R \to \infty} 4\pi R^2 = \frac{|E^s|^2}{|E^i|^2} = \lim_{R \to \infty} 4\pi R^2 = \frac{|H^2|^2}{|H^i|^2} \qquad (6-8)$$

式中: E^s、E^i 分别是散射和入射电场的强度; H^s、H^i 分别是散射和入射磁场的强度;

因为雷达发射球面波,只有在满足远场条件(当目标距离足够远时),目标在接收天线处的散射波才近似地表示为平面波。雷达目标截面积的这一定义与距离无关。

获得复杂形状物体的雷达截面积的常用方法之一,是测量来自目标本身和雷达截面积为已知的物体的回波功率。雷达截面积通常用一个能产生与目标相

同的雷达回波信号的金属球来等效地进行度量,这个金属球的投影面积就是等效的目标雷达截面积。其实验定义式为

$$\sigma = 4\pi \times \frac{\text{目标向接收天线方向单位立体角内散射功率}}{\text{雷达在目标处单位面积上的照射功率(入射功率密度)}}$$

$$= 4\pi R^2 \times \frac{\text{目标在接收天线处单位面积上的散射功率}}{\text{雷达在目标处单位面积上的照射功率}}$$

雷达截面是一个十分复杂的物理量。它既与目标的几何参数和物理参数有关,如目标的尺寸、形状、材料和结构等;又与入射雷达波的参数有关,如频率、极化、波形等;同时还与目标相对于雷达的姿态角有关。

1)目标尺寸与形状

当其他条件不变时,目标尺寸越大,雷达截面积也越大。通常,一架轻型战斗机的长度为14m,而现代巡航导弹的长度约6.5m,用来对付它们的雷达信号的波长为2~3cm。在多数情况下,目标为波长的10倍以上,从而使高频散射成为总的雷达截面积的最重要的部分。

但理论分析和试验证明,目标的外形对其雷达截面积的大小影响更为显著,因为电磁波的散射与散射体的几何形状密切相关。例如,投影面积相同的一块平板和一个球体,其雷达截面积相差4个数量级。因此,合理设计目标外形,对于减小其雷达截面积具有决定性的作用。

2)目标方位与距离或雷达观测角

考虑到观测角度变化引起的影响,使得从一个复杂目标来的所有各自的反射相加过程更为复杂化。对观测者同相的二个独立的反射(因而增强了各自的强度)在观测者移动时会变得不同相,而进一步移动又会使其变得同相,然后又不同相。相互不同相的信号将会互相干涉。因此,目标的雷达截面积与雷达观测角或目标方位与距离有关。利用 B – 26 轰炸机进行的试验研究表明,在许多情况下,当观测角改变仅 1/3°时,反射的雷达能量级可能变化 15dB。

3)雷达波长和频率

雷达目标截面积与雷达波长和频率有关。雷达频率增加,雷达截面积增加 4 倍。当目标的长度(如飞机的翼展)为雷达波长的一半时,其雷达目标截面积很大,最易被雷达探测到。对于现代对空目标跟踪雷达而言,其波段为 X、C、S 波段,其波长约为 2.42 ~ 11.54cm,而轻型战斗机的长度约为 14m,坦克的长度约 5m,因此在多数情况下,目标及其各部分的尺寸为雷达波长的 10 倍以上,此时目标的雷达目标截面积取决于多种散射的结果。

4）电波极化方式

由于雷达波是交变的电磁场,其电场与磁场互相垂直,电场强度的取向和幅值随时间规律变化的现象称为极化。这种极化与雷达波的发射方式及天线的类型有关,并将影响雷达的目标截面积。在遥感、雷达目标识别等信息检测系统中,散射波的极化性质能提供幅度、相位信息之外的附加信息。对于一定的雷达频率和固定的视角,目标的雷达截面积决定了极化。在远场和线形散射条件下,雷达目标截面积与极化的关系可表示为矩阵,称为雷达目标的散射矩阵。

（二）目标的雷达伪装原理

雷达伪装技术是以电磁波散射理论为基础的。为了不被雷达发现,最有效的办法是减少目标的雷达散射截面,即采取各种措施使目标在雷达探测波束照射范围内,具有极小的雷达截面积。

1. 外形隐身原理

利用计算机辅助设计等现代设计手段,对装备及外形进行优化设计,在保持一定性能的前提下,使其被探测的雷达截面积最小。外形隐身技术在高频区虽然是有效的,但是应当注意,改变目标的外形并不能同时在所有方向上缩减目标的雷达截面积,只能在有限角区内实现雷达截面积的缩减。而且,某一角区内雷达截面积的减缩必定会导致其他角区内雷达截面积的增大。这是因为改变物体的外形只能改变它所散射的电磁能量在空间的分布而不能减小总的电磁辐射能量。对目标来说,实际上也没有必要对所有方向都保持低雷达截面积。例如,一枚巡航导弹的后向就不需具有很低的雷达截面积,因为它们不大可能受到后方雷达探测的威胁。

2. 材料吸波原理

雷达隐身材料是应用最广的一种伪装材料,在整个伪装技术中起到重要作用,其中包括雷达吸波材料和雷达透波材料。如果军事目标或其蒙皮覆盖伪装材料或采用伪装材料制造,则照射其上的雷达波或被吸收,或被透过,从而减小雷达回波强度,达到目标隐身目的。由于在减小雷达散射截面积方面,通常透波材料所起的作用并不大,所以一般使用雷达吸波材料。

雷达吸波材料（RAM）是指能有效地吸收入射雷达波从而使其目标回波强度显著衰减的一类功能材料。外形隐身只能改变目标 RCS 的空间分布,使之在重要的威胁方向达到隐身目的;而 RAM 隐身则依靠材料的吸收性能,降低目标总的回波强度,在所有方向上达到同时减小 RCS 的隐身效果。

RAM 吸收电磁波的基本要求是: ① 入射波最大限度地进入材料内部而不在其前表面上反射,即材料的匹配特性;② 进入材料内部的电磁波能迅速地被材料吸收衰减掉,即材料的衰减特性。

实现第一个要求的方法是通过采用特殊的边界条件来达到与空气阻抗相匹配;而实现第二个要求的方法则是使材料具有很高的电磁损耗,即材料应具有足够大的介电常数虚部(有限电导率)或足够大的磁导率虚部。正如许多工程问题一样,这两个要求经常是互相矛盾的。从工程实用角度看,还要求 RAM 具有厚度薄、质量轻、吸收频度宽、坚固耐用、易于施工和价格便宜等特点,这些力学性能和成本的要求通常也是与电磁吸收性能的要求相互矛盾的,因而在设计和研制 RAM 时必须对其厚度、材料参数与结构进行优化,对宽带和材料性能水平进行折中。

RAM 根据其吸收机理可分为电吸收体和磁吸收体两大类。电吸收 RAM 的吸收剂大多采用导电炭黑或石墨;而磁吸收 RAM 则通常采用铁的混合物,如铁氧体和羰基铁。RAM 按照其吸收带宽则可分为窄带类和宽带类。窄带 RAM 又称为谐振式吸波材料,通常只能在一个或多个离散频率上才能满足 RCS 减缩的要求;宽带 RAM 通常由 RAM 单元的组合而构成,使之在一个相对宽的频率范围内具有良好的吸波特性。RAM 从其使用方式来看,又可分为表面涂覆型 RAM 和复合结构型 RAM。涂覆型吸波材料层覆盖在目标的金属表面部分;而结构型吸波材料则将吸波材料与非金属基复合材料结合起来,使之既具有吸波性能又有复合材料的质量轻、强度高等优点,可用来制造机翼、机身等。

(三)装备雷达隐身技术途径

对于野战装备雷达隐身技术可通过对装备的外形技术、材料技术、阻抗加载技术等方面的研究来寻找缩减雷达散射截面的隐身途径。

1. 外形隐身技术

外形隐身技术是雷达特征减少技术中最主要的技术途径。所谓外形隐身技术是指在满足武器装备战术技术要求的条件下,合理设计军用目标各部件和外形,使它的雷达散身截面积最小。理论研究和实践表明,雷达散射截面与目标的几何形状关系极大。例如,投影面积相同的一块平板和一个球体,它们的雷达散射截面相差成千上万倍(约 4 个数量级);美国的 B - 1A 轰炸机与 B - 52 轰炸机尺寸相近,但由于 B - 1A 轰炸机的外形设计有所改进,其雷达散射截面积只有 B - 52 轰炸机的 1/10;B - 2 隐身轰炸机是一个机身长 21m、翼展 55m,高 5.2m 的庞然大物,但由于采用巧妙的外形设计,其雷达散射截面只有 0.1m^2。可见,采用低雷达散射截面体,对于缩减目标雷达散射截面有着巨大的潜力。

目标雷达散射截面减缩技术的分析计算表明,在入射电磁场的作用下,雷达目标是会形成许多不同的散射源。通过外形技术减小雷达散射截面的措施主要有以下几种。

1)消除产生角反射器效应的外形组合

当有两个或三个金属平面互相垂直相交时,则不论入射电磁波以任何姿态角入射,反射波将总是按原入射波相反方向返回,这就是所谓的角反射器效应。角反射器效应将产生极强烈的后向反射,是雷达目标最主要的散射源。因此,作为外形技术措施,首先必须消除产生角反射器效应的外形组合,在相应部位采用圆弧连接或倾角折板连接技术,以及运用球形体、锥形体的外形结构。目标上相互垂直的两面体或角体结构会对雷达波产生强烈的反射作用。为减小目标的雷达探测截面积,应尽可能地消除目标外形结构上的垂直相交的表面和矩形槽等凹状强反射结构。

2)变后向散射为非后向散射

目标上凡曲率半径与入射波波长相比足够大的表面都会产生镜面反射。导体表面的镜面反射是一种强烈散射源。由于镜面反射的方向遵守光学反射定律,即只有当入射的方向同反射面法向接近平行时,才产生后向镜面反射。例如,在坦克和装甲车辆外形设计时,可根据侦察威胁分析,有意识地给平板表面以适当的斜度或在挡风玻璃等部位安装倾斜挡板,从而避免产生后向镜面反射。

3)减少边缘及尖端衍射的散射

当入射波作用在金属物体的棱边或尖端部位时,会产生边缘衍射和尖端衍射。虽然衍射作用所产生的散射强度较前两者低得多,但设备中这种散射源数量较大,在外形设计中仍是一个值得注意的问题。在目标的外形和结构设计上应采用多块平板结构代替传统的曲面形状,所有棱角处都应采取平滑过渡。美军的"悍马"军用吉普车和 M998 型高机动性多用途轮式车辆即采用了这种结构设计,具有一定的隐身能力。

2. 隐身材料技术

雷达隐身材料是应用最广的一种隐身材料,在整个隐身技术中具有重要作用。所谓雷达隐身材料是指能够减少目标雷达散射截面的材料,亦称为防雷达伪装材料,主要分为雷达吸波材料和雷达透波材料。

1)雷达透波材料

雷达透波材料是对电磁波不发生作用,因而对其保持透明状态的非金属类复合材料。最普通的有石墨—环氧树脂、凯夫拉等。透电磁波功能复合材料是用玻璃纤维或石英纤维与不饱和聚酯、有机硅、环氧和氰酸醋树脂等基体构成的复合材料层板及其蜂窝、泡沫夹芯结构,具有透电磁波功能,适合于制造雷达罩。由于现代雷达系统趋向采用较高的频率以提高其精度,因此雷达罩材料必须在此频率范围内有较高的透电磁波性能,即较低的介电常数和介电损耗。许多雷达透波材料可用来制造飞行器上的某些部件,但强度有限。雷达波可透过这些材料,但却对车辆内部的金属材料制造的发动机、导线和电子设备等仍有良好的视野。因此,对于减小目标雷达散射截面积方面,通常透波材料所起的作用并不大,主要的是使用雷达吸波材料。

2) 雷达吸波材料

雷达吸波材料(RAM),又称微波吸波材料,是指能够通过自身吸收作用减少目标雷达散射截面的材料。其基本原理是通过某种物理作用机制,将雷达波能量转化为其他形式运动的能量,并通过该运动的耗散作用而转化为热能。雷达波可能激发的一切形式的有耗运动皆可称为吸波机制。常见的作用机制有电感应、磁感应、电磁感应、电磁散射等。实际应用的材料中常常可能有多种机制起作用。

根据吸收机理的不同,吸波材料中的损耗介质可以分为电损耗型和磁损耗型两大类。电损耗型如各种导电性石墨粉、烟墨粉、碳化硅粉末或碳化硅纤维、特种碳化硅、碳粒、金属短纤维、钛酸钡陶瓷体和各种导电体高聚物等,其主要特点是具有较高的电损耗正切角,依靠介质的电子极化、分子极化或界面极化衰减、吸收电磁波;磁损耗型包括各种铁氧体粉、羰基铁粉、超细金属粉或纳米相材料等,具有较高的磁损耗正切角,依靠磁滞损耗、畴壁共振和自然共振损耗、后效损耗等磁极化机制衰减、吸收电磁波。此外,一些放射性同位素及稀土化合物也可以作为吸波材料中的吸收剂。

(1) 介电型吸收材料。

介电型吸收材料,或称为介质型吸波材料、介质微波吸收体,是通过改变材料电介质填料的散布,使得其电性质沿材料厚度方向逐渐改变,以达到损耗电磁能量(并以热能形式放出)的一类材料。它由基体材料(简称基料,可以是刚性或柔性的聚合物或泡沫材料,如有机或无机黏结剂等基体树脂)与电损耗填料(或损耗性填料、碳质电阻类材料,如炭黑、石墨、导电颗粒或导电纤维等)组成。刚性、轻重量的复合泡沫塑料吸波结构由添加空心陶瓷微粒和加入介质材料制成。

(2) 干涉型吸波材料。

干涉型吸波材料是指材料表面的反射波与进入材料后由反射背衬(通常为金属板)返回的出射波发生相干,从而使反射减小或消失的一类材料,它由一薄吸收层涂覆于金属基体上构成。基体通常为柔性聚合物,填料为具有电磁损耗的物质。干涉型吸波材料吸收频带很窄,吸波性能随入射角增大而迅速变劣,但其厚度一般较小,这类材料适用于消除窄带干扰等场合。

最早的干涉型吸波材料为索尔兹伯里屏蔽,使用了同样的原理。它由一个薄片电阻材料制成的"索尔兹伯里屏蔽"同一层弱绝缘隔膜稳固在金属衬板前面的1/4波长处。绝缘材料具有阻止电流的特性,但同时允许静电或电磁势自由通过。在"索尔兹伯里屏蔽"上,常常采用一种专门设计的泡沫或者蜂窝材料。

另一种类型的吸波材料是人们熟知的达伦贝奇层,把1/4波长厚的耗电材料厚片用金属衬板制成。这种厚片不传导电流,但却能耗散大部分受它作用的任何电能。到达耗能材料前表面的雷达波,遇到的是使前表面反射增强的电阻的变化。

经合理的结构设计、阻抗匹配设计及适当的成型工艺,吸波材料可以几乎完全地衰减、吸收入射的电磁波能量。从应用角度考虑,一种雷达吸波材料能否成功地得到应用,首先应当具有良好的电性能,即有高于要求网值的微波吸收率和宽的吸收频带。此外,这种材料还应当具有小的厚度和面密度,良好的机械性能和抗环境性能,以及能为用户接受的价格。

吸波材料除了采用铁氧体这样的吸波材料涂层以外,还可采用多层复合型结构材料,将吸收电磁波性能各不相同的材料层复合在一起,使这种材料吸收波段宽,而且具有轻质、高强度的优点。另外一种引人注目的高技术吸波材料是纳米晶体材料。当材料的颗粒小到纳米时,即直径比光的波长还短时,就出现了许多特殊的性质,它可以覆盖微波、红外,甚至延伸到光学区的吸收性能,甚至可以作为具有全波段的隐身效果的新型气溶胶原料。

吸波材料一般由基体材料与损耗介质复合而成,研究内容包括基体材料、损耗介质和成型工艺的设计,其中损耗介质的性能、数量及匹配选择是吸波材料设计中的重要环节。高性能的吸波材料要满足两个条件:一是电磁波尽可能无反射地进入吸波材料,即电磁匹配要好;二是电磁波进入吸波材料后尽快地被耗射,即材料的电磁损耗要大。对第一个条件人们一般利用多层材料来尽量满足,对第二个条件人们只有寻找损耗大的材料了。常规材料一般磁导率较小而介电常数较大,不利于匹配条件的实现,而且损耗也不可能特别大。所以,常规材料的发展受到一定的限制。

3. 对消技术

减缩雷达截面积另一种方法是通过等频率和等振幅而相反相位的二次信号传输来消除散射信号,这便是所谓的对消技术。对消技术通过目标产生与雷达反射波同频率、同振幅但相位相反的电磁波,与反射波发生相消干涉,从而消除散射信号。对消技术分为无源对消和有源对消两种。

1) 无源对消技术

无源对消技术是采用外形或材料等无源隐身技术手段产生干涉波的对消技术。采用隐身材料的无源对消技术实质上就是所谓的谐振干涉型吸波材料技术。采用外形隐身技术产生干涉波的对消技术,又称自适应阻抗加载技术,它是在不影响目标外形的前提下,利用机械精密加工在目标表面形成缝隙、洞或腔体,并接腔体、分布式或集中参数式阻抗,形成负载并通过一定程序控制负载参数,改变蒙皮表面的电流分布,控制目标合成散射场的变化,改变目标的固有谐振特性,被动地产生与雷达回波频率、振幅相等但相位相反附加辐射波,使之与雷达回波相抵消。

2）有源对消技术

有源对消技术是利用在目标上装备有源对消电子设备,以产生适合对消的电磁波,通过相消干涉减弱或消除反射波。为此,目标上的对消电子设备需要有传感器、计算机信息处理系统和电磁波发射机。传感器测出被对消信号的频率、波形、强度和方向,信息系统的软件具有各种角度和频率下目标反射波的详细数据的处理能力,能预测入射波如何反射,并指令电子设备产生和发射所需的对消信号。

4. 微波传播指示技术

微波传播指示技术正是利用计算机测雷达波束在不同大气条件下的覆盖范围,从而指示出目标较为安全的运动途径。因此,如果能预测出雷达波在大气中的传播情况,就可在雷达"盲区"或雷达波道外遂行任务,避开敌方雷达的探测,从而达到隐身目的。例如,大气层的湿度、温度等的变化,能使雷达波束的作用距离发生畸变,这称为"异常传播"。它可使雷达的覆盖范围产生"空隙"和波瓣延伸,同时雷达波在大气层传播时会形成"传输波道",其能量集中于波道内,波道外几乎没有能量,从而改变雷达波的作用距离,并在雷达覆盖范围产生盲区。如果能巧妙地利用这种"空隙",就有可能躲过雷达的探测。

总之,外形技术和材料技术是雷达特征减少技术的两大支柱。它们各有优点,也有一定的局限性,只有取长补短加以综合应用,才能收到最大的隐身效果。理论和实践说明,应当优先采用隐身外形技术,然后再对强散射源的重点部位采用雷达吸波材料,这样才能取得最大的隐身效果。

第三节　野战示假伪装技术

随着高技术侦察手段的不断出现和精确制导武器的广泛应用,野战条件下军事目标的生存受到越来越大的威胁。利用伪装遮障等器材对人员、技术兵器和各种军事设施实施隐蔽已有数十年的历史。在侦察技术不断发展的今天,结合条件恰当运用各种伪装手段仍是减小目标被发现概率的有效手段。但先进的现代化武器系统展开后往往会成为大面积的集群目标,它们在现代光学、红外、雷达等侦察成像设备中暴露征候十分明显,即使使用伪装手段也无法完全隐蔽而不被敌先进的侦察器材发现。在不能完全隐蔽的条件下,要提高战场生存力须借助示假才能迷惑敌人,降低真实目标被发现和摧毁的概率。作为一种"示假"手段,假目标技术与其他"隐真"对抗手段相配合,可有效地欺骗和迷惑敌人,在提高真实目标生存能力的同时,以较少的投资实现可观的战场效益。

一、示假伪装技术概述

(一)假目标伪装防护概念

假目标就是利用各种器材或材料仿制成在光电探测、跟踪、导引的电磁波段中与真目标具有相同特征的各种假设施、假兵器、假诱饵等。"示假"是光电无源干扰的另一重要方面,与其他"隐真"对抗手段相配合,可有效地欺骗和诱惑敌人,吸引光电侦察的注意力,分散和消耗光电制导武器,提高真目标的生存能力。在现代伪装中,示假、模拟目标的暴露征候,使敌误假为真,已成为与隐真具有同等重要意义的伪装手段。随着光电侦察和制导武器效能的日益提高,假目标的作用越加显得突出。

海湾战争中,伊军在反空袭作战中重视采取示假欺骗措施,设置了大量假火箭发射架、假坦克、假车辆、假火炮、假飞机等假目标。这些假目标不仅外形逼真,而且内部装有热源发生装置和无线电发射器,可模拟目标的多种特征。此外,伊军还构筑了假空军基地和假阵地等。这些示假措施有效地欺骗了多国部队空中侦察,吸引了大量造价昂贵的精确制导武器。据苏联侦察卫星侦察测定,美军空袭摧毁的目标中,有80%为假目标。美军也承认有70%的炸弹未命中真实目标。伊拉克设置假目标的效费比高达150∶1。在科索沃战争中,面对以美国为首的北约军队的大范围、高功率、高精度的侦察/测向/干扰一体化系统,南联盟在充分吸取了伊拉克的经验和教训的基础上,采取了一系列以"假"为主的对抗措施,广泛地利用模拟器材、民用车辆、报废的武器装备、仿真模型等,设置成地空导弹阵地、重兵集结地域,在一些高速公路两旁每隔几千米就摆放一些废弃的或假的武器装备,包括假导弹发射设备、假坦克、假装甲车甚至假公路等,并就地取材制作假目标,不断变换位置和数量,以欺骗敌方,诱使北约把大量的弹药投射到造价便宜的假目标上,有效地保护了自己的军事装备。南联盟的大量坦克分散隐藏在树林中,或用绿叶覆盖,用以隔绝车体散发出的热量,从而躲开北约红外探测系统的追踪。停战协议签署后,南军从科索沃撤出时开出的坦克等武器是北约估计的几倍以上。在伊拉克战争中,伊军设置了大量假坦克、假装甲车辆以及假火炮,构筑假弹药库、假阵地、假工事等。这些示假措施造成了美军的判断和指挥失误,分散和吸引了美军火力,美军"精确打击"遭到了伊军的"精确误导"。透过近几场高技术条件下局部战争,不难发现,示假伪装是有效欺骗敌人,增大敌作战效费比,提高己方军事目标生存能力的一项重要伪装措施。

野战装备示假伪装就是利用就便或制式器材模拟野战装备特征,欺骗和迷惑敌人,使敌认假为真的伪装措施。在高技术战场上,单纯的隐真措施已不能完全蒙蔽敌高技术侦察设备,示假欺骗将发挥越来越重要的作用。在科索沃战争中,南联盟军队利用军用和民用废旧器材设置假目标和"热饵",收到良好的伪装作用。野战装备示假技术的实战价值不仅在于其对真实装备本身的伪装隐蔽作用,更重要的是它与其他假目标配合设置,能有效地制造不同规模的部队集结、机动、配置等假象,从而欺骗迷惑敌人,达成隐蔽重要作战行动的战略、战役伪装效果。

(二) 假目标伪装防护发展

自从出现先进的侦察手段以来,人们就在试图想办法对抗,也就出现了军事伪装,含义是:用以欺骗、迷惑和引诱敌方侦察,达到降低敌方探测识别目标能力所采取的各种"隐真示假"方法。示假是将假目标逼真地显示出来,使敌方侦察认假为真或真假难辨。而最早的有"示假"含义的装置可以追溯到用于扰乱雷达装置的诱饵,最早使用、最廉价也最有效的雷达诱饵是箔条,这也是最初的"假目标"概念。

20世纪90年代的海湾战争,以美国为首的多国部队战机曾对伊拉克境内各种战略目标和军事设施进行了4万多架次轰炸,美军认为重创了伊军主要作战力量,然而伊拉克的大部分防空武器系统却奇迹般地生存了下来,"飞毛腿"导弹照样呼啸着飞向多国部队占领地域。由此,伊拉克军事力量的生存能力引起了世界关注。综合分析资料后发现,伊军除采用防护工程和伪装网掩盖外,还使用了大量的制式假目标和就便材料制作的假目标。制式假目标主要是从意大利进口的,有充气式和组件装配式两种,伊军将这些假飞机、假坦克、假导弹发射装置和假导弹布置在真目标附近,并构筑了众多的假防御阵地、假机场、假导弹阵地、假指挥所和假仓库。为了加强示假的效果,伊军还对假目标进行了一定的伪装,利用无线电发射机发射与真目标相同的电磁信号,假目标内部设置了能模拟目标热辐射特征的小型发动机。就伊拉克这样一个小国来说,能抵抗住多国部队大规模的地毯式轰炸长达一个多月之久,使多国部队在一个多月的时间内不敢贸然发动地面进攻,可以说合理正确地使用了大量假目标是其重要的原因之一。

为适应战场的需要,外军已研制和装备了大量不同类型的形体假目标,如瑞典巴拉居达公司生产的假飞机、假坦克、假火炮、假桥梁等装配式假目标,美军研制的40mm自行高炮、105mm自行榴弹炮、155mm野战加农炮、2.5T卡车等薄膜充气假目标及 M114 装甲输送车等可膨胀泡沫塑料假目标。此外,为对抗红外前视系统和红外成像制导系统的威胁,国外正加紧研制为目标设计的专用热模拟器,如美国研制的"吉普车热红外模拟器"、"热红外假目标"等多种热目标模拟器。

自海湾战争后,世界许多国家开始对漫反射假目标进行了深入的研究与应用,一些国家开始投入大量资金研究各种各样的假目标。美国利用聚四氟乙烯制作大量的多波段漫反射靶标及假目标,并且获得了很好的试验效果。英国基地简报也曾报道过利用漫反射体制靶标进行多次实弹打靶效果很好。印度与荷兰将聚四氟乙烯粉制泡球放在军舰的尾部洒在海里靠发动机喷出的浪花将泡球提高一定的高度制作海上漫反射假目标进行干扰。法国是在军舰的尾部托上一个永不下沉的充气半球漫反射假目标,进行有源干扰打靶试验。各国在假目标技术研究方面不断取得新的进展,并已逐步建立起能够对付现代侦察监视与目标捕获系统的装备系列,形体假目标现已发展为利用多种材料制作的防可见光、近红外、中远红外及雷达的综合波段假目标。

(三) 假目标伪装防护特点

1. 假目标具有非常高的效费比

假目标的效费比不仅表现在真、假目标的价格上,同时表现在假目标的示假效果和使用特性上。假目标的效费比 R 可表示为

$$R = \frac{P_r}{P_j} \cdot C_s$$

式中: P_r 为真目标价格; P_j 为假目标价格; C_s 为表征假目标示假效果和使用特性的综合因子,包含了假目标的光电特征逼真度、雷达特征逼真度、使用可靠性等因子。在非常理想的情况下, C_s 的理论值 = 1,但实际情况 C_s 总是小于 1。 C_s 过于小则说明假目标的示假效果逼真度和使用可靠性都非常差,即使是假目标的价格比较低,其效费比也会很低。如果 C_s 不是很小,而 P_r 很大,则假目标就很容易实现较高的效费比。

数据研究表明:当设置的假目标与真目标的数量比例为 1 : 1 时,相当于增加了 25% 的兵力;当设置的假目标与真目标的数量比例为 1 : 3 时,可使真目标的损失减少 20%,使敌方的弹药消耗量增加 70% ~ 90%。可见,假目标能起到有效的伪装防护作用,具有非常高的效费比。

2. 假目标具有很好的实战效果

在历次高技术局部战争中,假目标都得到了广泛应用。海湾战争中,面对美国强大的空袭力量,伊拉克充分利用假目标等现代伪装手段,取得了很好的效果。科索沃战争中,为了对付北约的空袭,弱小的南联盟使用了大量伪装假目

标。他们利用制式或就便器材(如报废的火炮、坦克)设置了大批假飞机、假坦克、假火炮、假 SAM 导弹发射架、假桥梁和假公路等,并注重具备红外和雷达特征,要求都要有金属和热源,取得了良好的军事和经济效果。

3. 仿真假目标的技术难点

假目标的仿真包括可见光、近红外、雷达、红外热成像、操作动作及机动,甚至还包括搜索雷达、通信等辐射源,以及人员、部队及后勤保障的活动规律等。就技术难度和实际情况来看,红外热成像仿真示假是高性能假目标的关键技术和难点,目前国内外都没有很好地解决这一难题,也没有一个现役装备成功地应用该技术,特别是红外热特征的变化过程模拟。采用低压直流电热材料是一个很好的技术途径。按照设计要求,在假目标金属表壳内层,粘贴不同形状、大小及厚度的电热材料,布设相应的电路和控制部件,使之在通电条件下能模拟所要求的红外热成像图,设计温度调控机制和控制部件,能对假目标的红外热特征进行简单的调控,使之在不同环境和条件下仍能保持与真目标相匹配。该技术采用 12V 市售汽车铅酸蓄电池,费用低,可反复使用,便于携带和安装,维护更加简便,更重要的是能适应野战条件要求。

二、假目标伪装关键技术

假目标在现代战争中占有相当重要的地位,在战场上可有效迷惑精确制导武器,达到保护真目标、消耗敌人火力的目的。根据侦察技术的分类,假目标示假技术可相应地区分为反可见光侦察探测示假技术、反红外侦察探测示假技术、反雷达侦察探测示假技术等。

(一)反可见光侦察探测示假技术

反可见光侦察探测示假技术是使用制式假目标器材或就便材料,模拟目标可见光暴露征候,诱使敌可见光侦察误假为真的伪装技术。这种欺骗在历次战争乃至高技术条件下局部战争中都发挥了欺骗敌人、保存自己的重要作用。海湾战争中,甚至用就便材料制作的假目标也成功地迷惑和欺骗了高分辨率的侦察器材。

1. 设置制式假目标

制式假目标能够成批生产,具有结构轻巧、运输方便、架设与拆收快速、可重复使用的特点。目前各国军队装备的制式假目标,可分为充气式、膨胀泡沫式、发泡式、装配式等多种类型。

1)充气式假目标

充气式假目标是用塑料薄膜或橡胶制作,充气之后其外形与真实目标相似,能较好模拟坦克、车辆、飞机、火炮和导弹等目标。该种假目标具有外形逼真、成本低、质量轻、易于包装与携运、便于快速设置、撤收和贮藏、运输等特点,是目前装备和使用较为普遍的一种示假器材。薄膜充气式假目标是20世纪70年代技术水平,现在看来存在一些不足和缺陷,如易漏气、易受破坏、损坏后不易修复、阳光照射后易软化等。目前各国军队装备的充气式假目标器材大多为聚氯乙烯薄膜材料,配以钢骨架结构,其防护波段正在从可见光、近红外向中红外、雷达波段扩展。例如,美国的泡沫塑料充气假目标,造型逼真,并可配备热源和角反射器,以对付红外和雷达探测。

2）膨胀式泡沫塑料假目标

膨胀式泡沫塑料假目标是用塑料膨胀泡沫制作的,装载时可将体积压缩为原尺寸的1/10,使用时可自行快速膨胀展开。这种假目标的特点是模拟目标形象逼真、质量轻、便于运输、展开迅速、膨胀体积大,使用时即使局部受到破坏,也不影响使用效果,还可根据需要配置热源和角反射器,增加反红外和反雷达功能。美国使用的聚氨酯泡沫塑料制成的这类假目标,压缩后体积为原来的1/10。这类假目标正处于发展之中。

3）发泡式假目标

发泡式假目标是使用聚酯发泡剂和制式武器模具制作的。聚酯发泡剂在制式武器模具发泡膨胀后,可以制成各种假军事装备的轮胎,与其他材料可以共同构成各种假汽车、假火炮等目标。它具有携运方便、外形逼真、设置迅速的特点。

4）装配式假目标

装配式假目标是由可装配的钢结构骨架和蒙在其上涂有聚乙烯的编织物组成,具有技术简单、造价低廉、弹片击中后伪装效果不受影响等特点。它不但可以模拟飞机、坦克、火炮和车辆等目标,获得逼真的可见光和近红外特征模拟效果,而且可以模拟大型的桥梁和通信枢纽等目标。

5）声光假目标器材

这种伪装器材可模拟反坦克导弹和地空导弹发射时的闪光、爆炸声、发烟及尘埃等特征,配以膨胀式泡沫塑料导弹发射架可模拟目标的外部特征。这种系统不仅模拟了目标的外形,而且还将导弹发射时的全部过程加以仿真,提高了示假效果,更适合于防综合侦察。美军已研制并装备了这类假目标仿真器材。这种器材能对于有效模拟车辆的闪光和发动机声响等特征具有重要的使用价值和应用前景。

2. 制作就便器材假目标

就便器材假目标是就地征集或利用就便材料加工制作的假目标。这类假目标具有应用广泛、取材方便、经济实用,能适应战时和平时因地制宜、大量及时设置的需求。

对付可见光侦察的就便器材假目标通常可用竹材、木材、树枝、草皮、苇席、纸扳、铁板蒙皮、塑料薄膜、泥土、水泥等材料制作。制作时,首先构成目标的骨架,而后包上,最后涂上适当的涂料,使之具有真目标的外观。

(二) 反红外侦察探测示假技术

反红外侦察探测示假技术,是使用制式假目标器材或就便器材,模拟装备的热辐射特性,用于欺骗和迷惑敌人红外侦察的示假欺骗技术。巧妙而又及时地采取反红外示假技术,可使敌方红外侦察系统真假难辨,使红外制导武器错判误攻。目前对付红外侦察的假目标主要有模拟热源假目标和红外诱饵弹等。

1. 设置热目标模拟器

热目标模拟器是一种通过设置假热源,模拟目标的热红外辐射特征和目标的热图像,欺骗敌红外侦察设备的示假器材。这种器材根据需要可以模拟各种不同类型目标的热辐射特征,使敌红外侦察受到迷惑,诱骗敌红外制导武器的跟踪。从海湾战争的情况看,反红外假目标往往与反可见光、反雷达假目标配合使用设置。其主要方法是在反可见光侦察假目标的内部设置热源,模拟各种武器和目标的热辐射特征,欺骗敌人热扫描仪的侦察和识别。外军根据各种武器和目标的热辐射特征,研制了一系列假热源,根据不同的需要进行安装和设置。国外已经研制出的模拟各种武器和目标的热源器材,经热扫描仪检验,可逼真地显示出各种目标的热辐射特征。

2. 热源诱骗

红外诱饵弹是一种利用烟火剂燃烧发出的红外辐射来迷惑敌红外侦察器材,干扰和破坏敌红外制导武器的器材。根据诱饵的方式,诱饵弹可以发射到任何一个方向和高度的弹道上进行定位,能调节其持续时间(红外辐射诱饵的燃烧时间从数秒延伸到数十分钟之久)。通过大量施放红外诱饵弹,还可有效淹没真实目标的红外特征,达到欺骗的效果。在未来高技术战争的反空袭作战中,使用这类模拟热源器材,可有效防止精确制导武器对重要目标的攻击,是对付红外制导武器的一种有效的假目标器材。目前,国外对反红外诱饵弹研究的重点是发射系统的截获和信息处理、自动控制发射等技术。当发现对方发射红外制导武器时,可在地面、飞机、舰艇上迅速施放红外诱饵弹,吸引敌导弹的红外制导系统,使其偏离目标。

(三) 反雷达侦察探测示假技术

雷达假目标欺骗,主要是利用可强烈反射雷达波的反射体模拟军事目标,从而造成敌雷达错误判断、难以识别、错误跟踪目标。常用的雷达假目标欺骗设备有角反射器、龙伯透镜、箔条等。

1. 设置角反射器

角反射器是一种假目标。它是由金属导体平面做成的微波反射体,它可以把雷达发射来的无线电波按原来的方向反射回去,造成强烈的反射回波,如图6-4所示。其基本原理是:金属导体平面对无线电波呈镜面反射(入射角等于反射角),当电波从任意方向射来时,经过各平面的复合反射,形成很强的信号并按原来的方向反射回去。角反射器按形状不同可分为三角形角反射器、方形角反射器、矩形角反射器、菱形角反射器和圆形角反射器等。

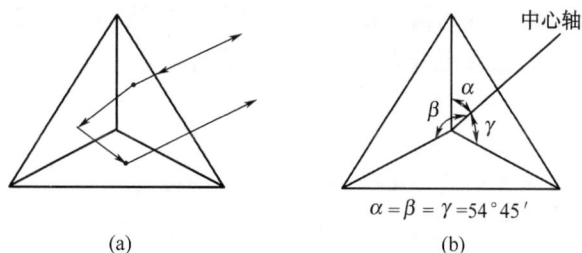

(a)　　　　　　　　　　　　(b)

图6-4　角反射器的原理

角反射器欺骗,是用角反射器模拟车辆、坦克、舰艇、飞机、城市、工厂、桥梁、仓库、水坝等军事目标的雷达信号特征,在雷达荧光屏上形成类似真实目标的光标,以使敌雷达员上当受骗。一个很小的角反射器的回波强度可相当于一个较大目标的回波信号。例如,一个边长40cm的方形角反射器,就可以模拟一辆大型坦克的回波信号。对景象雷达实施欺骗时,只要把角反射器放在载体上,并保证一定的运动速度,就可起到欺骗作用。但不同雷达截面的目标要选用不同边长的角反射器。也就是说,对厘米波雷达,即便是增加了多普勒音响识别系统的雷达,也可用附加声响装置的方法来模拟目标。在模拟假目标群时,用角反射器按大于雷达方位分辨力和距离分辨力的距离和间隔排列,即可在景象雷达的荧光屏上造成大量断续的目标回波。所以,对景象雷达,用角反射器模拟的假目标完全可以达到欺骗目的。

为了模拟运输车队、行军纵队或单个的技术武器,以使对方的地面侦察雷达陷入迷误,可以把角反射器安装在机动车辆上,或者放置在拖曳的武器模型内,这种模型的外壳应该能透过并且不吸收无线电波。为此,可以采用各种织物(但不能用镀金属丝的织物)制作模型,也可以利用薄三合板、厚纸板和类似材料制作,使其具有类似于相应技术装备对雷达波的反射特点,以保证欺骗的有效性。需要注意的是,在制作角反射器时必须保证反射面平整,且各反射面之间完全垂直;否则,反射波束就会偏离雷达波照射方向或使角反射器的反射能力降低。在地面使用角反射器有可能被敌光学侦察器材发现时,应在反射器表面涂敷与天然背景相同或表面特点相符的颜色和迷彩。

2. 运用龙伯透镜

龙伯透镜反射器是一种可以把各种大角度的入射电磁波平行反射回去的广角全向性反射器。这种反射器是一种有战略价值和发展前途的无源电磁波反射器材。它与角反射器相比,可产生较大的雷达截面和具有稍宽的二次辐射方向覆盖角。龙伯透镜反射器主要用于制作雷达假目标。例如,将龙伯透镜反射器装在大型飞机机翼下的靶机上,在敌机或地面雷达瞄准前,把靶机放出去;由于靶机上的透镜能产生很强的雷达回波,因而诱使敌雷达向靶机瞄准,而作战飞机则乘机对敌进行攻击或躲避敌雷达的跟踪。龙伯透镜反射器存在的主要问题是制造工艺复杂,造价高。

3. 箔条欺骗

箔条欺骗是采用发射或投掷的方式在空中施放金属箔条,形成比真目标强得多的回波信号,使敌雷达难以分辨真假。其原理是:当雷达告警设备发现有雷达探测时,可快速发射或投掷金属箔条,使之和真目标同处于雷达的分辨单元内。由于箔条假目标的反射面积比真目标大若干倍,从而使雷达难以跟踪真目标而转向假目标。为可靠达成欺骗目的,必须在雷达开始捕捉目标后再投掷箔条。而箔条假目标在空中的存留时间必须在角度、速度和距离方面超过雷达跟踪系统的额定时间。因此,必须给较重要的军事目标配备雷达告警装置,以便及时发现雷达的探测和跟踪,进而确定假目标的投放时间、留空时间等,使投放的假目标确实达到保护真目标的目的。

当箔条在地面或水面设置假目标时,通常是在发现雷达探测迹象时,便马上发射火箭箔条弹,在离目标 1～1.5km 的距离,围绕目标布置数个箔条云,形成数个假目标,使雷达一开始工作就捕捉假目标;当目标已被雷达跟踪时,应快速发射火箭弹,在距目标或海面、地面几十米的高度上形成雷达假目标(这种方法同样用于防光电制导武器)。由于箔条假目标反射的能量比目标强若干倍,因而吸引雷达去跟踪它,再加上军事目标的机动,可使目标在较短时间和距离内脱离雷达的跟踪。

使用箔条假目标在空中实施欺骗,具有较好的欺骗效果。1967 年第三次中东战争中,埃及小型"黄蜂"导弹快艇用4枚反舰导弹击沉了以色列的"埃拉特"号驱逐舰;但6年后的第四次中东战争,以色列在导弹艇上装备了有源、无源对抗设备,双方接火后,当埃及舰艇发射反舰导弹时,以色列导弹艇立即发射远程箔条假目标,诱骗埃及导弹偏离攻击方向,同时还发射近程箔条假目标,再次诱骗那些未偏航的反舰导弹。结果,埃及、叙利亚的导弹艇、炮艇先后三次与以色列导弹艇交战,共发射反舰导弹50多枚无一命中,反被以色列发射的反舰导弹击沉 12 艘导弹快艇。这个战例充分说明了箔条假目标在现代条件下对敌实施欺骗的重大作用。

高技术条件下的雷达示假技术，要求具有综合反侦察能力。假目标不仅外表、尺寸、颜色等物理特性应与真目标相似甚至完全一样，并且能模拟机械操作的基本特性与规律。有的涂上具有金属反射性能的涂料，内部安装有小功率辐射源和热源，以欺骗雷达、红外和热像仪侦察。对于毫米波雷达，采用在光学假目标表层加镀金属膜，或是内贴金属丝布的方法，也可以模拟金属目标对毫米波的被动辐射性能。意大利制造的充气战车，就是采用这种方法，使其既具有模拟可见光、热红外特征的能力，也具有模拟雷达特性的能力，并在海湾战争中有出色表现。其他一些国家研制的具有综合性能的假目标系列，也都具有较好的雷达模拟性能。

伊军在海湾战争中用塑料、胶合板制作了大量假雷达发射装置，在这些假目标内部安装了无线回答器和角反射器，有的还安装了热源，并进行了实时的架设，有效地对付了多国部队的侦察与精确制导武器的打击。美军的"格林—克魏尔"空地假导弹也是假目标的典型代表，它在假导弹中装有增加雷达波段有效反射面积的角反射器、热辐射源和其他无线电电子装置，可对雷达侦察造成有效的欺骗。

假雷达目标伪装是传统的欺骗手段与高技术示假技术有效结合的一种伪装手段。由于它具有多种示假欺骗手段一体化的特点，因此是军事示假技术发展的新方向。

三、假目标实战运用和设置要求

假目标是模拟被掩护目标的特性和各种暴露征候（含光学、雷达、热红外和音响等），引诱和欺骗敌方侦察的伪装器材。它包括各种模型、装置或专门器材。通过合理运用假目标可致使敌人误假为真，从而增强真目标的隐蔽效果。当目标难以隐蔽时，设置数量较多的假目标，使真假目标混杂配置，可达到欺骗和迷惑敌人、转移敌方注意力、吸引敌人火力的目的。据有关研究表明，为一个真目标设置一个假目标，可使真目标毁伤概率降低 50%。示假伪装作为伪装的一种重要形式，在战争中的作用越来越大。同时，随着现代侦察技术的发展及精确制导武器的广泛使用，对假目标的制作和运用也提出了更高的要求。

（一）假目标伪装战场运用

假目标自古有之，在古代战争中就有使用假人、假马、假战车的实例。特别是在第一次世界大战期间，假目标得到了空前广泛的应用，并显示出巨大的军事效益。

1942 年 7 月,苏军西方面军在尔热夫—维亚兹马战役中,设置了 800 多个汽车、坦克、火炮、油罐车和炊事车等假目标,配合战役示假行动,诱使德军出动飞机 1083 架次,对假目标地域轰炸扫射达 160 余次之多。1944 年 12 月,苏军在散多梅希进攻作战中建立坦克部队的假集结地域,制作和设置了 400 个坦克模型、500 个汽车模型、1000 个火炮模型,使德军对苏军的主要突击方向做出了错误判断。

第二次世界大战中,英国为了对付德国的空袭,构筑了 500 多个用途不同的大型假目标,其中一部分专门用于夜间模拟铁路枢纽、船坞、工厂和发生火灾的城市等。德军航空兵在对英国领土进行的 877 次夜袭中,有一半以上的炸弹枉投到了这些假目标上。

第二次世界大战后,随着侦察技术的发展,要把大型固定目标(如军事基地、交通枢纽、机场等)完全隐蔽起来越来越困难。但是,使用假目标迷惑敌人,吸引敌人的注意力和火力,却可以使真目标得到有效保护。例如,苏军曾利用铁皮、布、纸板等材料制作假飞机和建筑物,设置成许多假机场,使美国的侦察卫星长期把这些机场当作真机场加以监视。第四次中东战争中,埃及在苏伊士运河两岸设置了一些假地对空导弹阵地。美国的高空侦察机以及专门为这次战争发射的两颗卫星都没有识别出这些假目标。在 1991 年的海湾战争中,伊拉克用木板、塑料和铝箔等材料,设置了大量假"飞毛腿"导弹,还从意大利等国进口了许多仿真假导弹。多国部队出动几千架飞机,集中突击伊拉克的"飞毛腿"导弹阵地,结果炸毁的大多数是假目标。

战争证明,运用假目标实施示假伪装,提高军队人员及武器装备的生存能力,为战役、战斗行动创造有利战机发挥着重要作用。特别是在高技术侦察手段广泛应用的未来战争中,单纯靠传统的隐真方法已难以达成伪装目的,必须采取隐真和示假并举的伪装对策。

(二) 假目标的设置要求

现代侦察技术的进步,表现在对目标发现和识别能力的提高,同时也意味着对示假揭露和破坏威胁的加剧。因此,必须科学制作和正确运用假目标,才能获得预期的伪装效果。对于假目标,在作战运用时必须满足以下 6 点基本要求。

1. 配置合理

假目标的配置要符合战术和技术要求。如果在坦克无法进入的地段设置假坦克模型,在不应该配置炮兵的地域设置火炮模型,敌人不仅不会相信,还会从这种示假动作中识破我方真实意图。此外,假目标要与隐蔽的真实装备保持一定的距离,防止敌人在袭击假目标时危及真实装备的安全。

2. 自然逼真

一般假目标越逼真，其示假效果越好。有破绽的假目标比不设置假目标更为不利。一个受过良好训练的侦察员，在他确认看到的是假目标之后反而更仔细地观察周围地区，努力发现真目标的位置。为此，假目标的外貌要逼真，其形状、颜色、平面尺寸和大于可见尺寸的细节应尽可能仿制出来，同时在需要时还要求其红外辐射特征和雷达波散射特征与真目标相近似。另外，在设置假目标的地域应仿造真实目标特有的活动征候，如发动机声响、车辙、灯火等。

3. 轻便快捷

假目标的制作应力求简单，便于快速设置和撤收。对于经常更换位置的活动模型，应尽可能做到轻质、高强度，并便于架设、拆收和运输。

4. 规模适当

根据不同的战术要求，应合理把握野战装备假目标的设置规模。假目标的数量一般根据被模拟目标的重要性，设置假目标所花费的人力、物力和财力以及现地地形等来决定。当目标重要程度不高，而设置假目标代价较高时，一般应少设置些，反之适当增加些。

5. 实施不完善伪装

对假目标施以不完善的伪装，既可以掩盖假目标制作上存在的缺陷，又可减少作业量。例如，在伪装网外显露部分车身的模型，就可显示目标的配置，从而大大节省人力、物力和时间。同时，越是实施了伪装的假目标，对敌人越有诱惑力，可增加假目标示假效果。

6. 严格保密

制作和设置假目标要隐蔽地进行，遵守伪装纪律，设置完毕后要及时消除作业痕迹。

值得注意的是，现代高技术侦察日益先进，一些假目标还是可以被识别。为此，在设置假目标时，可与少量废旧真装备掺杂在一起配置，提高假目标的欺骗性。在科索沃战争中，南军在研究、分析敌高技术侦察和精确打击武器的技术原理和弱点的基础上，采取制式器材和就便器材相结合的方法，利用军用或民用废旧器材，按与真目标 1∶1 ~ 5∶1 的比例，设计制造了大量假目标。这些假目标不但颜色、形状与真目标相同，而且反射（辐射）红外线和雷达波的特性也与真目标相似，同时还施以不完善的伪装和模拟真目标的活动特征，使北约光电系统真假难辩、雷达迷盲。

第七章　野战弹药防爆安全技术

弹药作为特殊的武器装备具有可燃可爆特性,在一定条件下可能发生燃烧爆炸。从某种意义上讲,野战弹药的储运场所均是一个潜在的爆炸源。如果野战弹药的防护措施不当,一旦发生爆炸事故,不仅对弹药本身造成破坏,而且还危及周围环境的人员和其他设施的安全。但是,任何事物都是一分为二的,野战弹药的安全是可以控制的。只要充分认识弹药爆炸的可能因素和破坏特性,采取有效的防爆措施,就可以防止弹药爆炸事故的发生,即使发生爆炸,也可以使爆炸的破坏作用控制在最低程度。

第一节　爆炸及其破坏作用

弹药与其他装备相比最大的区别或本质区别是,装有火药、炸药、燃烧剂等可燃可爆物质,本身具有可燃可爆技术属性,存在发生燃烧爆炸事故的内在根据。如何对弹药进行科学有效的防爆控制,是一个比较复杂的问题。这其中既包含各种防爆技术的运用,又牵涉安全管理方面规章制度的执行。但要知其然,必要知其所以然,因此首先要理解弹药为何起爆、如何破坏、如何预防等系列的问题。

一、弹药爆炸与冲击波方程

(一) 爆炸的形成过程

炸药由外能引爆后,产生高温高压的生成物,剧烈冲击炸药的药层,在被压缩的炸药层内产生很高的压力,所到之处压力升高,炸飞产物高速运动;同时,温度也呈现出瞬间突跃的升高现象。在高温高压的因素影响下,激起炸药层的放热化学反应,致使炸药层瞬间由固态分解为高温高压的气态产物,即形成了爆轰产物。形成之后的爆轰产物依次对下一个炸药层进行冲击,使爆炸过程稳定、持续地传播下去,直至整个装药爆轰完毕,爆炸就完成了。

炸药在空气中爆炸时,其周围介质直接受到高温、高压气体(爆轰产物)作用。由于空气介质的初始压力和密度都很低,因而就有稀疏波从分界面向爆轰产物内传播。同时界面处的爆轰产物以极高的速度向周围飞散,就如同一个超声速活塞一样,强烈压缩着邻层空气介质,使其压力、密度和温度突跃升高,形成初始冲击波。冲击波的形成过程示意图如图7-1所示。从图7-1中可以形象地看出,冲击波经过的区域介质的状态参数,如压力、密度、温度等,是突跃变化的。

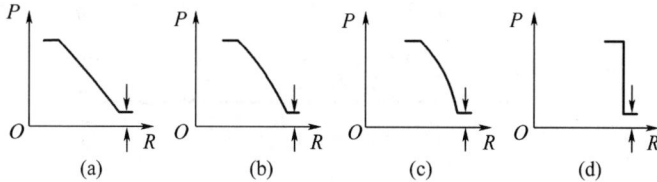

图7-1　冲击波的形成过程示意图

压缩波在介质中是以声速传播的,压缩波经过区域的介质的状态参数,如压力、密度、温度等是连续变化的,介质的运动可以认为是等熵过程,波阵面前后的状态参数由等熵运动方程联系在一起。冲击波与压缩波是不同的,冲击波在空气中是以超声速传播的,理想冲击波的波阵面是物理间断面(不连续面),冲击波所到之处的介质的状态参数发生了突跃变化,介质的运动是熵增过程,波阵面前后的状态参数由 Rankine-Hugoniot 方程联系在一起。

冲击波的特征主要依赖爆源的物理性质,球形炸药与柱状装药产生的冲击波波形明显不同。然而,这种不同主要表现在爆源近区。距离爆源足够远处,不管爆源性质如何,所有冲击波几乎都具有相同的形状。图7-2所示为自由空气中的理想冲击波波形,即 $P—t$ 曲线,其中:P 表示冲击波压力;t 表示冲击波传播时间。

如图7-2所示,在冲击波到达之前,该处的压力等于1个大气压力 P_a。冲击波在时间 t_a 到达该处时,压力瞬间由1个大气压突跃至最大值,压力最大值与 P_a 的差值,通常称为入射超压峰值。波阵面通过后,压力即迅速下降,在时间 $t_a + t_0$ 处衰减至1个大气压力,然后继续下降,直至出现负超压峰值,在时间 $t_a + t_0 + t_0^-$ 处又回升至1个大气压。

对于弹药爆炸来说,空气冲击波的 $P—t$ 曲线不再如图7-2所示那样光滑,因为壳体破裂后形成许多超声速破片,破片穿过空气时产生弹道波。因此,$P—t$ 曲线上面往往叠加着一系列的弹药波的扰动,形成一条振荡很多的 $P—t$ 曲线。图7-3所示为由传感器记录的带壳装药爆炸后形成的空气冲击波 $P—t$ 曲线。

如图7-2所示,以大气压力为分界线,冲击波分为正相与负相两部分,其中:大气压力以上的部分,称为持续时间 t_0 的正相;大气压力以下的部分,称为

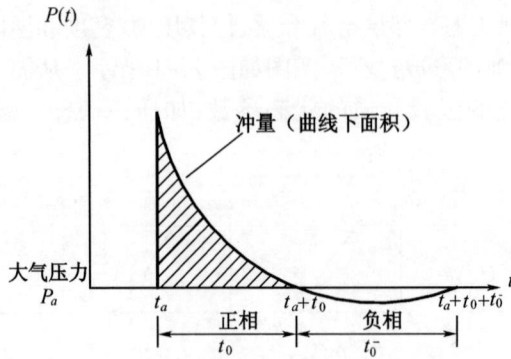

图 7 - 2 自由空气中的理想 $P—t$ 曲线

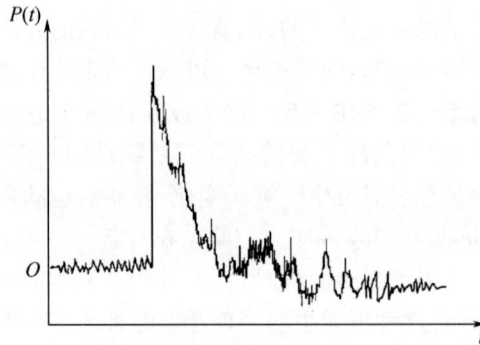

图 7 - 3 带壳装药爆炸后的空气冲击波 $P—t$ 曲线

持续时间 t_0^- 的负相。对高能炸药爆炸产生的理想冲击波,其正相对空气介质的影响要比负相大得多。一般情况下,对目标的破坏来说,负相区作用可不考虑。

图 7 - 4 所示为炸药爆炸后空气冲击波传播的 $P—R$ 曲线,其中 R 为空间内各点到爆源的距离。可以看出,随着空气冲击波向外传播,其正压区不断拉宽,这是因为冲击波的阵面是以超声速的速度向前运动,而正压区的尾部是以与压力 P_a 相对应的空气声速运动的缘故。同时,随着空气冲击波向外传播,波阵面的压力和传播速度等参量迅速下降。假设冲击波是以球形向外扩展的,则随着传播距离增大,波阵面面积不断增大,其单位面积上分布的能量不断减少。此外,冲击波的传播是不等熵的,在其传播过程中始终存在着因空气受冲击绝热压缩而产生的不可逆的能量损耗,并且冲击波越强,这种不可逆的能量损耗越大。因此,空气冲击波传播过程中波阵面压力是迅速衰减的,并且初始阶段衰减快,后期衰减渐缓。随着传播距离的增加,冲击波在距爆炸中心足够远处逐渐过渡为音波。

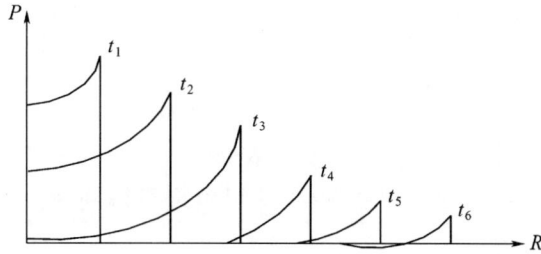

图 7 - 4 不同时刻的冲击波 P—R 曲线

(二) 爆炸冲击波的基本方程

爆炸冲击波是一种强烈的压缩波。冲击波波阵面通过前后介质的参数变化不是微小量,而是一种突跃的有限量的变化。爆炸冲击波的传播速度很高,介质受到扰动后所增加的热量来不及传给周围介质,所以可以认为波的传播是绝热的。

按照质量守恒原理,在波稳定传播条件下,单位时间内从波面右侧流入的介质质量等于从左侧流出的量,由此得到质量守恒方程或称为连续方程,即

$$\rho_0(D - u_0) = \rho_1(D - u_1) \qquad (7 - 1)$$

在 $u_0 = 0$ 条件下,式(7 - 1)简化为

$$\rho_0 D = \rho_1(D - u_1)$$

按照动量守恒定律,冲击波传播过程中,单位时间内作用于介质的冲量等于其动量的改变,因此可以得到冲击波动量守恒方程为

$$p_1 - p_0 = \rho_0(D - u_0)(u_1 - u_0) \qquad (7 - 2)$$

在 $u_0 = 0$ 条件下,式(7 - 2)简化为

$$p_1 - p_0 = \rho_0 D u_1$$

按照能量守恒定律,在冲击波传播过程中,单位时间内从波面右侧流入的能量应等于从波面左侧流出的能量,这样可推出冲击波能量守恒方程为

$$(e - e_0) + \frac{1}{2}(u_1^2 - u_0^2) = \frac{p_1 u_1 - p_0 u_0}{\rho_0(D - u_0)} \qquad (7 - 3)$$

在 $u_0 = 0$ 条件下,式(7 - 3)简化为

$$(e - e_0) + \frac{1}{2}u_1^2 = \frac{p_1 u_1}{\rho_0 D}$$

以上三式就是由三个守恒定律导出的冲击波的基本表达式。

将质量守恒方程中 ρ 代替为比容 ν，加以整理可得到冲击波速度的表达式为

$$D - u_0 = \nu_0 \sqrt{\frac{p_1 - p_0}{\nu_0 - \nu_1}} \qquad (7-4)$$

将能量守恒方程进行类似的变换，加以整理可得到冲击波冲击绝热方程（即 Hugoniot 方程）为

$$e - e_0 = \frac{1}{2}(p_1 + p_0)(\nu_0 - \nu_1) \qquad (7-5)$$

当冲击波在静止空气中传播时，也就是在 $u_0 = 0$ 条件下，冲击波基本方程可简化为

$$\begin{cases} u_1 = \sqrt{p_1(\nu_0 - \nu_1)} \\[2mm] D = \nu_0 \sqrt{\dfrac{p_1}{\nu_0 - \nu}} \\[2mm] e_1 = \dfrac{1}{2}p_1(\nu_0 - \nu_1) \end{cases} \qquad (7-6)$$

以上三式即为冲击波的基本方程式，当确定冲击波在某一具体介质中传播时，只需与该介质的状态方程 $p = p(\nu, T)$ 联系起来，就可以求出冲击波阵面上的各个参数。

（三）引发爆炸的外部因素

弹药及火炸药等虽然具有爆炸的内在根据，但必须具有一定的外能作用时才能发生爆炸。弹药在储运和技术处理过程中，引起爆炸的外部因素主要有以下几种情况。

（1）勤务处理不当引起的爆炸。弹药勤务处理中引起爆炸的原因，主要是作用在弹药（特别是发火或起爆能量较小的火工品、解除保险外力较小的引信）上的外能过大引起的。例如，装卸搬运过程中过度冲击、振动，弹药从高处跌落，弹药修理中加热、摩擦过度等，都可能引起弹药的爆炸。

（2）火灾条件下的爆炸。弹药专用设施内发生火灾未能及时扑救，形成了大面积火灾或直接引起弹药燃烧。当燃烧加热弹药达到了爆发点，或燃烧速度加快、压力增大达到燃烧转爆轰的条件时，就可引起弹药的爆炸。

（3）冲击波作用下的殉爆。殉爆是最初引起爆炸的爆炸物（主发装药）爆炸后，爆炸生成物或爆炸冲击波通过惰性介质（如空气、水、泥土等），引起一定距离上的爆炸物（被发装药）爆炸的现象。主发装药与被发装药距离较近时的

殉爆,主要是爆炸生成物直接冲击作用引起的;主发装药与被发装药距离较远时的殉爆,主要是冲击波作用引起的。弹药库房与工房之间,如果间距过小,当一个库房或工房发生爆炸就可能引起相邻库房或工房的爆炸。另外,弹药库房或野战弹药所,如果遇到空袭或炮击也可能发生殉爆。由此可见,野战弹药专用建筑设施之间在布置时应保持一定的距离,对防止发生殉爆具有重要的实际意义。

(4)人为破坏的起爆。人为破坏的起爆,是敌对分子和刑事犯罪分子,利用弹药(炸药)的起爆特性,制造起爆装置(如炸药包等)对弹药(炸药)局部起爆,从而导致整个弹药库(堆)的爆炸。特别是战场条件下,环境复杂恶劣,对弹药专用设施实施破坏是敌方常用手段之一。因此,弹药专用建筑设施应采取有效的防人为破坏的措施,确保弹药专用建筑设施的安全。

二、爆炸破坏作用

弹药一旦发生爆炸,其后果是十分严重的。例如,某地下仓库存有梯恩梯炸药、硝胺炸药、各种地雷、爆破筒等爆炸品,折合梯恩梯当量280t,另有稻谷20余吨,军需物资200余包。因火灾燃烧两个多小时后发生爆炸,洞室全部被炸毁塌陷,洞口平面和两洞口之间的山体均遭破坏,洞口前方250m45°扇面内,所有土地、山林、道路、房屋均遭到不同程度的破坏,300~500m范围山林被严重摧毁,树木被拔起或折断,植被被烧焦,动物死亡,一号洞口正前方175m处库内导火索被引燃,爆炸现场大火,爆炸地震使洞库四周300m范围内的房屋遭到不同程度的破坏和影响,爆炸抛起的岩石堆积层最厚达十几米,洞口轴线方向飞石达数吨,抛掷距离2.5km。

弹药爆炸后,对弹药专用建筑设施和周围环境构成破坏的形式和危害大致可分为爆炸地震波、爆轰产物、冲击波和飞散破片(碎石)等4个方面。

(一)爆炸地震波的破坏作用

爆炸冲击波在岩石或土壤内传播时会引起地层振动,这就是爆炸地震波。它对附近建筑物和构筑物的安全具有一定的影响,特别是大量深埋炸药的爆炸(如地下炸药库发生爆炸事故或进行地下工程爆破),对建筑物有较大的危害。爆炸所产生的地震波与天然地震波相比,其特点是:地震在地表浅层发生;能量衰减快;地震持续时间短;振动频率高;在爆源近区竖向振动较显著等。爆炸地震波一般对人不起什么直接危害作用,但对地面上的建筑物却有很大的影响,当振动速度超过建筑物的安全振动速度时,可使建筑物破裂甚至倒塌。

爆炸地震波的强度随着爆炸作用指数的减小而增大。危害程度的大小与药量、爆炸中心到被保护建筑物的距离,岩石或土壤的性质、起爆方式及被保护建筑物的抗震性能等因素有关。

(二) 爆轰产物的破坏作用

爆炸发生时,爆轰产物在一定范围内也具有强大的破坏作用。由于爆轰产物具有爆炸冲击波的一些特点,换句话说,爆轰产物是一种特殊的爆炸冲击波,所以爆轰产物对目标的毁伤作用与爆炸冲击波分析类似。大量实验表明,在距离爆炸中心 $10 \sim 15r_0$(r_0 为装药半径)的范围内,目标会受到爆轰产物和爆轰冲击波的复合作用;而超过 $10 \sim 15r_0$ 的范围时,目标只受到爆炸冲击波的作用。

以装药密度为 $1.6\mathrm{g/cm^3}$ 的 TNT 炸药为例。在爆炸完成瞬间,爆轰产物的各项参数分别为:压强 $= 196\mathrm{MPa}$;密度 $= 2.13 \mathrm{\ g/cm^3}$;温度 $= 3350℃$;速度 $= 1750\mathrm{m/s}$。从这些数据就可以看出,爆轰产物的各项参数都变得很大,在爆炸发生的瞬间,目标在 $10 \sim 15r_0$ 范围内时,会受到很大的冲量,导致目标严重毁伤。

爆轰产物的破坏威力大,但是作用范围小,只能对直接接触或近距离接触的目标发生作用。但是随着现代精确制导武器的出现,能够使炸药在距目标距离很小时产生爆炸,所以利用爆轰产物的巨大毁伤作用对目标进行毁伤打击,已经成为现实。

(三) 冲击波的破坏作用

冲击波是由于爆炸生成的高温高压气体产物,以高速向四周膨胀时,使炸点附近的介质首先受到剧烈冲击和压缩,被冲击和压缩的介质层的物理状态(温度、密度等)发生变化,且这种变化逐层向前传播,这就是冲击波。冲击波可在不同的介质(如空气、水、泥土、砖石、钢铁等)中传播,介质不同时,冲击波的传播情况有所不同。一般来说,容易压缩的介质,能量传递作用好,介质本身吸收的能量少,冲击波传播的距离大;不易压缩的介质,冲击波传播的过程中容易衰减,传播的距离小。

装药在空气中爆炸时,对目标的破坏作用与离爆炸中心的距离有关。当离爆炸中心的距离 $r \leqslant 10 \sim 15r_0$ 时,目标直接受到爆轰产物和空气冲击波的作用;当 $r > 10 \sim 15r_0$ 时,空气冲击波已与爆轰产物分离开,目标只受到冲击波的作用。

空气冲击波对目标的破坏作用一般可由三个特征数来度量,即:一是波阵面上的压力,以峰值超压 ΔP 表示,也可用别的参量如波阵面的速度来表示;二是正压区作用时间,又称冲击波持续时间,以 t_+ 表示;三是比冲量(压力与作用时间的乘积),又称单位面积冲量,以 i 表示。以上三个量的大小直接表示空气冲击波破坏作用的强弱。

对于装药在空气中爆炸,大量试验研究表明,TNT 球状装药在无限空气介质中爆炸,其冲击波峰值超压计算公式为

$$
\begin{cases}
\Delta p_m = 20.06\dfrac{\sqrt[3]{\omega}}{r} + 1.94\left(\dfrac{\sqrt[3]{\omega}}{r}\right)^2 - 0.04\left(\dfrac{\sqrt[3]{\omega}}{r}\right)^3 \\[2mm]
\qquad 0.05 \leqslant \dfrac{r}{\sqrt[3]{\omega}} \leqslant 0.50 \\[3mm]
\Delta p_m = 0.67\dfrac{\sqrt[3]{\omega}}{r} + 3.01\left(\dfrac{\sqrt[3]{\omega}}{r}\right)^2 + 4.31\left(\dfrac{\sqrt[3]{\omega}}{r}\right)^3 \\[2mm]
\qquad 0.5 \leqslant \dfrac{r}{\sqrt[3]{\omega}} \leqslant 70.9
\end{cases}
\tag{7-7}
$$

式中：Δp_m 为装药在无限空中爆炸时冲击波峰值超压($\mathrm{kg/cm^2}$)；ω 为 TNT 装药量(kg)；r 为距爆炸中心的距离(m)。

正压区作用时间 t_+ 是空气爆炸冲击波另一个重要特征参数，它是影响目标破坏作用大小的重要参数之一。与 Δp_m 一样，它是根据爆炸相似律通过试验方法建立的经验公式。根据爆炸相似律 $\dfrac{t_+}{\sqrt[3]{\omega}} = f\left(\dfrac{r}{\sqrt[3]{\omega}}\right)$ 可知，梯恩梯球形装药在空中爆炸时，t_+ 的计算式为

$$
\frac{t_+}{\sqrt[3]{\omega}} = 1.35 \times 10^{-3}\left(\frac{r}{\sqrt[3]{\omega}}\right)^{1/2}
\tag{7-8}
$$

式中：t_+ 为爆炸冲击波正压区作用时间(s)；ω 为 TNT 装药量(kg)；r 为距爆炸中心的距离(m)。

比冲量是由空气冲击波波阵面超压曲线 ΔP_t 与正压作用时间直接确定的，其定义为 $i_+ = \displaystyle\int_{t_a}^{t_a+t_0}[p(t) - p_a]\mathrm{d}t$；但实际计算起来非常复杂，根据试验测定的结果为 $\dfrac{i_+}{\sqrt[3]{\omega}} = A\dfrac{\sqrt[3]{\omega}}{r}$。比冲量的单位为 $\mathrm{kg \cdot s/m^2}$。TNT 炸药在无限空间爆炸时，$A \approx 20 \sim 25$。冲击波负压区的比冲量为 $i_- = i_+\left(1 - \dfrac{1}{2r}\right)$。可以看出，随着冲击波传播距离的增大，$i_-$ 逐渐地接近 i_+。

爆炸冲击波在同一介质传播时，爆炸药量越多，威力越大，则产生的冲击波越强，传播距离也越远。大量炸药或弹药爆炸时，强烈的冲击波可以引起几百米甚至几千米以外的目标破坏，甚至可以引起几百米以外存放的炸药或弹药殉爆。

地面弹药堆或弹药库爆炸以及地下弹药库爆炸在洞口方向所形成的冲击波，主要是空气冲击波。空气冲击波的破坏作用，主要是冲击波超压引起的。冲

击波超压对建筑物和人员的破坏和损伤程度如表7-1和表7-2所列。

表7-1 冲击波超压对建筑的破坏分级

破坏等级	等级名称	建筑物破坏情况	冲击波超压 $\Delta P/(kg/cm^2)$
一	基本无破坏	玻璃偶尔开裂或震落	<0.02
二	玻璃破坏	玻璃部分或全部破坏,顶棚抹灰掉落	0.02~0.12
三	轻度破坏	玻璃破坏,门窗部分破坏,砖墙出现小裂缝(5mm以内)和稍有倾斜,顶棚部分破坏,瓦屋面局部掀起	0.12~0.30
四	中等破坏	门窗大部分破坏,砖墙有较大裂缝(5~50mm)和倾斜(10~100mm),钢筋混凝土屋盖裂缝,瓦屋石掀起,大部分破坏	0.30~0.50
五	严重破坏	门窗摧毁,砖墙严重开裂(50mm以上),倾斜很大,甚至部分倒塌,筋混凝土屋盖严重开裂,瓦屋面塌下	0.50~0.76
六	倒塌	砖墙倒塌,混凝土屋盖塌下	>0.76

表7-2 冲击波超压对暴露人员的损伤程度

损伤等级	损伤程度	冲击波超压 $\Delta P/(kg/cm^2)$
轻微	轻度挫伤	0.2~0.3
中等	听觉器官损伤,中等挫伤骨折等	0.3~0.5
严重	内脏严重挫伤,可引起死亡	0.5~1.00
极严重	可大部分死亡	>1.00

弹药专用设施(特别是库房)内,弹药储存量大,储存密度高。一旦发生爆炸,其冲击波所造成的破坏将是十分严重的。

(四)飞散破片的破坏作用

由于炸药或弹药的爆炸是在瞬间完成的,要在很短的时间内释放出大量的能量,形成高温高压气体并迅速急剧膨胀,从而对周围介质做功使介质产生压缩和破坏,并赋予破片以很高的抛掷动能向四周飞散。当破片击中人员或建筑等目标时,将对目标构成强烈的杀伤破坏作用。

爆炸所形成的飞散碎片包括弹药部件的破片,被摧毁的建筑物构件的破片,以及被抛出的岩石碎块等。破片的质量、速度、飞散方向和分布密度等,受爆炸药量、现场地形地物等多种因素的影响,具有很大的随机性。

1. 破片的杀伤作用

飞散破片对周围人员、装备、建筑要产生撞击(压力达上万兆帕以上)和击穿作用,从而引起人员伤亡、装备和建筑物(包括电气线路)的结构破坏,这些作用统称为杀伤作用。破片在飞行中的存速 V 计算公式为

$$V = V_p \cdot \mathrm{e}^{-\frac{C_D \bar{S} \rho}{2m_p} R} \qquad\qquad (7-9)$$

$$V_p = \sqrt{2E} \sqrt{\frac{m_\omega}{m_s + 0.5 m_\omega}} \qquad\qquad (7-10)$$

$$\bar{S} = K \cdot m_p^{2/3} \qquad\qquad (7-11)$$

式中：V_p 为破片的初速，可以采用 Gurney 方程计算；m_ω、m_s 为分别为炸药与弹壳金属的质量；$\sqrt{2E}$ 为取决于炸药性能的 Gurney 常数，对于 TNT 炸药，$\sqrt{2E} = 2439(\mathrm{m/s})$；$C_D$ 为破片阻力系数，取决于破片的形状及速度；ρ 为空气密度；m_p 为破片的质量；R 为破片的飞行距离；$\bar{S}$ 为破片的平均迎风面积，它与破片的质量和形状有关；K 为破片的形状系数。

2. 破片的纵火作用

由于破片自身的高温（300℃左右）及其穿过物体过程的摩擦生热，被破片击中的易燃易爆物质有可能发生燃烧。例如，当破片击穿油箱后，由于破片在燃料中运动速度较大、自身温度较高，使油料温度增高至燃点以上，油料从油箱击穿孔流出，遇到空气时而着火，甚至发生爆炸。

破片的引燃作用取决于破片的比冲量 i 和外界供氧能力（如海拔高度）。破片的比冲量 i 为

$$i = \frac{m_s \cdot V_s}{\bar{S}} = 2 \times 10^{-2} \cdot m_s^{1/3} \cdot V_s (\mathrm{N} \cdot \mathrm{s/m^2}) \qquad\qquad (7-12)$$

根据实验拟合结果，当 $i \leqslant 15.70(\mathrm{N} \cdot \mathrm{s/m^2})$ 时，引燃概率 P_{yr} 为 0；否则，引燃概率 P_{yr} 为（只考虑地面情况）

$$P_{yr} = 1 + 1.083 \cdot \mathrm{e}^{-4.271 \times 10^{-2} \cdot i} - 1.96 \cdot \mathrm{e}^{-1.488 \times 10^{-2} \cdot i} \qquad\qquad (7-13)$$

3. 破片的引爆作用

破片引爆弹药的机理是：破片高速撞击弹药后，在药柱（或通过弹壳）内产生冲击波，在强冲击波通过炸药装药时，波阵面处的炸药的密度、温度和压力急剧上升，在炸药装药内部形成不均匀的分布应力，在某些点可能出现"峰值"，促使炸药局部加热产生"热点"；当"热点"温度大于炸药分解温度时，就有可能引爆。单位时间内在炸药内部形成的"热点"数越多，引爆的概率越大。

影响破片引爆的因素有被引爆炸药的参数、破片参数和撞击条件，包括被引爆炸药是否带壳体及壳体的材料、厚度、炸药的密度和冲击感度等，以及破片材料、形状、质量和速度等，还包括破片撞击的角度和面积等。

以上几种破坏作用中，大型洞库爆炸地震波破坏作用很大；爆炸生成物的破

坏在防殉爆设计时考虑它的影响；大部分爆炸飞散破片的破坏作用距离小于爆炸冲击波的破坏作用距离。因此，弹药专用建筑设施的防爆措施，主要是防爆炸冲击波的破坏作用。有关安全规定中对弹药专用建筑设施提出了具体的防爆要求和防爆控制措施。

第二节 弹药勤务防爆安全技术

在弹药储存、运输、检测、化验试验、修理处理和使用过程中，作业人员直接对弹药实施操作，弹药受到冲击、振动等不同环境因素的影响。在勤务作业过程中，弹药作业人员必须从各个方面采取安全措施，防止弹药发生意外爆炸，避免造成不应有的伤亡和损失。

一、弹药勤务安全

弹药勤务安全防护技术措施项目很多，主要从以下几个方面进行防护。

1. 防止冲击和摩擦

历史上因强烈撞击或摩擦而引起火炸药燃烧爆炸的事故是不少的。例如，××年×月，某厂在生产双基火药的过程中，用压药机压制药料，某工人发现辊筒一端的药料被挤成了"疙瘩"，便随手拿了一根铁条去捅疙瘩，由于黑色金属碰撞产生火花，药料"轰"地一声起火，不仅烧掉310kg药料，而且使多人伤亡。又如，××年×月，某厂在生产单基火药的过程中，有人推着运料小车从一袋单基火药上碾过，火药受到强烈摩擦而起火，烧毁了超过40t产品和整个混药工房，还造成多人伤亡。再如，××年×月，某生产梯恩梯的工厂在安装清洗后的干燥器时，用螺钉连接干燥器盖上的接管法兰，在用扳手拧紧螺钉的过程中发生爆炸，螺钉冲出，将工人的手指打断造成重伤，分析原因是螺钉孔内的炸药受到强烈摩擦和挤压而爆炸。由此可见，在处理火炸药时必须做到轻拿轻放和遵守有关的操作规程，不得对火炸药施加猛烈的冲击和摩擦。同时，在有火炸药的场所，应尽量避免各种冲击摩擦造成火花。例如，工房门窗上的枢纽和插销等要一半铁制，另一半铜制；工房地面要做成不发火沥青地面；直接与炸药接触的工具，如铲子、容器、锤子都不能用铁制，而应是铝制、木制等；一切进入炸药工房的人员，都不得穿带钉子的鞋；炸药工房内的机器凡转动摩擦部件都应一个是黑色金属的，另一个是有色金属的，等。此外，炸药工房应尽可能密闭，避免刮风将沙土吹入炸药中，提高炸药的冲击摩擦感度。

2. 避免明火和高温表面

火炸药工厂和库房必须严禁烟火，历史上多次火炸药燃烧爆炸事故都是由于偷偷吸烟造成的。例如，××年×月，某厂单基火药车间工人违反禁烟制度，晚上偷偷在泵房吸烟，引燃了地上的硝化棉粉尘，引起火灾。此外，火炸药工房在平面布置上应远离锅炉房、锻造和铸造等散发明火的车间。如因检修必须在火炸药工房烧焊时，必须将火炸药及易燃物清理干净，并经有关部门批准检查后才能进行。从火炸药工房拆出来的废管线，必须经过清理，不得将未清理的废药管随意乱丢。某厂从废铁场拣回一段旧铁管准备割断利用，在烧割的过程中管内残药发生爆炸，将焊工炸成重伤。

高温表面是指能够引起炸药自燃或分解的设备表面，如加热器、蒸汽管道表面等。因此，火炸药工房内的冬季采暖，最好使用热风采暖。如果使用散热器采暖，要用热水而不要用蒸汽作为加热介质，散热器表面温度不应超过80℃，而且表面应光滑，以便于清洗落在上面的药尘。危险工房的蒸汽管道，必须包裹绝热材料，管外光滑便于清洗，表面温度不应超过50℃，以免火炸药粉尘落在上面引起燃烧或爆炸。

3. 防止易燃物或火炸药自燃

生产中使用的各种油类、破布、油棉纱等易燃品，必须妥善收集保管，不得随意堆积在工房内，更不得放在暖气片上，以免自燃而发生危险。废炸药或生产中排出的温度尚高的炸药，不应堆积起来存放，以免积热不散引起炸药自燃和爆炸。例如，某厂用热混法生产硝铵炸药，在打扫卫生时，将粘在轮碾机辗盘上的残药铲起放于木桶中，由于药温较高，木桶散热不良，于3h后引起了炸药自燃，形成了火灾。

4. 防止电气设备产生电火花

电气设备在运行中不可避免地要产生电弧、电火花和设备的局部过热现象，这是容易引起火炸药发生燃烧爆炸的祸源。为了避免这类事故发生，炸药工房及凡有爆炸性药尘、可燃气体的工房，电气设备均应是防爆型的。防爆式电器的结构是基于密封、隔爆、气封、油浸等原理制成的。防爆型电器较贵，所以在某些情况下也可将非防爆电动机安装在危险工房外面，中间以传动轴相连接。危险工房的照明装置应根据药尘的性质和产生情况采用室外透光灯、斜照灯或室内防爆灯具。电话、电铃、指示灯等能产生火花的低压电气设备，都不能安装在有爆炸危险的工房中。引入危险工房的供电线路，要采用铠装电缆或将导线敷设在密闭的铁管内，并在工房进口处单独接地，以避免电线漏电出现电火花引起火炸药的燃烧爆炸。历史上曾多次发生过电火花引起火炸药燃爆的事故。

5. 避免静电放电发生火花

静电是绝缘物质相互摩擦时产生的电荷。火炸药大多是绝缘物质，在生产加工过程中不可避免地要受到摩擦，因而会产生静电，并会积蓄到高电压而发生静电放电火花,这也是引起火炸药发生意外燃烧爆炸的祸源。因此,必须采取有效措施消除静电危害,例如接地、增湿、消电等。

6. 避雷

为了防止雷电对火炸药生产安全的威胁,无论该地区的雷电期长短,凡是有火灾爆炸危险的工房和库房,都必须设置避雷装置,如预防直接雷击的避雷针和预防间接雷击的接地装置等。这里仅举一个例子来说明避雷的重要。××年×月,某厂胶质炸药车间硝化棉干燥工房上空打雷时,引起工房内714kg硝化棉燃烧,将工房及工房内的设备全部烧毁。事后分析,原来该工房是铁皮屋顶,屋顶上有6个金属排风筒,工房是铅板地面,但金属屋顶,排风筒和铅地板均没有接地。这就是遭受雷击的原因。正确的避雷措施应该是:为了避免直接雷击,工房外应设置两支避雷针;为了避免间接雷击,金属屋顶周围应每隔15~20m设引下线并接地,排风筒及铅地板也应有良好的接地装置。

7. 预防机械和设备故障

在生产作业进行的过程中,有时会发生机械和设备故障,出现这种情况时,在瞬间就有很大可能要发生事故。为此,在有些机械设备上安装紧急停车装置,并有手动和自动两套开关。当判断认为不正常的时候,能及时地停车,避免事故发生。类似的安全技术措施还有采用连锁装置、自动控制系统、安全报警装置等以保证安全。平时检修和维护好设备,使其处于良好工作状态也很重要。

8. 采取隔火隔爆或泄压泄爆等措施以避免爆炸事故的扩大

将在建筑结构上将容易发生爆炸的工序设置在抗爆小室内,以防止其发生爆炸事故时影响整个生产线;某些可能发生较大爆炸事故的工房设置轻型泄压窗和轻型泄压屋盖,以减轻事故损失。

9. 保持安全距离

有爆炸危险的工房或库房之间及与其他建筑物之间要有适当的安全距离,以防止一个建筑物内发生爆炸事故引起邻近建筑物内炸药的殉爆,保护建筑物不遭受太严重的损失。

10. 采用适当的灭火设备

采用适当的灭火设备,特别是设置快速自动雨淋管网灭火系统。这样在一旦发生火炸药起火燃烧时,能够迅速地自动地进行人工降雨,扑灭火焰,抑制由燃烧转变为爆炸。

11. 采用正确的个人防护用品

例如,为某些生产场所的工人选用导静电工作服和导静电胶鞋,以消除人体静电引起火炸药爆炸的因素等。

二、弹药勤务防爆

野战弹药库所等专用设施内,由于存药量大,爆炸威力大,破坏作用也大,要靠库房建筑物结构本身来抗爆是难以做到的。因此,弹药专用建筑设施的防爆,主要是防止或减少弹药专用建筑设施内弹药一旦爆炸时,对外部人员和建筑设施的破坏作用。通常采用的防爆技术措施包括以下几个方面。

(一)控制弹药与爆炸品的数量

弹药专用建筑设施内存放的弹药与爆炸品的数量越多,药量越大,爆炸威力越大,破坏作用也大。为了控制爆炸的破坏作用,避免一次爆炸造成弹药与爆炸品的大量损失,减小设防最小允许距离,以及有效地利用场地,对弹药库房、检修工房等弹药专用建筑设施内的最大存药量应加以控制。

弹药修理、拆卸工房和销毁现场的弹药与爆炸品的数量,应根据有关规定严格控制。弹药修理过程中,一般搬运到工房内的待修弹药的数量以 1~2 天修理工作量为宜。各工序上的弹药或元件,应按流水作业要求及时流转,工序上不应堆积或长时间停置过多的弹药或元件,已修复的弹药应及时验收入库,尽量减少工房内的弹药存放量。

(二)保证必要的最小允许距离

新建、扩建、改建弹药专用建筑设施时,应根据建筑物的危险等级和设计存药量核算最小允许距离,保证危险建筑物之间、危险建筑物与外部设施之间的距离符合最小允许距离的有关规定。当受地形条件限制,危险建筑物之间及危险建筑与外部设施之间的距离,不能满足设防最小允许距离要求时,可采取减少危险建筑物的存药量(库容量)、调整危险品的种类、修建人工防护屏障、甚至迁移危险建筑物或其他设施等方法,以保证最小允许距离的要求。

(三)设置必要的防护屏障

防护屏障是指能起到防护作用的天然障碍物(如山体、沟坡等)或人工构筑物(如夯土防护墙、防护土围(堤)、钢筋混凝土防护挡墙等)。防护屏障的防护作用主要有两个方面。一方面,当危险建筑物内爆炸品发生爆炸时,由于防护屏障的阻隔作用,使爆炸冲击波受到有效的衰减,爆炸抛出的高速低角度破片受到阻挡,尽管爆炸可能使防护屏障遭到破坏,却对周围相邻的其他建筑物起到了有效的保护作用。另一方面,可以防止外部爆炸冲击波、飞石或破片对危险建筑物本身的破坏或殉爆。

(四)合理确定危险建筑物的结构

对于有燃烧爆炸危险的建筑物在建筑结构上应从以下三个方面考虑防爆措施。

1. 减少起火爆炸的可能性

例如，采用不发火地面，设置特殊的门窗，并避免门窗小五金碰击摩擦发生火花；室内墙面和顶板要刷与物料颜色有区别的油漆，墙角要抹成圆弧形，天棚要做成没有梁等外凸物的平面，以避免集聚粉尘和便于冲洗；向阳的门窗玻璃要涂白漆或采用毛玻璃，以避免阳光直射或由于玻璃内小气泡使太阳光聚焦而点燃易燃易爆物质；在有风砂的地区，门窗应有密闭设施，以免风沙吹入产品中增加其摩擦感度；一些有特殊危险的工序应设在抗爆小室内进行作业，一切有可能产生火花的设备用室（如通风机室、配电室等）均应与危险性生产间隔离，并设置单独的出入口，以免互相影响等等。

2. 减小火灾爆炸事故破坏作用的影响范围

例如，有火灾危险的工房，要根据生产的危险性类别和耐火等级的要求采取相应的防火措施。生产爆炸危险品的 A、B、C、D 级工房应不低于火灾危险同类生产、耐火等级二级的各项要求。由于爆炸事故产生的冲击波对建筑物具有猛烈的冲击作用，会造成严重的破坏，所以为了在发生事故后能够很快恢复生产，防爆建筑物要求有足够高的结构强度和足够大的泄压轻型面。至于泄压轻型面的面积究竟多大才合适？这与本工房内处理的危险品数量、爆炸威力等有关，要通过计算确定。对于有可燃气体、易燃液体蒸气或燃爆性粉尘、纤维的工房，其泄压面积根据爆炸压力确定。一般是通过模拟试验求出泄压系数（泄压面积与工房容积的比值）K 与爆炸时墙壁所受的压力 P 的关系，画出曲线，供设计时选用。

此外，防爆建筑物都应是一、二级耐火建筑物。多层防爆建筑物应采用整体式或装配式钢筋混凝土结构或钢结构；单层防爆建筑可采用铰接装配式钢筋混凝土结构或钢结构。由于施工要求，墙身较厚或建筑面积在 $100m^2$ 以下的小型防爆建筑，也可采用砖墙承重的混合结构。

3. 减小爆炸时对人员的伤害和对附近建筑的影响

例如，从弹药场所总平面布置上将危险建筑物与非危险部分尽可能分开或隔离，对特殊危险的抗爆小室要设置抗爆墙、抗爆装甲门以及相应的抗爆小院；要设置足够的安全疏散出口（包括门、安全窗、安全梯等），使人员在发生事故时能很快地疏散或就近离开危险地点。安全疏散出口不得少于两个。

具体的建筑设施可分别采取以下措施：

（1）地面危险建筑物应采用单层建筑，并可采用砖墙承重结构，不得采用独立砖柱及空斗砖墙。炸药、黑药、弹药、烟火药、起爆药、火工品和引信库房宜采用钢筋混凝土屋盖；发射药库房应采用轻质泄压屋盖。

（2）各危险库房建筑面积超过 $220m^2$ 时，安全出口（库门口）不宜少于两个,库房的门应向外开,门洞宽度不宜小于 1.5m,不应设置门槛,且不应采用吊门、侧拉门或弹簧门。

　.(3) 弹药修理工房和拆卸工房的建筑结构、门窗类型、抗爆设施均应满足防爆要求。

　(4) 洞库的防爆结构,既要考虑库外爆炸(如核武器、航弹、相邻库房爆炸)对洞库的影响,又要考虑洞库内弹药等爆炸品爆炸对外部的影响。另外,洞库一般容量较大,因而爆炸威力很大,洞库爆炸时,相当于条形药包大空腔敞口爆破,爆破效应(冲击波、飞散物)在洞口方向比较集中,因此洞口防爆又是洞库防爆的重要部位。洞库的防爆结构,主要是保证覆盖岩层的厚度、引洞的长度和走向、防护门的结构性能等能满足洞库防护的要求。洞库主洞的覆盖岩层(自然防护层)厚度不应小于 20m,否则应按有关规定进行加强被复;洞库的平面形状应力求简单;一般采用一字型、人字型或马蹄型;引洞长度一般不应小于 20m;在地形条件允许的情况下,引洞最好有弯度,以第一道防护门看不见第二道防护门为宜;每个洞口应设两道外开式防护门,以采用拱形钢筋混凝土门为宜,第一道防护门的位置应尽量使作用于门上的超压不因门所在位置而增加过多,直通式或穿廊式洞口的防护门与洞口的距离应满足

$$E \leqslant L < 4D \qquad (7-14)$$

$$D = \sqrt{4S/\pi} \qquad (7-15)$$

式中: L 为防护门前引洞长度; D 为引洞横断面面积 S 的等效圆直径; E 为防护门门扇宽加 20cm。

　第二道防护门的位置应在引洞防护层厚度不小于 20m 处,且不影响设置密闭门。

第三节　野战弹药防爆安全距离计算

　在现代战争中,野战弹药的生存环境十分恶劣。避免弹药因为殉爆造成巨大损失是我军装备保障工作中亟待解决的重要问题。合理的野战弹药防殉爆安全距离计算方法能使部队快速准确地确定野战弹药堆垛之间的距离,对提高我军野战条件下的弹药综合保障能力具有重要意义。

一、殉爆与安全距离

(一) 殉爆
　殉爆是指一种装药(主发装药)爆炸能引起与其相距一定距离处的其他装

药（被发装药）爆炸的现象。野战弹药防殉爆安全距离是相邻弹药堆垛之间的最小允许距离，即弹药堆垛之间不传递爆炸的两堆弹药相邻两侧轴线之间最小距离。

先发生爆炸的炸药 A 称为主爆药，引起殉爆的炸药 B 称为从爆药。能引起从爆药百分之百殉爆的两炸药之间的最大距离 L 称为殉爆距离；而百分之百不能引起从爆药殉爆的两炸药之间的最小距离 R 称为最小不殉爆距离，或称殉爆安全距离。殉爆安全距离大于殉爆距离。

炸药的殉爆一般要经历"燃烧—加速燃烧—爆炸"的反应过程。当从爆药受到主爆药爆炸传来的能量作用时，其表面温度升高，局部发生分解，分解热引起高速化学反应，炸药开始燃烧；燃烧放出的热量进一步提高其温度，使其燃速加快，并沿着炸药孔隙进入内部。此外，在冲击波的作用下，孔隙内的空气受到绝热压缩，形成热点，急剧的化学反应从热点开始，形成燃烧和加速燃烧。这两种情况最后都导致整个炸药的爆炸。

1. 殉爆原因

主爆药爆炸后，其爆炸能量通过介质传递给从爆药。由于下列原因，可能引起从爆药的殉爆。

（1）主爆药的爆轰产物直接冲击从爆药。

当两炸药间的距离较近，其间的介质为空气时，从爆药在炽热爆轰气团和冲击波作用下达到起爆条件，于是发生殉爆。

（2）冲击波冲击从爆药。

在两炸药相距较远，或其间的介质密度较大，如被弹壳、包装物相隔等，这时从爆药主要受到主爆药爆炸冲击波的作用。若作用在从爆药上的冲击波速大于或等于从爆药的临界爆速时，就可能引起殉爆。

（3）固体破片冲击从爆药。

主爆药爆炸时，抛掷出的固体破片（如炮弹弹片或包装材料破片等）冲击从爆药，激起高速化学反应，从而引起它的殉爆。

在实际情况下，也可能是以上两种或三种因素的综合作用才引起炸药的殉爆。

2. 殉爆的影响因素

影响炸药殉爆的因素主要有以下几点：

（1）主爆药的爆炸能量越大，引起殉爆的能力越大。

主爆药的爆炸能量与药量、爆炸威力、密度等有关，高威力、大药量炸药的爆炸，其殉爆距离较远。为了尽量减小殉爆危险，加工或储存爆炸物的建筑物需规定存药量，任何人都要遵守有关工房、库房的定员和定量的规定。

（2）从爆药敏感度越高，其殉爆的可能性越大。

凡是影响从爆药爆轰感度的因素（密度、装药结构、粒度大小、化学性质等），都影响殉爆距离。

（3）两炸药间介质的种类不同，其殉爆情况也不同。

苦味酸炸药殉爆距离随介质不同而变化的情况如表7－3所列。

表7－3 苦味酸的殉爆距离与介质的关系

两炸药间的介质	空气	水	黏土	钢	砂
殉爆距离/cm	28	4.0	2.5	1.5	1.2

介质的影响主要是密度的影响，密度大的介质对冲击波传播的阻力大，使波阵面压力和速度下降很快，所以水、钢等介质比空气影响大，使殉爆距离减小很多。

（4）两炸药间连接方式不同，其殉爆情况也不同。

当两炸药间用管子连接时，爆轰产物和冲击波能集中地沿管子传播，增大了起爆能力，殉爆距离也就增加很多。以苦味酸炸药的试验为例就可以说明这一点。试验数据如表7－4所列。

表7－4 炸药连接方式与殉爆距离的关系

试验条件	无管道	内径22mm、壁厚1mm的纸管	内径32mm、壁厚5mm的钢管
5.0%殉爆距离/cm	19	59	125

从表7－4数据可以看出：即使采用壁厚仅1mm、强度很低的纸管，其殉爆距离也比无管道的裸露时大2倍；当管道为5mm厚的钢管时，殉爆距离增大到6倍多。可见管道的作用非常显著。炸药在制造和加工过程中常采用管道输送，为避免引起殉爆，应设置隔火隔爆装置。

（5）主爆药的引爆方向不同，对殉爆距离也有影响。

这主要是由于引爆方向不同时，其冲击波在各个方向上的分布不均匀造成的。圆柱形药柱从一端中心引爆和从斜对角线上引爆时，相应的殉爆距离测定数据如表7－5所列。

表7－5 正起爆时各个方向上的殉爆距离

序号	角度/(°)	殉爆距离/mm	序号	角度/(°)	殉爆距离/mm
1	0	180	11	117	60
2	5	175	12	123	50
3	20	115	17	135	40

（续）

序号	角度/(°)	殉爆距离/mm	序号	角度/(°)	殉爆距离/mm
4	35	80	14	148	60
5	45	50	15	157	80
6	56	70	16	170	100
7	67	100	17	180	105
8	75	110	18	135	40
9	90	120	19	99	80
10	115	80	20	45	60

由此可见，在设置野战库房时，应避免两个弹药库房长面相对，尽量减少殉爆危险性。

（二）安全距离

弹药及其专用场所具有易燃易爆危险性，其储存地点与周围目标设施要有一定的安全距离。安全距离的问题很重要。因为炸药这种含有巨大潜能的物质，如果使用得当，可以在军事上或工农业建设上发挥有益的作用，但是如果安全距离选得不当，或者在制造、加工、运输、储存过程中不注意安全，就可能发生爆炸事故，给作战和人身安全带来巨大损失；而且一旦发生燃烧爆炸事故，就会因为发生爆炸事故的场所与周围建筑物之间没有适当的安全距离，而造成整体覆没的严重后果。例如，××年×月，某厂硝铵炸药生产线装药包装工房起火，由于工房、设备和管道中存药过多，燃烧转化为爆炸，炸死炸伤多人，2800m² 的工房全部炸毁，邻近超过 2900m² 的其他工房部分被炸毁。如果工房之间留有适当安全距离，事故损失就不会如此严重。由于爆炸事故的严重危害多，人们对它给予了充分的关注，国内外都制定了有关安全规范，明确规定了危险建筑物之间，危险建筑物到住宅区、铁路、公路、其他工厂企业、村庄等地方的安全距离。

所谓安全距离，是指当炸药或其制品发生爆炸事故时，由爆炸中心到能保护人身安全和对建筑物的破坏被限制在允许限度内的最小距离，因而安全距离又称最小允许距离。

这样定义的安全距离实际包括防冲击波安全距离、防殉爆安全距离、防地震波安全距离和其他安全距离等。

安全距离是弹药防爆及防止爆炸灾害扩大、减轻事故损失的重要措施之一，是野战弹药库房等设施在设计、建造、改建、扩建时必须考虑的问题。将小于安全距离的地带称为危险地带，但大于安全距离的地带也并不是绝对安全的，它只是能够保证建筑物被破坏的程度不超过规定所允许的限度。

1. 防爆炸地震波安全距离

目前还没有找到普遍适用的准确的安全距离计算公式,但工程上一般采用下式进行较粗略的计算,即

$$R = aK^3 \sqrt{W} \qquad (7-16)$$

式中:R 为防护爆炸地震波的安全距离(m);W 为爆炸的药量(kg,以 TNT 当量计);K 为安全系数,其值由实验确定;a 为地质条件影响系数。一般情况下,爆炸地震波对地面建筑物的安全系数为:三级轻度破坏 $K \geqslant 3 \sim 4$;四级中等破坏 $K = 2 \sim 3$;五级严重破坏 $K = 1 \sim 2$;a 为地质条件影响系数,一般取:砂、砂质黏土 $a = 1.0$;碎石胶黏土 $a = 0.8$;各种岩石 $a = 0.35 \sim 0.50$。

国内外越来越多的人主张,爆炸振动对建筑物的安全影响应用地面振动速度来判断。爆炸引起的地面振动速度 v 可按下式进行计算:

$$v = K \left(\frac{\sqrt[3]{W}}{R} \right)^a \qquad (7-17)$$

由此可得到防护地震波安全距离公式为

$$R = a \sqrt{\frac{K}{v_0}} \cdot \sqrt[3]{W} \qquad (7-18)$$

式中:R 为从爆炸中心到被保护建筑物的安全距离(m);W 为爆炸的药量(kg,以 TNT 当量计);K 为安全系数,与地质条件有关(若爆炸地震波传播的介质为土壤,$K = 200$;若介质为岩石,$K = 30 \sim 70$);v_0 为建筑物遭到破坏的临界震速,一般取 $v_0 = 12 \text{cm/s}$(实验证明,$v_0 \leqslant 5 \text{cm/s}$ 时,可以保证建筑物安全;$v_0 = 12 \text{cm/s}$ 时,房屋墙壁抹灰有开裂、掉落;$v_0 > 12 \text{cm/s}$ 时,对建筑物有破坏危险;a 为爆炸地震波衰减指数,与距离有关(近距离时 $a = 2.0$,远距离时 $a = 1.0$,中距离时 $a = 1.50$)。

2. 防飞散物安全距离

大量炸药爆炸时,个别固体(碎砖石瓦块,设备部件等)将被抛掷出去,有的会飞散很远,它们对附近建筑物和行人安全有一定威胁。防护固体飞散物的安全距离没有准确的计算方法,这里介绍的仅是适用于工程爆破中防护飞石的安全距离计算公式,比较粗略,即

$$R = K200n^2h \qquad (7-19)$$

式中:R 为防护飞石的安全距离(m);K 为随介质性质及被保护物而定的系数,其值如表 7-6 所列;n 为爆破作用指数,是爆破作用漏斗的口圆半径 r 与最小抵抗线 h 之比,即 $n = r/h$;h 为最大药包的最小抵抗线(m),即药包埋入深度。

表7-6　防飞散物安全距离系数

被保护物＼介质	岩石	土壤
建筑物、机械设备	3.0	0.5
人员、牲畜	1.5	1.0

3. 防冲击波安全距离

由于爆炸破坏诸因素中冲击波的破坏作用最显著,作用距离最远,故在下一小节主要讨论防护冲击波的安全距离问题。

(三) 危险场所分级

如前所述,影响安全距离的因素很多。从发生事故的建筑物考虑,非常重要的一点就是该设施的爆炸危险等级。

制造和加工爆炸危险品的工房、库房或其他弹药专用建筑设施,由于其中生产或储存的物品有燃烧或爆炸危险,而使该建筑物也具有一定的危险性,所以可按其危险程度——事故发生的可能性和事故后的破坏能力大小,将该建筑物划分成若干个危险等级,以便分类确定建筑物的设防标准和到其他建筑物的安全距离。

危险作业工房和储存危险品的库房,按其发生意外事故的难易和发生事故时对邻近建筑物的破坏程度,分为A、B、C、D等4个大类和A_1、A_2、A_3、B、C_1、C_2、D等7个等级。

1. 爆炸危险类(A_1、A_2、A_3级)

A级建筑物的特点是其中生产或储存的物料具有爆炸性,而生产工艺或设施又无法把爆炸事故的破坏作用限制在局部范围内。这类建筑物中一旦发生爆炸事故,可能遭到严重破坏或完全摧毁,并对周围建筑物也能产生较大破坏能力。为了减少这类建筑物在发生事故时对周围建筑物的破坏,在A级建筑物外面应修筑防护土围。A级建筑物到其他建筑物的距离与其中存在的危险品药量有关,药量越多,距离越远。

对A级建筑物,根据其中生产或储存的危险品的爆炸性能又分为A_1、A_2、A_3三个级别。A_2级是指制造、加工或储存梯恩梯及相当于梯恩梯爆炸威力的炸药的工房或库房;A_1级是其中有威力高于梯恩梯(如黑索金等)的炸药的工房或库房;A_3级是其中有威力低于梯恩梯(如黑火药等)的炸药的工房或库房。例如,导爆索生产中的黑索金或泰安准备工房为A_1级工房;硝铵炸药生产中的梯恩梯粉碎、轮碾机热混等工房为A_2级工房;导火索生产的黑火药粉准备工房为A_3级工房。

2. 次爆炸危险类（B 级）

B 级建筑物内生产、加工或储存的仍是有爆炸性的危险品，但由于某些特定条件而降低了其发生事故的可能性，或减轻了发生事故时的破坏能力。这些特定条件包括：

（1）危险性作业是在抗爆小室内或装甲防护下进行的。例如，雷管制造中的引火药配制、引火药头制造、炸药准备、雷管装配、包装等危险性作业即如此。它们一旦发生爆炸事故，破坏作用仅限制在抗爆小室或防护装甲之内。

（2）危险品处于不利于爆炸的介质中。例如，制造二硝基重氮酚、雷汞等起爆药时，将产品暂存于水中，使其爆炸危险性大大降低。

（3）危险品已装入金属或非金属壳体中，仅进行外表修饰等加工。例如，对已装了炸药的炮弹弹丸进行涂漆加工；对已卷制好的导爆索、导火索进行外观检验和盘索等。这些虽属危险作业，但发生爆炸事故的几率已大大减小。

（4）危险品数量较少，即使发生爆炸事故，其破坏能力也较小。例如，雷汞、二硝基重氮酚等起爆药制造及真空干燥等工房均属此类。

3. 火灾危险类（C_1、C_2 级）

C 级建筑物的特点是其中生产或储存的产品能自燃或能强烈地燃烧，造成火灾，在某些情况下甚至可由燃烧转变成爆炸。其中：能发生由燃烧转化成爆炸的划为 C_1 级；只发生燃烧事故的划为 C_2 级。

4. 起火危险类（D 级）

D 级建筑物的特点是其中的危险品一旦起火，虽能强烈燃烧，但燃烧的激烈程度比之 C 级要轻得多，一般说来燃烧只是局部的，如果扑救及时，不致造成火灾，对周围建筑物的威胁比 C 级要小。例如，硝铵炸药制造的硝酸铵粉碎、干燥、筛选，黑火药制造的硫碳二成分混合、硝酸钾干燥、粉碎等均属 D 级工房。

二、防爆安全距离计算

由于现代战场具有立体透明、快速机动、大空间、大纵深的特点，精确制导武器具有准确、高效的打击能力，对野战弹药的生存构成严重威胁，一垛弹药被击中往往会殉爆其他弹药堆垛。合理的野战弹药防殉爆安全距离对决定弹药的安全布局极为重要，其中：距离过小，弹药容易因为殉爆而遭受重大损失；距离过大，增加了库区的面积，不利于警戒、作业，而且目标过大，降低了抗侦察能力。所以合理的野战弹药防殉爆安全距离可以显著提高现代战争条件下野战弹药的生存能力和保障能力。

（一）安全距离计算公式推导

计算冲击波对建筑物的安全距离的公式，主要是根据大量地面爆炸试验所得的数据,参考历史上爆炸事故所造成的破坏作用,经数学处理后而得到的。这里将推导过程进行简要介绍。

根据 $300 \sim 4000\text{kg}$ 梯恩梯爆炸试验数据的处理分析,可以将冲击波安全距离与爆炸药量之间的关系表示为

$$R = KW^a \tag{7-20}$$

式中:R 为被保护建筑物在规定的安全设防标准下到爆炸中心的安全距离(m);W 为爆炸的炸药量(kg,以梯恩梯当量计);K、a 为由试验确定的系数和指数。

为了求得待定系数 K 和待定指数 a,可将上面公式两边取对数,即

$$\ln R = \ln K + a\ln W \tag{7-21}$$

令 $\ln k = b$,则

$$\ln R = b + a\ln W$$

当建筑物的破坏等级一定时,对于不同的梯恩梯药量 $W_1, W_2, W_3, \cdots, W_j, \cdots$,对应的距离分别为 $R_1, R_2, R_3, \cdots, R_i, \cdots$,则有

$$\ln R_i = b + a\ln W_i \tag{7-22}$$

$$\phi = \sum_{i=1}^{n} \left[\ln R_i - (b + a\ln W_i) \right]^2 \tag{7-23}$$

式中:$i = 1, 2, 3, \cdots, n$(n 为实测数据的个数)。

应用最小二乘法,如果 a、b 能够满足上式的偏差平方和的极小值,则 a、b 便是方程 $R = KW^a$ 的最优系数。

由微分学可知,使偏差平方和取得最小值的 a、b 必须满足下面方程,即

$$\begin{cases} \dfrac{\partial \phi}{\partial b} = 2 \sum_{i=1}^{n} \left[\ln R_i - (b + \ln W_i) \right] = 0 \\[2mm] \dfrac{\partial \phi}{\partial a} = 2 \sum_{i=1}^{n} \left[\ln R_i - b - a\ln W_i) \right] \ln W_i = 0 \end{cases} \tag{7-24}$$

整理上式,可以得到所谓正规方程组为

$$\begin{cases} nb + a \sum_{i=1}^{n} \ln W_i = \sum_{i=1}^{n} \ln W_i \\[2mm] b \sum_{i=1}^{n} \ln W_i + \sum_{i=1}^{n} (\ln W_i)^2 = \sum_{i=1}^{n} \ln R_i \ln W_i \end{cases} \tag{7-25}$$

对于这个正规方程组,可以将实验数据 W_i 和对应的 R_i 代入进行计算,并将

计算结果填入表 7-7 中,分别计算出 $C_1 = \sum_{i=1}^{n}\ln W_i$、$C_2 = \sum_{i=1}^{n}\ln R_i$、$C_3 = \sum_{i=1}^{n}(\ln W_i)^2$、$C_4 = \sum_{i=1}^{n}\ln R_i W_i$,从而得到联立方程组为

$$\begin{cases} nb + C_1 = C_2 \\ C_1 b + C_3 a = C_4 \end{cases} \qquad (7-26)$$

表 7-7　安全距离计算表

i	W_i	R_i	$\ln W_i$	$\ln R_i$	$(\ln W_i)^2$	$\ln R_i \ln W_i$
1 2 3 ⋮						
			C_1	C_2	C_3	C_4

解这个联立方程组,可以求得 a、b,从而也就确定了待定系数 $K = e^b$,以及待定指数 a。将它们代入 $R = KW^a$ 中,就确定了冲击波安全距离的具体公式。

现以安全设防标准为 5 级严重破坏(偏轻)为例,来求具体的安全距离公式。

从爆炸试验得知,当梯恩梯药量分别为 6.4t、10t、20t、30t 时,测得建筑物遭到 5 级严重破坏(偏轻)的距离分别为 96m、116m、155m、185m。根据这些数据进行计算,其结果如表 7-8 所列。

表 7-8　安全距离计算过程表

i	W_i/kg	R_i/m	$\ln W_i$	$\ln R_i$	$(\ln W_i)^2$	$\ln R_i \ln W_i$
1	6400	98	8.76	4.56	16.8	40.0
2	10000	116	9.21	4.76	84.9	43.8
3	20000	155	9.90	5.05	98.0	50.0
4	30000	1185	10.30	5.22	106.1	53.8
$\sum_{i=1}^{n}$			28.17	19.59	365.8	187.6

将表 7-8 所列数据代入联立方程组,得

$$\begin{cases} 4b + 28.17a = 19.59 \\ 28.17b + 365.8a = 187.6 \end{cases} \qquad (7-27)$$

解这个方程组,可得 $a = 0.417$,$b = 0.916$,则有 $K = e^b = e^{0.916} = 2.5$。

将 K 和 a 代入安全距离公式,得到允许 5 级严重破坏(偏轻)的冲击波安全

距离公式的具体形式为

$$R_5 = 2.5W^{0.5} = 2.5W^{1/2.4} \tag{7-28}$$

这个公式只适用于药量大于 6.4t 时的情况。当药量小于 6.4t 时,试验得出的允许 5 级严重破坏(偏轻)的冲击波安全距离公式为

$$R_5 = 1.2W^{0.5} = 1.2W^{1/2} \tag{7-29}$$

对于其他安全设防标准规定的允许破坏等级(2 级除外),虽然也可以按上述方法确定其安全距离公式,但为简便起见,现行安全规范中实际采用的是在 5 级严重破坏(偏轻)的冲击波安全距离公式的基础上,乘以适当的比例系数而得到的公式,如表 7-9 所列。

表 7-9 冲击波安全距离公式

建筑物允许破坏等级	冲击波安全距离公式	备注
2 级玻璃破坏	$R_2 = 25W^{1/2.8}$	
3 级轻度破坏	$R_3 = 2.0R_5$	
4 级中等破坏	$R_4 = 1.5R_5$	适用于爆炸点周围或被保护建筑物周围单方有防护土围的情况
5 级严重破坏(偏轻)	$R_5 = \begin{cases} 1.2W^{1/2} & (W \leqslant 6400\text{kg}) \\ 2.5W^{1/2.4} & (W \geqslant 6400\text{kg}) \end{cases}$	
6 级房倒屋塌	$R_6 = 0.75R_5$	

(二)现有防爆安全距离计算方法

我国对地面、地下、覆土火炸药库、弹药库也进行过大量的试验和理论研究,但没有对野战弹药的防殉爆安全距离制定标准,战场条件下布置野战弹药库群缺乏科学的依据和措施。设计野战条件下弹药防殉爆安全距离的简易计算方法,使部队布置野战弹药堆垛时做到快速、准确、安全、可靠,对提高我军野战条件下的弹药综合保障能力具有重要意义。

目前,国内外关于殉爆安全距离的计算方法主要是针对后方基地弹药仓库和工厂弹药仓库。其计算公式分为两类:平方根公式和立方根公式,即

$$R = KW^{1/2} \quad \text{或} \quad R = KW^{1/3} \tag{7-30}$$

式中:R 为殉爆安全距离(m);W 为炸药质量(TNT 当量,kg);K 为安全系数。

在各个公式中,由于计算方法的不同,K 的取值也不相同。

在国防工业出版社出版的《炸药理论》一书中,采用平方根公式,其殉爆安全系数取值见表 7-10。

表 7 - 10 一些危险性库房的 $K_殉$ 值

级别	被 A_1	被 A_2	被 B、C、D 级		备 注
			有土围	无土围	
主 A_1	0.4	0.4	0.4	0.8	"主"指主爆装药;
主 A_2	0.3	0.3	0.4	0.8	"被"指被爆装药

北京理工大学出版社出版的《火工与烟火安全技术》一书中,殉爆设防安全距离计算公式为

$$r_s = K_s m^{1/3 \sim 2/3} \qquad\qquad (7-31)$$

式中 : r_s 为殉爆设防安全距离(m); m 为主发装药量(kg); K_s 为殉爆设防安全系数,取值如表 7 - 11 所列

表 7 - 11 某些炸药的 Ks 值

主 装 药		被 发 装 药			
炸药名称	装药位置	TNT		黑索金、特屈儿	
		O	y	O	y
TNT	O	1.20	0.90	2.10	1.60
	y	0.90	0.50	1.60	1.20
黑索金 特屈儿	O	3.20	2.40	5.50	4.40
	y	2.40	1.66	4.40	3.20
注: y 为炸药埋藏深度等于本身高度,适合有防护墙的仓库;O 为露天装药,适合无防护墙小仓库,露天炸药堆					

当主发装药质量小于 1000kg 时,按 $r_s = K_s m^{2/3}$ 计算。当主发装药质量较大时(大于 1000kg),改为按 $r_s = K_s m^{1/3}$ 计算。

美军弹药库分为标准覆土弹药库、非标准覆土弹药库和地面弹药库。美国防部 1988 年颁布的《弹药与爆炸品安全标准》规定,计算库间最小允许距离时均采用立方根公式,对各种库的 K 值也有相应规定,如表 7 - 12 所列。

由于影响殉爆的因素很多,它不仅取决于炸药本身的敏感度、主爆药的威力和数量,而且与包装情况、空间间隔情况、间隔物的材料和几何形状等有关,因而殉爆安全距离通常不能精确地确定出来。国内有关单位为了寻求一个比较适用的殉爆安全距离公式,进行了大量爆炸试验,取得了一定的成果。试验炸药为散装鳞片状 TNT,密度为 0.85g/cm^3 。试验是在裸露状态下野外进行的,主爆药量由 6.4kg 逐步增加到 4000kg,从爆药量为 6.4 ~ 50kg,从中找到了 TNT 药堆之间的最小不殉爆距离为

表 7 - 12   美非标准覆土弹药库的 K 值

库的取向和屏障		库的取向和屏障			
		前面	后面	前面无屏障	前面有屏障
库的取向和屏障	侧面	1.2	1.2	3.6	3.6
	后面	1.2	1.2	3.6	3.6
	前面无屏障	3.6	3.6	4.4	3.6
	前面有屏障	3.6	3.6	3.6	3.6

注：(1) 库的取向说明：在库前的库的中心线两侧各60°画一扇形区。若两库的前面均不在彼此的扇形区内,则为侧对侧或后对后;若只有一个库的前面在另一库的扇形区内,则为侧(后)对前或前对侧(后);若两库的前均在彼此的扇形区内,则为前对前。
(2) 屏障说明：在库的前面有无屏障,屏障为土围。几何尺寸见相关标准

$$R = 0.692W^{1/3} \qquad (7-32)$$

式中：W 为主爆药的药量(kg)。

综上所述,对于弹药的防殉爆安全距离的计算是十分复杂的。由于弹药、弹药装药的种类繁多,所以计算炸药的 TNT 当量十分复杂。安全系数 K 的取值涉及弹药爆炸的形式,被保护对象的类型、结构、重要度和安全要求,以及特定的地形条件等多种因素。在后方弹药库或部队弹药库的最小允许距离的设计中,要综合考虑以上因素并结合实地情况和有关规范分门别类地设计计算。对于野战弹药,由于弹药的品种、数量和存放环境经常变化,要进行分门别类的计算是难以做到的。例如,某型号杀伤榴弹,包含弹丸装药、发射药、传火药等,仅计算TNT 当量就已经十分繁琐。所以,以上各种计算方法不适用于野战弹药的防殉爆安全距离的计算。

三、野战弹药防殉爆安全距离简易计算

由于野战弹药的安全要求只考虑防殉爆安全距离,不考虑防破坏安全距离,即保证任何一堆弹药的爆炸不至于引起相邻弹药堆垛的爆炸。不考虑野战弹药堆垛周围有防爆土围等防护屏障。野战弹药堆垛的爆炸类型按照整体起爆考虑,进而确立计算公式和安全系数,简化 TNT 当量的计算方法。

(一) 典型计算方法概述

对防殉爆安全距离的计算,美军采用的是立方根公式,国内早期沿用前苏联的平方根公式,但目前有的采用立方根公式。

美国"安全标准"提出的确定库间最小允许距离的方法考虑了整体爆炸、非整体爆炸和仓库取向等因素的影响,其依据比较全面和充分。

中国兵器工业总公司"安全规范"提出的方法是按照产品的爆炸危险性和爆炸破坏能力的大小分级,对全部弹药分级明确,采用表格的形式,根据净药量即可查出最小允许距离。整个方法简明易行,但分级的依据(爆炸危险性和爆炸破坏能力)不如按整体爆炸、非整体爆炸和仓库取向等因素分类更能深刻地反映对爆炸传递(殉爆)的影响,不能很好地适用于野战条件下弹药的储存。虽然 1.1 类弹药比 1.2 类弹药的爆炸危险性和破坏能力较大,但在小药量的条件下,若两个库的净药量相同,设为 5000 kg TNT 当量,A 库为 1.1 类弹药,B 库为 1.2 类弹药(美军的 1.1、1.2 类弹药分别基本对应于我军 A_1、A_2 类仓库存放的弹药)。由立方根公式,取 K 值分别为 3.6 和 4.4,则 d 值分别为 62 和 75,小于 B 库按 1.2 类规定的最小允许距离 92m。原因在于药量小,整体爆炸时产生的冲击波强度较小,所以在小药量情况下,1.1 类弹药的最小允许距离并不大。而 1.2 类弹药由于是非整体爆炸,则可能在较长的时间内不断抛射较大的破片、燃烧的木材和未爆炸的炮弹,使邻库发生延迟爆炸的可能性更大,因此需要较大的最小允许距离,但其抛射的距离又是有一定限度的,主要取决于弹种而并不完全随库存净药量的增大而增大。例如,库存量增大到 50000kg TNT 当量时,按上述方法 1.1 类 d 值分别为 133m 和 162m,这就反映了 1.1 类弹药由于是整体爆炸,将随库存量的增加,冲击波强度增加,要求的最小允许距离也增大。所以,采用这种计算方法计算野战弹药防殉爆安全距离比较科学。

(二) 野战弹药防殉爆安全距离简易计算公式

1. 公式类型

根据以上分析,计算野战弹药防殉爆安全距离应该使用立方根公式。

2. 安全系数

为避免由于弹药堆垛被敌人击中或其他原因造成殉爆,野战弹药堆垛不宜过大,每一垛弹药一般应在 20t 以下为好。野战弹药堆垛与表 7 - 12 中前面无屏障的情况相似,但与美军非标准覆土弹药库有区别,抗殉爆能力有所不同,而且不必区分库的取向,所以野战弹药堆垛 K 的取值可以参照表 7 - 12 中前面无屏障的 A_2 类仓库。

北京理工大学出版社出版的《火工与烟火安全技术》规定露天装药情况下 TNT 殉爆所取的 K 值为 1.2,黑索金殉爆的 K 值为 5.5,一方有防护墙时 K 值为 4.4,与美军所取的 K 值基本相同。

综合以上分析,K 值取 4.4。

3. 简化 TNT 当量计算方法

要将弹药装药换算为 TNT 当量,首先要计算出弹药中各类装药的净药量,然后将各类炸药的质量换算为 TNT 炸药质量,即 TNT 当量。其换算公式为

$$W = W_I Q_V / Q_T \qquad\qquad (7-33)$$

式中：W 为某炸药的 TNT 当量；W_I 为某炸药的质量(kg)；Q_V 为某炸药的爆热(kJ/kg)；Q_T 为 TNT 的爆热(kJ/kg)。

各种主要火炸药的爆热取值如表 7-13 所列。

表 7-13　各种主要火炸药的爆热取值

装药名称	爆热/(kJ/kg)	装药名称	爆热/(kJ/kg)
TNT	4222	枪用硝化棉	3198
黑索金	5421	大粒黑药	2975
黑梯 50/50	4932	小粒黑药	3003
黑梯 60/40	5016	3/1 樟	3762
苦味酸	4305	8/7,9/7	3678
梯萘 80	3242	4/1,5/1,4/7,7/14	3699
梯黑铝	5463	12/7,14/7,15/7	3595
黑铝	6437	18/1,22/1	3553
特屈儿	4545	双带,双环,双片	4891
泰安	5977	双芳-2	2968
奥克托金	5629	双芳-3	3198
二硝基萘	2979	双石-2	3595
钝化黑索金	5083	双铅-2	3553
钝黑铝	6437	双芳镁-2	3469
塑-4	5858	双地-1(171)	5522
梯萘 50	3179	双粒枪药	3678
铵 80	4055	双球枪药	4556

由于每种弹药的装药种类繁多,每一种装药的爆热都不相同。要知道某种弹药的 TNT 当量,必须依据某一种弹药中各种装药的爆热值及装药质量分别计算并求和,这种计算是十分复杂和繁琐的,部队条件下也是难以解决的。正是为了解决这一复杂和繁琐的问题,摸清我军弹药的 TNT 当量的底数,对几百种弹药装药几千个数据进行了统计计算,得出了大量弹药装药 TNT 当量的实际数值。

本标准依据各种弹药 TNT 当量与弹药毛质量(含包装)的对应关系,可得出每种弹药的 TNT 当量系数 α 值,即

$$\alpha = 弹药 TNT 当量 / 弹药毛质量$$

同时,通过对各种弹药的 TNT 当量系数 α 值的归类统计,可得出每类弹药的 α 范围值,将 α 范围值相近的弹种归类,取其中最大值定为这几类弹药的 TNT 当量系数 α 值,这样既可保证 α 值的安全可靠性,也减少了 α 值的分级(共分为 4 级),从而使复杂和繁琐的 TNT 当量的计算真正得到简化,为部队实际使用提

供了方便。

当知道弹药的质量和对应的 α 取值，便可快速计算出弹药的 TNT 当量，其表达式为

$$w = \sum_{i=1}^{n} \alpha_i \times W_{Di} \qquad (7-34)$$

式中：W 为弹药的 TNT 总当量；α_i 为某种弹药的 TNT 当量系数；W_{Di} 为某种弹药的质量(含包装)。

4. 简易计算公式

通过以上分析，可以确定野战弹药防殉爆安全距离的简易计算公式为

$$R = 4.4 \times (\alpha W_D)^{1/3} \qquad (7-35)$$

式中：$\alpha = 0.15$；W_D 为弹药的质量。

根据以上简易计算公式，野战弹药库(垛、车)设置时，只要知道库(垛、车)内各类弹药的质量并选择对应的 α 取值，即可计算出弹药装药的 TNT 总当量；同时，分别取 $K_x = 4.4$、$K_p = 9.6$ 即可计算出防殉爆最小允许距离 R_x 和防破坏最小允许距离 R_p。

由于简易计算方法对野战弹药库(垛、车)做了整体爆炸、无防护屏障的定性设定，防爆安全系数 K 的取值和 TNT 当量系数 α 值均为上限值，可保证野战弹药库(垛)的防爆最小允许距离的可靠性。根据野战弹药库容量 ≤30t 的规定，弹药的 TNT 当量系数为最大值 0.26 时，按照简易计算方法计算的两库之间防殉爆最小允许距离的最大值为 87.3m；当弹药的 TNT 当量系数为最小值 0.1 时，按照简易计算方法计算的两库之间防殉爆最小允许距离的最大值为 63.5m；当弹药库(垛)之间有山体等屏障时，最小允许距离还可以适当缩小。

因此，应用该简易计算方法确定的防爆最小允许距离，对一般野战地形条件下野战弹药库的防殉爆布局具有可行性，对库区其他区域的防破坏亦有较高的安全性，符合野战条件下防爆设防的客观实际，是部队战时设置野战弹药库防爆布局的科学依据。

四、野战弹药安全布局

野战弹药库弹药储存区的布局，应根据野战弹药防殉爆最小允许距离的计算值，确定各野战弹药库房、野外弹药堆垛、弹药车辆(集装箱)的位置和距离。

野战弹药库其他区域的布局，应根据野战弹药防破坏最小允许距离的计算值，确定各区域的位置和各区域与弹药储存区的距离。

野战弹药库各区域的布局，应充分利用自然或人工防护屏障，缩小各区域之

间的距离,减小库区分布面积。

分类检查区内的弹药容量不得大于10t。分类检查区与弹药储存区的边沿之间的距离不得小于60m,距离库区其他区域及周围重要目标边沿的距离不得小于130m。

(一)野战弹药库防殉爆安全布局

1. 野战弹药防殉爆最小允许距离计算方法

野战弹药防殉爆最小允许距离的计算,应根据各野战弹药库房、野外弹药堆垛、弹药车辆(集装箱)内存放的弹药质量(含包装),分别折算弹药的TNT总当量并计算其防殉爆最小允许距离。各野战弹药库房、野外弹药堆垛、弹药车辆(集装箱)内存放弹药的TNT总当量,按式(7-34)计算。

各野战弹药库房、野外弹药堆垛、弹药车辆(集装箱)的防殉爆最小允许距离 R_x 计算公式为

$$R_x = 4.4\sqrt[3]{W} \tag{7-36}$$

式中: R_x 为防殉爆最小允许距离(m); W 为存放弹药的TNT总当量(kg)。

2. 野战弹药库防殉爆安全布局

相邻的两个野战弹药库房、野外弹药堆垛、弹药车辆(集装箱)之间无防护屏障时,两者之间的防殉爆最小允许距离为两者边沿最近点之间的直线距离,取两者中防殉爆最小允许距离的较大值,最小不得小于35m。

相邻的两个野战弹药库房、野外弹药堆垛、弹药车辆(集装箱)之间,有山体等可靠的防护屏障时,两者之间的防殉爆最小允许距离可适当缩小,但不得小于无屏障条件下防殉爆最小允许距离取值的一半。

各野战弹药库房、野外弹药堆垛中,防殉爆最小允许距离较小的应尽量设置在弹药储存区中心,防殉爆最小允许距离较大的应尽量设置在弹药储存区周边。

同一区域内的野外弹药堆垛、弹药车辆(集装箱),应尽量错位对称布局;设置在同一山谷内时,必须分两侧对称布局,防殉爆最小允许距离应在计算值的基础上加大50%。

(二)野战弹药库防破坏安全布局

1. 野战弹药防破坏最小允许距离计算

野战弹药防破坏最小允许距离的计算,应依据各野战弹药库房、野外弹药堆垛、弹药车辆(集装箱)内存放弹药的质量,分别按式(7-34)折算弹药的TNT总当量,按式(7-37)计算其防破坏最小允许距离,即

$$R_P = 9.6\sqrt[3]{W} \tag{7-37}$$

式中: R_P 为防破坏最小允许距离(m); W 为存放弹药的TNT总当量。

2. 野战弹药库防破坏安全布局

无屏障条件下,野战弹药库的指挥所、回收物资区、车辆停车场、搬运机械场、人员生活区边沿与弹药储存区内的任一野战弹药库房、野外弹药堆垛、弹药车辆(集装箱)及分类检查区边沿最近点之间的直线距离,均不得小于对应的各野战弹药防破坏最小允许距离计算值。

有山体等可靠的防护屏障时,野战弹药防破坏最小允许距离可适当缩小,但不得小于无屏障条件下野战弹药防破坏最小允许距离取值的一半。

库区的直升机起降场及库区周围重要目标与弹药储存区之间的距离,不得小于对应的各野战弹药防破坏最小允许距离计算值的 1.5 倍。

需要进行弹药销毁时,销毁场与库区的距离,应根据一次销毁的弹药量和弹药品种,按照 GJB/Z 20512—98 的有关要求确定。

存放电发火火箭弹的野战弹药库房、野外弹药堆垛、弹药车辆(集装箱),应设置在储存区内偏僻的边缘处,弹头应指向山崖、后坡或空旷地区,避免指向我方阵地或部队战斗编队展开地域。

第四节　野战弹药隔爆防护技术

隔爆防护就是在爆源与被防护目标之间设置某种防护材料及其结构,利用防护材料及结构对爆炸载荷的阻隔效应或耗散效应,使爆炸有效作用距离得以减小,从而实现对防护对象进行保护的目的。目前野战弹药隔爆防护主要方法有构筑地下或半地下掩体、设置防护土围、设置防爆墙等。

一、野战弹药隔爆防护方法

(一) 构筑地下或半地下掩体

地下或半地下掩体工事是野战弹药防护的重要手段。在野战条件下,地下或半地下掩体能有效地抵抗常规武器的杀伤破坏。

构筑地下或半地下掩体时,应充分利用开设地域内缓坡、陡坎等易构筑、利防护的有利地形挖掘掩体,以减少工程量,增加安全系数。开挖掩体时,应按照预先设计的堆垛规模,以工程机械为主、人力辅助的方式进行。通常掩体深度应为 2m 左右,确保弹药入库后垛顶略高于地表;掩体底部应预留不小于 3m 的检查道和操作道,道外侧应挖渗水沟和收集池,渗水沟的宽度和深度不得小于15cm,收集池深度不小于 20cm;弹药进出方向坡道坡度小于 30°,方便搬运机械进出;掩体周围应挖掘排水沟,排水沟的宽度和深度不得小于 30cm;掩体入口处应堆放不少于 2 层的防水沙袋;挖掘的土方应尽量远离配置地域,并且做好伪装。半地下掩体构造示意图如图7-5所示。

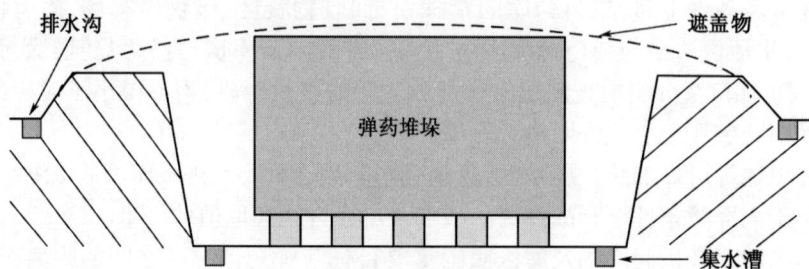

图7-5 半地下掩体构造示意图

（二）设置防护土围

当野战弹药库开设受地形或地质条件限制时,如野战弹药库开设地域不适于构筑地下或半地下掩体时,可以设置防护土围,对弹药堆垛进行防护。防护土围的立面结构如图7-6所示。

图7-6 防护土围立面示意图

防护土围的高度不应低于弹药堆垛高度,防护土围的顶部宽度不应小于0.5m;防护土围的底部宽度不应小于高度的1.5倍,或使土围坡面与地面构成的角度在45°~60°范围以内,以保证防护土围的稳定并减小泥土流失和便于维修。

构筑人工防护土围时,应采用有适当黏性的泥土,其中不应含有有害的杂质,如有机物质、垃圾、碎屑和大石头等。为了提高防护土围的坡度,可在泥土中掺入部分石灰夯实构筑;不允许采用坚硬的重质材料,如水泥、石块、砖块、矿渣砖等;也不允许采用轻质可燃材料,以防爆炸时砖石及碎片抛射,增大对周围人员和建筑物的杀伤破坏作用,或可燃材料飞出时带出火种而引起周围环境内可燃物着火。

为防止雨水冲刷,防护土围的内外坡脚处,可用砖石筑挡土墙,但砖砌高度一般不应高出地表面。在取土困难或场地不够时,挡土墙高度也不应大于2m,2m以下的土围内部可适当填充石块或混凝土块等重质材料。

试验结果说明,防护土围对拦截破片飞散的效果很好,而对防护冲击波的作用则根据设置情况不同而不同。若土围设在爆点周围,土围的作用与对比距离$\bar{R}$有关:在较小的对比距离内,土围不仅不起防护作用,反而使冲击波峰值超压增高,原因是冲击波越过土围后在大约 $2H$(H 是堤高)的地方形成马赫反射,使冲击波的压力大为增强。当对比距离较大时,土围才表现出防护作用。

(三) 设置防爆墙

防爆墙,也称隔爆墙、抗爆墙,是一种有效的防爆措施,减小弹药爆炸对相邻垛之间的破坏效应,将所要防护的目标与爆炸源尽可能地隔离开来,并可以根据不同爆炸威胁等级和目标的重要程度灵活地进行设置。防爆墙一般可以分为砖砌防爆墙、钢筋混凝土防爆墙、型钢防爆墙、组合式防爆墙、装配式防爆墙等。

野战条件下防爆墙由于开设时间要求短,一般采用组合式或装配式防爆墙。如某研究所研发了一种装配式防爆墙,结构形式如图 7-7 所示。墙体采用两层钢板加内加筋结构,内部采用由可以调整长短的多排连杆和"U"型弹簧钢销锁紧连接方式,两种结构与地面固定连接,通过设计的底座螺孔,用膨胀螺栓或地脚螺栓固定,每个单元构件背面都设有两道可调斜支撑,分别与墙体和地面相连,并实现快速可靠连接。

图 7-7 装配式防爆墙设置情景

图 7-8 所示为采用铁丝笼、无防布与沙土组合设置的简易组合式防爆墙,根据所防护区域可快速设置。设置时首先根据防护目标确定隔爆墙的位置与宽

(a)

(b)

图 7 - 8　简易组合式防爆墙

度,放置铁丝笼,内置无防布;然后采用人工或工程机械将沙土填充在预置的铁丝笼中,压实抚平即可。

二、野战弹药隔爆防护材料

(一)隔爆防护材料研究动态

就目前爆炸防护来说,有效快捷的防护措施就是在爆炸源与被保护对象之间的建造隔爆墙。根据爆炸源与被保护对象的不同,隔爆墙的材料、尺寸、位置各不相同。在同等条件下,隔爆墙的材料对隔爆墙的隔爆能力有较大差异。为了提高隔爆防护能力,国内外科研人员对隔爆防护材料进行了深入的研究。

混凝土因其原料丰富、造价低廉、抗爆性好等特点在爆炸防护中得到了广泛的应用。但混凝土是一种脆性材料,在承受爆炸和冲击荷载作用下将产生脆性破坏。人们一直探索通过改变混凝土的成分或结构,以提高其抗爆能力。英国原子武器研究院在研究了双层钢板相对于普通钢筋混凝土的技术优点基础上,提出了双层钢板作为一种替代材料用于爆炸封闭结构的适合性,构建了钢—混凝土—钢(SCS)结构并进行了试验和有限元计算机程序模拟。试验及数值模拟表明,其主要的优点是抗爆强度总量十分优越,目前该研究成果已在英国得以应用并出口于海外市场。国内研究人员对冲击波作用下钢管吸能机理进行了大量试验和理论研究,提出了一种以钢管作为吸能元件的夹层式抗爆结构,其试验结果表明:用"刚""柔"相济的综合防护来提高结构的抗爆能力是非常有效的。以色列 Terre Armee 公司利用处理过的木材和水泥并填充钢筋混凝土的特制块研制出 MAYA DURISOL 防护墙系统,该系统已在以色列和英国申请专利,以色列国防军战争后方司令部和英国国防研究局分别在以色列和苏格兰进行了全尺寸试验,试验证明该系统具有优良的抗爆炸冲击波和破片的能力。德国国防军防护与特种技术中心用土工布材料(Huesker Comtrac 1000/100A)和纤维增强织物材料对防爆墙体进行了改进并在长 53m、横断面约 10m² 的坑道进行了爆炸试验,试验结果表明采用这两种材料改进后的防爆墙的抗爆能力得到了大大的增强。为了对付日益盛行的恐怖活动,美国国务院、陆军工程兵、空军研究实验室以及密苏里大学的研究人员合作研发了一种可移动的钢立柱构件抗爆墙以及新的安装技术,用于建筑物门口或室内爆炸防护,经过全尺寸试验研究,证明完全锚固钢柱墙是改进结构构筑抗爆墙的一种有效方法。

(二)隔爆材料类型及隔爆机理

作为隔爆防护的主体,防护材料在隔爆防护中扮演着重要的角色。对于爆炸冲击波的隔爆防护来说,防护材料形形色色,种类繁多,但从防护的机理来说,一般可以分为两类:一是主要利用材料本身对爆炸冲击波进行阻隔,从而对防护对象进行保护,这类材料主要为密实材料,例如在防护结构中经常用到的钢板、高强钢筋混凝土、砖石等材料就归属于这种类型;二是利用材料自身特性对爆炸冲击波进行吸收耗散,从而达到减弱冲击波的目的,这类材料主要是多孔材料,例如高分子多孔体、泡沫金属材料就属此种类型。

1. 密实材料及其隔爆机理

所谓密实材料,主要是对比多孔材料而言的。密实材料用于隔爆防护,最典型的材料就是钢板,钢板作为隔爆防护材料广泛地应用于多种抗爆场所,如装甲车辆、舰船、某些防爆工间等。

钢板强度高,波阻抗非常大,其抗爆主要靠阻隔作用。当冲击波传播到钢板表面时,反射冲击波的压力远远大于透射冲击波的压力,从而达到隔爆防护的目的。

研究表明,单层钢板材料应用于隔爆防护时,冲击波在防护结构上的反射超压数倍于入射波的超压。同时,当冲击波遇到有限尺寸的钢板防护结构时,冲击波还将发生环流作用。对于高宽都不大的钢板防护结构,受到冲击波作用后环流同时产生于防护结构的顶端和两侧。这时,在防护结构后面某处会出现三个环流波汇聚作用的合成波区,该处压力很高,将会产生更大的破坏。

2. 多孔材料及其隔爆机理

多孔材料是指由固体物质组成的骨架和由骨架分隔成大量密集成群的微小孔隙所构成的材料。自然界中存在着大量多孔材料,如木材、骨骼、软木等,并且已经得到了广泛的应用。随着现代技术的发展,又涌现出如泡沫塑料、泡沫陶瓷、泡沫金属等人造多孔材料。由于多孔材料不同于一般密实材料的冲击压缩特性,多孔材料显现出更优的抗冲击特性,具有缓冲、吸能、减震、降低应力峰值等功能。多孔材料因具有这种独特的冲击压缩特性在冲击波防护结构中得到了广泛的应用。目前,应用于冲击波防护较多的多孔材料主要有两种:一是高分子多孔体,以聚氨酯泡沫材料为代表;二是金属多孔材料,以泡沫铝为代表。这两种类型的多孔材料都具有优异的衰减爆炸冲击波的性能。

聚氨酯泡沫材料(PUF)是聚氨酯合成材料的最主要品种,其最大特点是制品的适应性强,可以通过改变原料组成、配方比例、合成条件等方法来制得不同软硬度、耐焰性、耐温性、耐化学性以及机械强度的泡沫塑料制品。根据原料配方的不同,可分为硬质泡沫塑料、半硬质泡沫塑料、软质泡沫塑料。由于其特性不同,用途各异。其中,半硬质泡沫塑料材料在硬度、密度上介于硬质泡沫塑料和软质泡沫塑料之间,采用高分子量、高活性聚合物聚醚合成,因为高分子量的聚合物聚醚在泡沫结构中存在着大量柔软的分子结构,起着弹簧似的缓冲作用,因此其能量吸收率很高,又称为吸能聚氨酯泡沫。

泡沫铝是一种在铝基体中均匀分布着大量连通或不连通孔洞的轻质多功能材料。按孔径结构划分,泡沫铝通常可分为胞状铝(闭孔泡沫铝)和多孔铝(开孔泡沫铝)两类。前者孔隙率在 80% 以上,孔径大小一般为 $\phi2 \sim 5mm$,各孔互不相通;后者的孔隙率在 60% $\sim75\%$,孔径大小一般为 $\phi0.8 \sim 2mm$,各孔相互连通。由于泡沫铝是一种在铝基体中分布着大量气泡的泡沫材料,因此它具有较小的密度。泡沫铝的密度约为铝密度的 1/10、钢密度的 1/30,甚至只有木材密度的 1/3。泡沫铝具有良好的吸收冲击能量的性能,与聚氨酯泡沫材料的压缩应力—应变($\sigma—\varepsilon$)曲线相类似,其应力—应变曲线上有一很宽的平台区,在较大的应变范围内应力可保持不变,将外加能量转化为材料形变所做的功。

冲击波在多孔材料中的衰减机理,目前主要有孔隙塌缩能量不可逆耗散机理,其基本思想为:多孔材料内部由于存在大量的孔隙,在冲击波作用下首先要被致密,消除其中的孔隙。有关多孔材料的致密工程可分为以下几个阶段:首先孔壁发生弹性变形,并将一部分冲击能量转变为弹性应变能,同时气隙被绝热压缩吸收部分能量,继而孔壁发生塑性塌缩或脆性破坏,将部分冲击能量转变为塑性变形或脆性破坏所吸收的能量,气隙绝热压缩过程基本结束;随后多孔材料被逐渐压实至接近与其相应密实材料的理论密度;一旦多孔材料被完全压缩致密化,冲击波在其中的传播特性与其相应的密实材料趋于一致。冲击波在多孔材料中之所以较其相应密实材料中衰减得快,主要是由于多孔材料在其致密化过程中吸收了相当部分的冲击波能量。

参 考 文 献

［1］ 易建政，宣兆龙.野战弹药防护技术［M］.北京:国防工业出版社,2004.

［2］ 宣兆龙，易建政.装备环境工程［M］.北京:国防工业出版社,2011.

［3］ 宣兆龙.封套封存环境温湿度变化规律试验研究［J］.装备环境工程, 2007, 4(2):36.

［4］ 宣兆龙，易建政,于新龙.防静电封存封套材料研究［J］.包装工程,2007, 28(3):37.

［5］ 王波.高阻隔柔性复合封套材料研究［D］.石家庄:军械工程学院,2010.

［6］ 梁波.野战弹药封套储存防热技术研究［D］.石家庄:军械工程学院,2009.

［7］ 段志强,易建政,滕利才.伪装隔热封套材料研究［J］.包装工程,2012, 33 (5):67.

［8］ 刘亚超,宣兆龙,程泽.弹药集装单元动力学试验研究［J］.装备环境工程,2013, 10(1):49.

［9］ 刘亚超.弹药方舱结构设计与力学性能分析［D］.石家庄:军械工程学院,2012.

［10］ 汪金军,易建政,段志强,等.野战弹药库战场生存能力对策研究［J］.装备环境工程,2010, 7(3):96.

［11］ 陈旭华.复合材料屏蔽效能计算方法及装备电磁防护封套研究［D］.石家庄:军械工程学院,2011.

［12］ 陈旭华,易建政,段志强.导电织物的电磁屏蔽性能研究［J］.安全与电磁兼容,2010,05:55.

［13］ Cai Junfeng, Xuan Zhaolong. The Testing and Equivalent Calculation of Electromagnetic Shielding Effectiveness of Metal Fiber Blended Fabrics［C］. The 2nd International Conference on Measurement, Information and Control, 2013,08:1464.

［14］ Cai Junfeng, Yi Jianzheng, Xuan Zhaolong. Study on Coupling Fields of Cavity with Slot by LOD-FDTD Numerical Method［C］. Proceedings of 2013 IEEE International Conference on Microwave Technology & Computational Electromagnetics,2013,9:349.

[15]　蔡军锋. 弹药洞库内爆毁伤效应与隔爆防护技术研究[D]. 石家庄:军械工程学院,2009.

[16]　蔡军锋,傅孝忠,易建政. UHMWPE-PUF 复合材料的抗爆实验与数值模拟[J]. 高分子材料科学与工程,2013,29(11):79.